汽车发动机机械系统检修

主　编　徐广琳　初宏伟　谢　丹　李梦雪
副主编　石庆国　叶　鹏　孙凤双　田丰福
主　审　赵　宇

北京理工大学出版社
BEIJING INSTITUTE OF TECHNOLOGY PRESS

内 容 简 介

本书按照职业能力培养主线，基于中德 SGAVE 项目能级递进的教学理念和职教学生认知规律进行开发，以任务引领，系统地介绍了汽车发动机机械系统的结构、工作原理以及故障诊断与排除。主要内容包括：认识发动机，检查、诊断和维修发动机曲柄连杆机构，检查、诊断和维修发动机配气机构，检查、诊断和维修发动机冷却系统，检查、诊断和维修发动机润滑系统。

本书配备了丰富的微视频、动画、操作示范视频等媒体资源，具有鲜明的职业教育教材特色。立体化资源可通过扫描书上的二维码在线学习。

本书适合高等职业院校汽车制造与实验技术、汽车电子技术、汽车检测与维修技术、汽车技术服务与营销等相关专业学生使用，也可作为成人高等教育、社会从业人员业务的参考书及汽车技术培训等相关课程的教材使用。

图书在版编目（C I P）数据

汽车发动机机械系统检修 / 徐广琳等主编. －－ 北京：
北京理工大学出版社，2022.12
　　ISBN 978 - 7 - 5763 - 1866 - 1

Ⅰ. ①汽… Ⅱ. ①徐… Ⅲ. ①汽车 - 发动机 - 机械系
统 - 车辆检修 - 教材 Ⅳ. ①U472.43

中国版本图书馆 CIP 数据核字（2022）第 223904 号

责任编辑： 多海鹏		**文案编辑：** 多海鹏	
责任校对： 周瑞红		**责任印制：** 李志强	

出版发行 / 北京理工大学出版社有限责任公司		
社　　址 / 北京市丰台区四合庄路 6 号		
邮　　编 / 100070		
电　　话 / （010）68914026（教材售后服务热线）		
	（010）68944437（课件资源服务热线）	
网　　址 / http://www.bitpress.com.cn		

版 印 次 / 2022 年 12 月第 1 版第 1 次印刷		
印　　刷 / 涿州汇美亿浓印刷有限公司		
开　　本 / 787 mm × 1092 mm　1/16		
印　　张 / 22.5		
字　　数 / 525 千字		
定　　价 / 99.00 元		

前 言
PREFACE

随着我国汽车保有量的逐年增加，汽车后市场发展空间巨大，汽车类技术技能人才紧缺局面短时间内还难以改变。另外我国高等职业教育改革正在不断深入，从课程体系到教学模式都发生了较大变化。为了贯彻落实《国家职业教育改革实施方案》，以便为高等职业教育提供更优质、更适用的教材，开发了新型活页式、工作手册式的发动机机械类教材。

本书遵循职教学生认知规律，充分考虑职业院校学生学情，提出并运用为学习者提供"脚手架"式帮助的理念，从教材体例架构、学习方法、教学方法、学习资源、工单内容、参考信息等多个方面进行了考量与精心设计，体现出职业教育教学的特色。本教材紧紧围绕新型活页式、工作手册式教材特征，具有以下特点：

（1）构建课程模块。基于能力本位课程理念，遵循职业教育培养规律，构建"模块—任务"教材体例，设计了5大模块、15个工作任务，分解成80个工作表和学习表，内嵌超过110个知识点和能力点，支持模块化教学实施。

（2）实现课证融通。融入"1+X"考核标准，将汽车职业技能等级标准的有关内容及要求有机地融入教材中，实现课证融通。

（3）融入课程思政元素。将民族精神、工匠精神、职业素养等思政元素有机融入工作任务，引导学生树立安全意识、法规意识和环保意识，实现专业教育中突出"人文底色"与创新素质的培养目标。

（4）图文并茂，突出"手册"功能。本书在编写时使用了大量图例、表格，文字力求简练、通俗，内容简明扼要，表达直接易懂，便于职业学校学生学习。

（5）为学习者提供"脚手架"式帮助。本书的活页工单按照工作流程为逻辑主线进行设计，工单中的工作表和学习表均经过精心设计，充分提供"脚手架"式的帮助，有效地解决了职业教育学生基础薄弱和教师能力差异化的问题。

（6）内容与时俱进，增强教材时效性。将汽车市场的主导车型，如奥迪、大众、丰田等轿车的新技术融入本书，如可变气门升程技术、双循环冷却系统、创新热管理技术、可变排量机油泵等，并将目前应用逐渐减少的发动机相关内容适当删减，增强了教材的时效性。

（7）信息化数字资源丰富，教材内容立体呈现。作为互联网+新形态教材，本书配套开发设计了教学工作页、教学课件、任务工单及视频动画等数字资源，涵盖微视频、三维与二维动画等新技术，形成可听、可视、可参照的数字化教材，学习者可通过扫描二维码观看，以便更准确、更充分地理解工作任务。

　　本书系统地讲解了发动机机械系统各组成部分的结构、工作原理以及常见故障的诊断与维修。每个任务都精选了拓展知识，使学生开阔视野，对所学专业知识和技能举一反三。

　　本书编写团队由校、企联合组成，包括多年从事汽车专业教学的教师和企业高级培训技术人员。本书由徐广琳、初宏伟、谢丹、李梦雪共同担任主编，石庆国、叶鹏、孙凤双、田丰福担任副主编，参编人员有刘彤、徐磊、彭敏、崔艳宇。其中徐广琳编写模块四，初宏伟编写模块三中任务3.1和任务3.4，谢丹编写模块五，李梦雪编写模块三中任务3.2和任务3.3，石庆国编写模块二中任务2.3，叶鹏编写模块一，孙凤双编写模块二中任务2.1和任务2.2，田丰福负责制定教材整体框架、把控教材编写思路，刘彤、徐磊、彭敏、崔艳宇参与了材料收集和技术支持工作。此外，一汽大众汽车有限公司高级培训师张颖和中国第一汽车集团有限公司研发总院研发员李佼龙参与了教材框架制定、故障案例收集和技术支持工作，在此一并表示感谢！

　　由于编者水平有限，并考虑到各院校实际情况不同，书中难免有缺点和不足，恳望使用本书的师生和读者批评指正，以便修订时改进，在此深表感谢。

编　者

《汽车发动机机械系统检修》学习任务图表

模块名称	任务名称		难度描述
模块一 认识发动机	任务1.1 走近发动机	初级	
	任务1.2 了解发动机	初级	
	任务1.3 悉知发动机工作过程	初级	
模块二 检查、诊断和维修发动机曲柄连杆机构	任务2.1 更换气缸垫		"1+X" 汽车运用与维修职业技能等级证书 中级
	任务2.2 排除汽车涉水后发动机抖动故障		"1+X" 汽车运用与维修职业技能等级证书 中级/高级
	任务2.3 排除发动机体下部异响伴有抖动的故障		"1+X" 汽车运用与维修职业技能等级证书 中级/高级
模块三 检查、诊断和维修发动机配气机构	任务3.1 更换发动机正时皮带		"1+X" 汽车运用与维修职业技能等级证书 中级
	任务3.2 更换发动机气门		"1+X" 汽车运用与维修职业技能等级证书 中级
	任务3.3 诊断排除发动机异响故障		"1+X" 汽车运用与维修职业技能等级证书 中级/高级
	任务3.4 排除发动机故障灯点亮并伴有异响故障		"1+X" 汽车运用与维修职业技能等级证书 高级
模块四 检查、诊断和维修发动机冷却系统	任务4.1 冷却系统的冬季检查		"1+X" 汽车运用与维修职业技能等级证书 初级
	任务4.2 排除冷却液报警灯亮起故障		"1+X" 汽车运用与维修职业技能等级证书 中/高级
模块五 检查、诊断和维修发动机润滑系统	任务5.1 更换机油		"1+X" 汽车运用与维修职业技能等级证书 初级
	任务5.2 排除机油压力警报灯点亮故障		"1+X" 汽车运用与维修职业技能等级证书 中/高级
	任务5.3 排除机油消耗量异常且伴有口哨声故障		"1+X" 汽车运用与维修职业技能等级证书 中/高级

说明：

本课程设计遵循德国双元制职业教育理论，参考"1+X"汽车运用与维修职业技能等级证书标准，以服务客户为理念，按照汽车售后服务、企业服务与机电维修岗位实际工作任务和流程设计

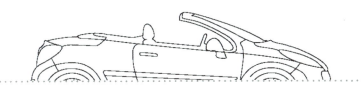

目 录
CONTENTS

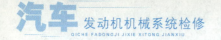
模块四
检查、诊断和维修发动机冷却系统

模块五
检查、诊断和维修发动机润滑系统

模块一

认识发动机

任务 1.1 走近发动机

一、任务信息

任务难度	初级		
学时		班级	
成绩		日期	
姓名		教师签名	
案例导入	赵先生到 4S 店购买车辆，认准了车辆的品牌和漂亮的外观，可是对车辆的配置一点都不懂。不同配置的车辆配备了不同排量的发动机，对于赵先生来说发动机是什么都不知道，作为接待赵先生的销售顾问，你需要给赵先生如何介绍讲解呢？		案例导入
能力目标	知识	认识发动机的总体构造	
	技能	1. 能够识别车辆配置单上的发动机信息； 2. 能够指出发动机两大机构、五大系统的各个部件	
	素养	1. 能够提升与客户沟通的能力； 2. 能够与团队成员协作完成任务	

二、任务流程

（一）任务准备

汽车发动机是为汽车提供动力的装置，是汽车的心脏。从汽车的出现到汽车的辉煌，发动机扮演着重要的角色。随着科技的发展，设计者们都将最新的科技与发动机融为一体，使其性能达到同时期的完美程度，这也是世界各汽车制造厂商作为竞争的亮点。

发动机历史

（二）任务实施

任务　走近发动机

学习表 1　发动机类型、结构

1. 在车上找到发动机并了解相关部件。

1）参考图 1-1-1（a）所示发动机安装位置，在图 1-1-1（b）中圈出发动机安装位置。

（a）

（b）

图 1-1-1　发动机安装位置

2）打开实训车辆发动机舱盖，在发动机舱中你还认识哪些部件？可以写出来。

2. 参考汽油车和柴油车的车辆配置参数表（见表 1-1-1），完成对应问题。

表 1-1-1　车辆配置参数

基本参数		
厂商	路虎揽胜	路虎揽胜
级别	中大型 SUV	中大型 SUV
能源类型	柴油	汽油
最大功率/kW	190	250
最大扭矩/（N·m）	600	450
发动机	3.0T，258 马力[①]，V6	3.0T 340 马力 V6
变速箱	8 挡手自一体	8 挡手自一体
长×宽×高/mm	5 199×1 983×1 866	5 199×1 983×1 866
车身结构	5 门 5 座 SUV	5 门 5 座 SUV
最高车速/（km·h⁻¹）	210	210
官方 0 至 100 km/h 加速时间/s	7.9	7.4

① 1 马力 = 0.735 千瓦。

基本参数		
厂商	路虎揽胜	路虎揽胜
NEDC 综合油耗/$[L \cdot (100\ km)^{-1}]$	7.4	10.7
排量/L	3.0	3.0
排量/mL	2 993	2 995
进气形式	双涡轮增压	机械增压
气缸排列形式	V 形	V 形
气缸数/个	6	6
每缸气门数/个	4	4
压缩比	16.1	10.5
配气机构	DOHC	DOHC
缸径/mm	84	84.5
行程/mm	90	89
最大马力/PS	258	340
最大功率/kW	190	250
最大功率转速/$(r \cdot min^{-1})$	4 000	6 500
最大扭矩/$(N \cdot m)$	600	450
最大扭矩转速/$(r \cdot min^{-1})$	2 000	3 500 ~ 5 000
燃料形式	柴油	汽油
燃油标号	0 号	95 号
供油方式	直喷	直喷
缸盖材料	铝合金	铝合金
缸体材料	铝合金	铝合金
冷却方式	水冷	水冷
环保标准	欧 V	欧 V

1）根据参数表 1-1-1，完善表 1-1-2 所示的表格。

表 1-1-2　柴油车与汽油车参数对比

车型	路虎揽胜	路虎揽胜
燃料		

模块一　认识发动机

003

续表

车型	路虎揽胜	路虎揽胜
燃油标号		
冷却方式		
气缸体材料		
气缸排列方式		
排气量		
气缸数		
每缸气门数		
进气方式		
最大功率		
最大扭矩		
百公里加速		
百公里油耗		

2）通过对比，总结这两款发动机有哪些相同点和不同点，并填入表 1 – 1 – 3 中。

表 1 – 1 – 3　柴油与汽油发动机的相同点和不同点

相同点	不同点

3）查阅资料，回答配气机构中 DOHC（Double Overhead Camshaft）代表什么（　　）。
A. 两气门　　　　B. 四气门　　　　C. 单顶置凸轮轴　　　　D. 双顶置凸轮轴
4）查阅资料，简述供油方式直喷代表什么。

3. 扫描二维码，了解发动机两大机构的各个部件。

发动机两大机构

1）图1-1-2所展示的是曲柄连杆机构，你认识哪些部件呢？可以把认识的部件填写在框内。

　　a. 曲轴；b. 气缸体；c. 活塞；d. 油底壳；e. 连杆；f. 气缸垫；g. 活塞；h. 活塞销

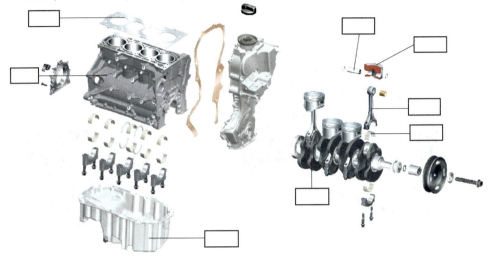

图1-1-2　曲柄连杆机构

2）图1-1-3所展示的是配气机构，你认识哪些部件呢？可以把认识的部件填写在框内。

　　a. 凸轮轴；b. 气门导管；c. 气门；d. 凸轮轴正时齿轮；e. 摇臂；f. 气门弹簧；g. 气门弹簧座

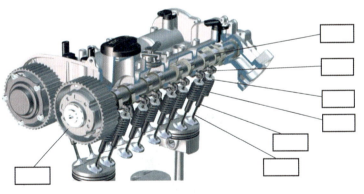

图1-1-3　配气机构

学习表2　发动机五大系统

1. 扫描二维码，了解发动机五大系统。

发动机五大系统

2. 燃料供给系统由燃油供给系统、进气系统和排气系统组成，请完成下列问题。

1）图 1 - 1 - 4 所展示的是燃油供给系统，你认识哪些部件呢？可以把认识的部件填写在框内。

a. 高压油泵；b. 燃油泵；c. 高压喷油器；d. 燃油箱；e. 燃油压力传感器；f. 燃油分配器；g. 连接来自燃油箱的油管

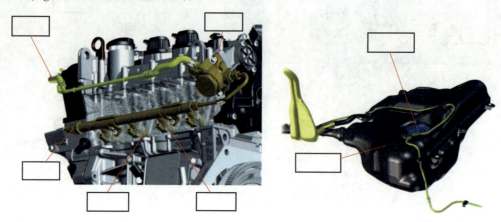

图 1 - 1 - 4　燃油供给系统

2）图 1 - 1 - 5 所展示的是空气供给系统，你认识哪些部件呢？可以把认识的部件填写在框内。

a. 中冷器；b. 涡轮增压器；c. 空气滤清器；d. 节气门；e. 进气歧管；f. 进气管；g. 进气温度、压力传感器

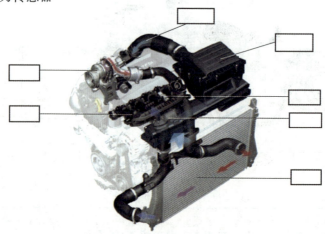

图 1 - 1 - 5　空气供给系统

3）图 1 - 1 - 6 所展示的是排气供给系统，你认识哪些部件呢？可以把认识的部件填写在框内。

a. 前消声器；b. 排气管吊耳；c. 三元催化净化器；d. 后消声器；e. 中间消声器；f. 排气歧管

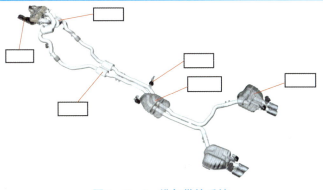

图 1 - 1 - 6　排气供给系统

3. 图 1 - 1 - 7 所展示的是冷却系统，你认识哪些部件呢？可以把认识的部件填写在框内。

a. 缸体中的冷却水道；b. 冷却液膨胀水壶；c. 散热器；d. 加热器芯；e. 冷却液软管；f. 冷却风扇；g. 冷却液泵

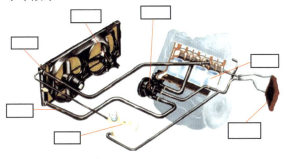

图 1 - 1 - 7　冷却系统

4. 图 1 - 1 - 8 所展示的是润滑系统，你认识哪些部件呢？可以把认识的部件填写在框内。

a. 机油滤清器；b. 机油泵；c. 涡轮增压器冷却油路；d. 活塞冷却喷嘴；e. 机油压力开关；f. 机油压力控制阀；g. 活塞冷却喷嘴控制阀；h. 机油散热器

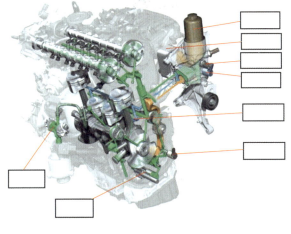

图 1 - 1 - 8　润滑系统

模块一 认识发动机

5. 图 1 – 1 – 9 所展示的是点火系统，你认识哪些部件呢？可以把认识的部件填写在框内。

a. 火花塞；b. 曲轴位置传感器；c. 发动机电脑；d. 点火线圈；e. 凸轮轴位置传感器

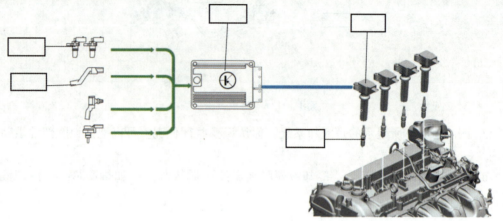

图 1 – 1 – 9　点火系统

6. 图 1 – 1 – 10 所展示的是起动系统，你知道哪些部件呢？可以把知道的部件名称写在框内。

a. 蓄电池；b. 带齿圈的飞轮；c. 起动机；d. 点火开关；e. 起动继电器

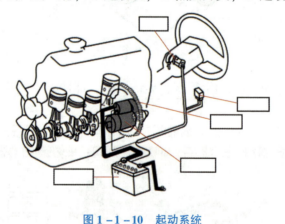

图 1 – 1 – 10　起动系统

参考信息

发动机基本知识

1. 汽车发动机的分类

（1）按使用燃料分类

发动机按照使用燃料的不同可分为汽油机和柴油机，即以汽油和柴油为燃料。有些生产厂家或改装企业为了降低车辆使用成本，生产或改装发动机，可以使用天然气、液化石油气或其他气体燃料，如图 1 – 1 – 11 所示。

图 1 – 1 – 11   柴油、汽油、天然气标识

（2）按活塞行程数分类

对于往复活塞式发动机，每一次能量转换都必须经过可燃混合气进入气缸，并对其进行压缩，使可燃混合气着火燃烧从而膨胀做功，之后再将生成的废气排出，这样一个连续的工作过程，即一个循环。若完成一个循环需要活塞往复四个行程，则称为四行程发动机；完成一个循环需要活塞往复两个行程，则称为两行程发动机。两行程发动机与四行程发动机外观的明显区别是四行程发动机有进气门、排气门、凸轮轴与凸轮轴驱动装置；两行程发动机只有进气孔、排气孔和换气孔，结构紧凑，无凸轮轴与气门，如图 1 – 1 – 12 所示。由于两行程发动机排放达不到国家环保标准，所以目前汽车采用的通常是四行程发动机。

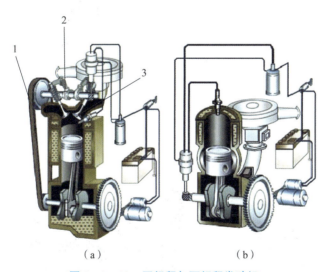

（a）   （b）

图 1 – 1 – 12   四行程与两行程发动机

（a）四行程；（b）两行程

1—正时皮带；2—凸轮轴；3—气门

（3）按冷却方式分类

利用冷却液作为冷却介质的发动机称为水冷发动机，利用空气作为冷却介质的发动机称为风冷发动机，如图 1 – 1 – 13 所示。由于风冷发动机不能稳定地控制发动机的工作温度，某些工况会导致排放达不到国家环保标准，所以目前汽车都采用的是水冷发动机。

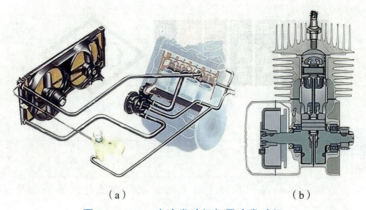

（a）　　　　　　　　　　　　（b）

图 1 - 1 - 13　水冷发动机与风冷发动机

（a）水冷发动机；（b）风冷发动机

（4）按着火方式分类

发动机所使用的燃料不同，着火方式也不相同，具体可分为点燃式发动机和压燃式发动机，如图 1 - 1 - 14 所示。

（5）按气缸数分类

发动机按气缸数可分为单缸发动机和多缸发动机，如图 1 - 1 - 15 所示。现代车用发动机多采用四缸、六缸、八缸，有些高端车采用十缸、十二缸发动机，还有些车辆使用了三缸、五缸发动机。

（6）按气缸的布置分类

多缸发动机按照气缸的布置不同可分为直列式发动机、V 形发动机和水平对置式发动机。直列式发动机的各个气缸排成一排；具有两列气缸，

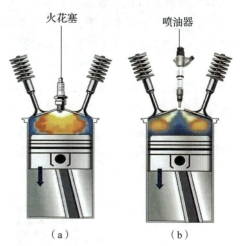

火花塞　　　　　　喷油器

（a）　　　　　　　（b）

图 1 - 1 - 14　点燃式与压燃式发动机

（a）点燃式；（b）压燃式

气缸之间的夹角小于 180°且呈 V 形的发动机，称为 V 形发动机；两列之间的夹角等于 180°时，则称为水平对置式发动机，如图 1 - 1 - 16 所示。

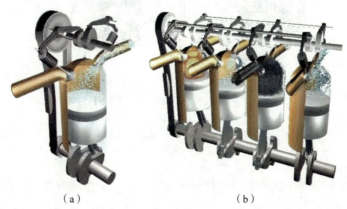

（a）　　　　　　　　　　　　（b）

图 1 - 1 - 15　单缸与多缸发动机

（a）单缸；（b）多缸

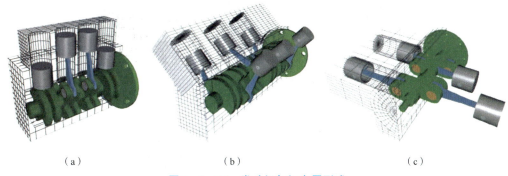

（a）　　　　　　　　（b）　　　　　　　　（c）

图 1 – 1 – 16　发动机气缸布置形式

（a）直列式；（b）V 形；（c）对置式

（7）按进气方式分类

发动机按照进气供给方式可分为增压式发动机和非增压式发动机。非增压式发动机也称为自然吸气式发动机。增压式发动机是采用强制进气的方式，增压器一般有废气涡轮增压器、机械增压器、电动增压器，如图 1 – 1 – 17 所示。

（a）　　　　　　　　（b）　　　　　　　　（c）

图 1 – 1 – 17　发动机增压器

（a）废气涡轮增压器；（b）机械增压器；（c）电动增压器

2. 发动机基本构造

汽油发动机包括曲柄连杆机构、配气机构、燃料供给系统、润滑系统、冷却系统、点火系统和起动系统等，即由两大机构、五大系统构成。

（1）曲柄连杆机构

曲柄连杆机构是往复式内燃机上实现能量转换的主要机构，用来传递力和改变运动方式。曲柄连杆机构由机体组、活塞连杆组和曲轴飞轮组三部分组成，如图 1 – 1 – 18 所示。机体组主要由气缸体、气缸盖、气缸垫和油底壳等零件组成；活塞连杆组主要由活塞、活塞环、活塞销、连杆和连杆瓦等零件组成；曲轴飞轮组主要由曲轴、主轴瓦和飞轮等零件组成。

（2）配气机构

配气机构的作用是根据发动机的工作顺序和工作过程，定时开闭进气门和排气门，使可燃混合气或空气进入气缸，并排出废气，实现换气。常采用顶置气门式配气机构，其一般由气门组和气门传动组组成，如图 1 – 1 – 19 所示。气门组主要由进气门、排气门、气门座圈、气门导管、气门油封、气门弹簧、气门弹簧座、气门锁片等零部件组成，气门传动组主要由凸轮轴、凸轮轴正时齿轮、挺柱、摇臂等零部件组成。

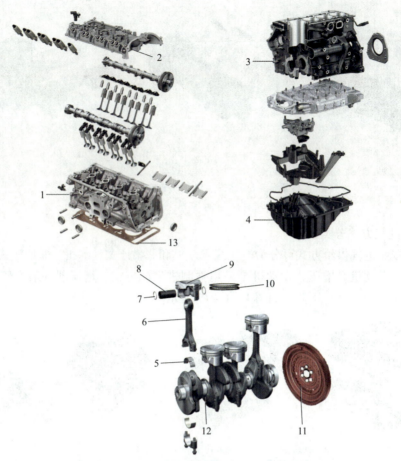

图 1 - 1 -18　机体组、活塞连杆组、曲轴飞轮组

1—气缸盖；2—气门室盖/气缸盖罩；3—气缸体；4—油底壳；5—连杆瓦；
6—连杆；7—活塞销卡簧；8—活塞销；9—活塞；10—活塞环；11—飞轮；12—曲轴；13—气缸垫

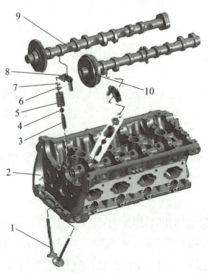

图 1 - 1 -19　配气机构

1—气门；2—缸盖；3—气门导管；4—气门油封；5—气门弹簧；6—气门弹簧座；
7—气门锁片；8—摇臂；9—凸轮轴；10—凸轮轴正时齿轮

（3）燃料供给系统

燃料供给系统由燃油供给系统、进气系统和排气系统组成，汽油机燃料供给系统的作用是根据发动机各工况的不同要求，准确地计算空气与燃油的混合比，并将一定数量和浓度的可燃混合气送入气缸，使其在气缸内燃烧做功，最后将燃烧做功后的废气排放到大气中。

燃油供给系统包括燃油箱、燃油泵、燃油滤清器、燃油分配器、喷油器等，有的缸内直喷发动机还有高压油泵，如图1-1-20所示。

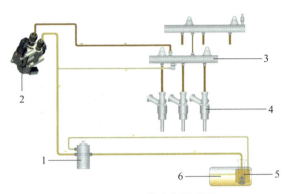

图1-1-20　燃油供给系统

1—燃油滤清器；2—高压油泵；3—燃油分配器；4—喷油器；5—燃油泵；6—油箱

空气供给系统包括空气滤清器、空气流量（或进气压力）传感器、节流阀体、进气管路、进气歧管等。带有增压器的发动机还需要配备中冷器，为增压后的进气进行冷却，如图1-1-21所示。

排气系统包括排气歧管、三元催化器、排气消声器等。高端汽车需要使排气噪声更小一些，会装备多个消声器，如图1-1-22所示。为达到尾气排放标准，有的车型会在三元催化后面、消声器前面安装颗粒过滤器，过滤尾气中的碳颗粒，以达到国六B环保标准。

图1-1-21　进气系统

1—进气歧管；2—涡轮增压器；

3—空气滤清器；4—进气温度、压力传感器；

5—节流阀体；6—中冷器

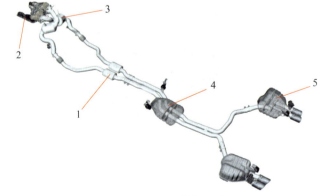

图1-1-22　排气系统

1—前消声器；2—排气歧管；3—三元催化器；4—中间消声器；5—后消声器

（4）冷却系统

冷却系统是通过冷却介质把发动机的热量散发到大气中，以保证发动机在最佳的温度下工作。目前车用发动机的冷却方式普遍是水冷。水冷系统主要由水泵、节温器、散热器、散热器风扇、冷却管路、冷却水套、冷却液膨胀罐、暖风热交换器等部件组成，如图 1 - 1 - 23 所示。

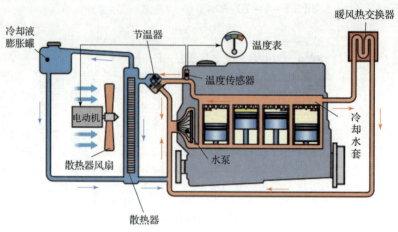

图 1 - 1 - 23　水冷系统

（5）润滑系统

润滑系统是在发动机工作时连续不断地将足够数量、压力和温度的洁净润滑油输送到全部运动副的摩擦表面，并在摩擦表面形成油膜，实现液体摩擦，从而减小摩擦阻力，减轻机件磨损，提高发动机使用寿命。此外，润滑油还有清洁、防腐、冷却、减振降噪、密封等作用。润滑系统主要由机油泵、集滤器、机油滤清器、机油散热器、机油油道、活塞冷却喷嘴、压力传感器等组成，如图 1 - 1 - 24 所示。

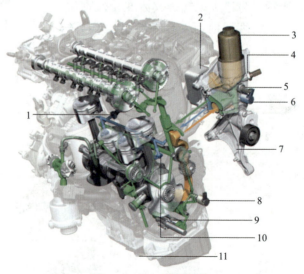

图 1 - 1 - 24　润滑系统

1—3 挡机油压力开关；2—机油冷却器；3—机油滤清器；4—低压机油压力开关；5—高压机油压力开关；6—活塞冷却喷嘴控制阀；7—附加装置支架；8—机油压力调节阀；9—可调机油泵；10—活塞冷却喷嘴；11—油底壳上的放油螺塞

（6）点火系统

点火系统是能够按时在火花塞两电极之间产生高压电火花的全部装置，主要包括发动机控制单元、点火线圈、火花塞以及与点火相关输入信号的传感器等，如图1-1-25所示。

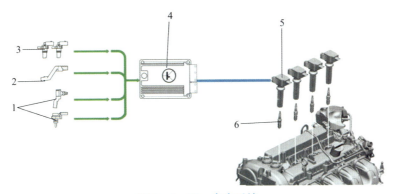

图1-1-25　点火系统

1—附加传感器；2—曲轴位置传感器；3—凸轮轴位置传感器；4—发动机控制单元；

5—点火线圈；6—火花塞

（7）起动系统

起动系统的作用是由起动机运转，使静止的发动机转动并自行运转。发动机起动之后，起动机便立即停止工作。起动系统主要由蓄电池、起动机、起动继电器和点火开关等组成，如图1-1-26所示。

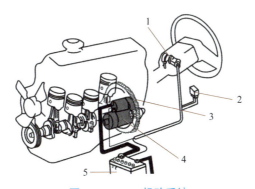

图1-1-26　起动系统

1—点火开关；2—起动继电器；3—带齿圈的飞轮；4—起动机；5—蓄电池

任务1.2　了解发动机

一、任务信息

任务难度	中级	
学时		班级	

续表

成绩			日期	
姓名			教师签名	
案例导入		赵先生对于车辆还有很多疑问，排量是什么、排量不同意味着什么、车是哪里生产的、车是什么时候生产的，等等。作为接待赵先生的销售顾问，你需要给赵先生如何介绍讲解呢？		 案例导入
能力目标	知识	熟知发动机结构基本术语		
	技能	1. 能够进行排量、缸径、行程之间的计算； 2. 知道排量、功率、扭矩之间的关系		
	素养	能够利用各种资源进行问题分析		

二、任务流程

（一）任务准备

车辆铭牌是标明车辆基本特征的标牌，主要包括厂牌、型号、发动机功率、总质量、载重质量或载客人数、出厂编号、出厂日期、制造厂、车辆识别代码等。

车辆识别代码又称 VIN，是英文 Vehicle Identification Number 的缩写。VIN 码由 17 位字符组成，所以又称十七位码。车辆识别代码就是汽车的身份证号，它根据国家车辆管理标准确定，包含了车辆的生产厂家、年代、车型、车身型式及代码、发动机代码及组装地点等信息。

VIN 码排列规则

车辆铭牌

（二）任务实施

任务　了解发动机

学习表1　发动机气缸容积计算

1. 图1-2-1 所展示的是发动机基本术语，你认识哪些术语呢？可以把认识的术语填写在框内。

a. 下止点；b. 上止点；c. 工作容积；d. 曲轴半径；e. 燃烧室容积；f. 活塞行程

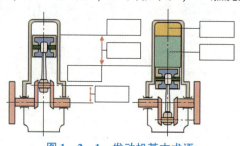

图1-2-1　发动机基本术语

2. 参照图 1-2-2 所示图例，在实训车上找一找含有发动机信息的铭牌。

图 1-2-2　发动机铭牌

1）找到实训车辆铭牌，完善表 1-2-1。

表 1-2-1　发动机参数信息

铭牌位置	发动机排量	发动机功率	发动机扭矩	其他发动机信息

2）实训车辆铭牌上还有哪些车辆信息？

_____

3. 表 1-2-2 所示为同一款车辆不同发动机配置的参数表。

表 1-2-2　发动机配置参数

车型	捷豹 F-PACE	捷豹 F-PACE
发动机型号	PT204	PT306
排量/L	2.0	3.0
排量/mL	1 997	2 995
气缸数/个	4	6
最大马力/PS	250	340
最大功率/kW	184	250
最大功率转速/$(r \cdot min^{-1})$	5 500	5 500~6 500
最大扭矩/$(N \cdot m)$	365	480
最大扭矩转速/$(r \cdot min^{-1})$	1 300~4 500	1 500~4 500
官方 0 至 100 km/h 加速时间/s	7.3	5.4
NEDC 综合油耗/$[L \cdot (100\ km^{-1})]$	7.7	8.9

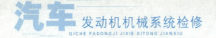

1）根据表1-2-2，对比2.0T与3.0T发动机区别，完成表1-2-3。

表1-2-3 2.0T与3.0T发动机区别

发动机类型	2.0T	3.0T
气缸个数		
排气量/mL		
单气缸工作容积/mL（=总的排气量/气缸数）		
发动机最大功率/kW		
升功率/(kW·L⁻¹)（=最大功率/排气量）		
0~100加速/s		
综合油耗/[L·(100 km)⁻¹]		

升功率/(kW·L^{-1})，综合油耗/[L·(100 km)$^{-1}$]

通过计算和查找，可以发现：

排量与功率的关系：_____

与车辆性能的关系：_____

与车辆油耗的关系：_____

2）通过以上学习，给赵先生解释两款不同配置发动机的优势和劣势，见表1-2-4。

表1-2-4 两款不同配置发动机的优势和劣势

发动机类型	2.0T	3.0T
优势		
劣势		

3）通过计算，补全表1-2-5。

表1-2-5 两款不同配置发动机计算参数

发动机类型	四缸2.0T	六缸3.0T
单气缸工作容积/mL		
气缸直径/mm	83	83
活塞行程/mm		
压缩比	9.5:1	10.5:1
燃烧室容积/mL		

通过以上计算可以发现：

气缸工作容积与气缸直径和活塞行程的关系：_____

_____

压缩比与燃烧室容积和气缸工作容积的关系：_____

_____

4. 表 1 – 2 – 6 所示为相同排量、不同功率两款发动机的配置表。

表 1 – 2 – 6　相同排量、不同功率两款发动机的配置表

发动机	A	B
排量/L	2.0	2.0
燃料形式	汽油	汽油
燃油标号	92#	95#
进气形式	自然吸气	涡轮增压
气缸排列形式	直列	直列
缸径/mm	80.5	83
行程/mm	97.6	92.29
压缩比	13	10.5
最大马力/PS	171	250
最大功率/kW	126	184
最大功率转速/$(r \cdot min^{-1})$	6 600	5 500
最大扭矩（N·m）	209	365
最大扭矩转速/$(r \cdot min^{-1})$	4 400 ~ 5 000	1 300 ~ 4 500

1）根据表 1 – 2 – 6 完善表 1 – 2 – 7。

表 1 – 2 – 7　A、B 两款发动机参数对比

发动机	A	B
气缸个数		
排气量/L		
单气缸工作容积/mL		
发动机最大功率/kW		
发动机最大扭矩/(N·m)		
进气方式		

通过以上参数对比思考：都是 2.0 L 排量的汽油机，其他参数也都差不多，是使用了什么"神器"导致功率有这么大的差别？

2）相同排量的发动机，功率大小与什么有关？

5. 扫描任务信息中的案例导入二维码,学习销售顾问是如何给赵先生详细解答相关问题的。同学们站在赵先生角度,自己分析利弊,选择购买配备哪款发动机的车型呢?

参考信息

汽车发动机定义

汽车发动机是将其他形式的能量转变为机械能的机器,是汽车的心脏,决定着汽车的动力性、经济性、稳定性和环保性。

1. 发动机基本术语

目前汽车上常用的发动机是往复活塞式发动机,即活塞沿着气缸做往复直线运动,曲轴做旋转运动。发动机常见基本术语主要有上止点、下止点、活塞行程、曲轴半径、气缸工作容积、燃烧室容积、气缸总容积、发动机排量和压缩比。

(1)上止点

上止点是指活塞顶位于其运动的顶部时的位置,即活塞的最高位置,如图1-2-3所示。

(2)下止点

下止点是指活塞顶位于其运动的底部时的位置,即活塞的最低位置,如图1-2-3所示。

(3)活塞行程 S

活塞行程是指上、下止点间的距离,用 S 表示,单位为 mm(毫米),如图1-2-4所示。活塞由一个止点运动到另一个止点一次的过程,称为一个冲程。

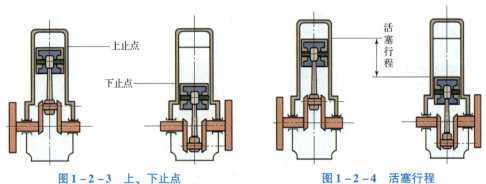

图1-2-3 上、下止点　　　　图1-2-4 活塞行程

(4)曲柄半径 R

曲柄半径是指与连杆大头相连接的曲柄销的中心线到曲轴回转中心线的距离,用 R 表示,单位为 mm(毫米),如图1-2-5所示。显然,曲轴每转一周,活塞移动两个冲程,即

$$S = 2R$$

(5)气缸工作容积 V_h

气缸工作容积是指活塞从一个止点移动到另一个止点所扫过的容积,用 V_h 表示,单位

为 L（升），如图 1 - 2 - 5 所示。

$$V_h = \pi (D/2)^2 \cdot S/10^6$$

式中：V_h——气缸工作容积，L；

　　　D——气缸直径，mm；

　　　S——活塞行程，mm。

（6）燃烧室容积 V_c

燃烧室容积是指活塞位于上止点时，活塞顶上方的气缸空间容积，用 V_c 表示，单位为 L（升），如图 1 - 2 - 5 所示。

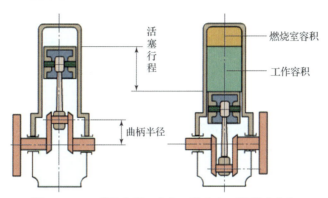

图 1 - 2 - 5　曲柄半径、气缸工作容积、燃烧室容积

（7）气缸总容积 V_a

气缸总容积是指活塞位于下止点时，活塞顶上方的气缸空间容积，用 V_a 表示，单位为 L（升），如图 1 - 2 - 6 所示。

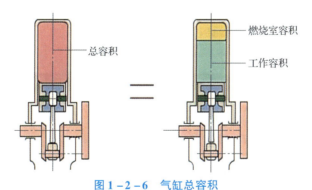

图 1 - 2 - 6　气缸总容积

（8）发动机排量 V_L

发动机排量是指发动机所有气缸工作容积之和，用 V_L 表示，单位为 L（升），如图 1 - 2 - 7 所示。对于多缸发动机，有

$$V_L = i \times V_h$$

式中：i——发动机气缸数。

发动机排量是一个非常重要的特征参数，轿车就是以发动机排量大小来进行分级的，其中微型：$V_L \leq 1.0\ L$；普通级：$V_L > 1.0 \sim 1.6\ L$；中级：$V_L > 1.6 \sim 2.5\ L$；中高级：$V_L > 2.5 \sim 4.0\ L$；高级：$V_L > 4.0\ L$。

（9）压缩比 ε

压缩比是指气缸总容积与燃烧室容积之比，用 ε 表示，有

$$\varepsilon = V_a / V_c$$

压缩比常用来衡量空气或混合气被压缩的程度，影响发动机的热效率。一般汽油发动机压缩比为 8～12，相对来说自吸式发动机的压缩比高，增压发动机中高功率版本发动机的压缩比会低一些。有些厂家的汽油机采用压燃的新技术，压缩比可以超过 13，最大可达到 18。柴油发动机的压缩比较高，为 16～22。

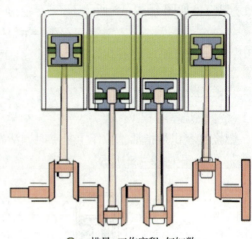

○ 排量=工作容积×气缸数

图 1-2-7 发动机排量

2. 发动机性能指标

发动机性能的主要指标有转速、功率、扭矩、燃油消耗率，等等。这些指标通常在汽车或发动机的说明书中予以标明，如图 1-2-8 所示。

技术数据

功率

	最大功率	最大扭矩	最高车速 /(km·h⁻¹)
A7 Sportback 55 TFSI 四轮驱动	250 kW/5 000～6 400 r/min	500 N·m/1 370～4 500 r/min	250

⚠ **警告**

请注意重要的安全说明 ⇨ ⚠，在技术数据说明中，见第 238 页。

燃油消耗

本车的燃油消耗数据是根据国标 GB/T 19233-2008 的规定在空车重量的基础上的以下使用条件下测得的。给出的燃油消耗数据不是针对某辆汽车而言的。

汽车的燃油消耗和二氧化碳排放不只取决于车辆高效的燃油使用，而且还受到驾驶方式和其他非技术因素的影响，如道路条件、高度、交通和天气情况。

	燃油消耗/[L·(100 km)⁻¹]		
	市区	郊区	市区-郊区组合行驶
A7 Sportback 55 TFSI 四轮驱动	9.5	5.6	7.0

ⓘ **提示**

- 在实际情况中，按规定测得的燃油消耗可能会有偏差。

- 因为装备、装载和后续加装的附件等原因，空车重量可能发生改变。因此可能提高燃油消耗。

图 1-2-8 说明书中所展示数据

（1）发动机功率

发动机单位时间内所做的功叫作发动机功率，用 P 表示，常用单位是 W。功率越大，

性能越强，相对燃油消耗越高。

（2）发动机扭矩

发动机扭矩是指活塞在气缸里往复运动一次做的功，单位是牛·米（N·m）。发动机扭矩是发动机加速能力的具体指标，扭矩越大，加速性越好。在同等功率的前提下，不同转速会有不同的扭矩，转速越高，扭矩越低，反之则越大。

发动机的功率是扭矩和转速的乘积，即功率 $P =$ 扭矩 × 角速度 ω，功率越大，扭矩越大，也就是扭矩和功率成正比而与转速成反比。最大功率决定了汽车的最高车速，功率越大，汽车的最高车速越高，中后段加速能力越强。最大扭矩决定了汽车起步加速及爬坡能力等，峰值扭矩到达的转速越低（扭矩输出峰值曲线出现得越早），起步加速性能越好。功率、扭矩性能可以通过图表对比参考，如图 1 - 2 - 9 所示。

技术数据

发动机代码	CHHB	CHHA
类型	4缸直列式发动机	
排量	1 984 mL	
缸径	82.5 mm	
行程	92.8 mm	
每缸气门数	4	
压缩比	9.6 : 1	
最大输出功率	162 kW/ 4 500~ 6 200 r/min	169 kW/ 4 700~ 6 200 r/min
最大扭矩	350 N·m/ 1 500~ 4 400 r/min	350 N·m/ 1 500~ 4 600 r/min
发动机管理系统	SIMOS 18.1	
燃油	超级无铅RON 98	
废气处理	一个三元催化转换器，前部有一个用于测量涡轮增压器废气排放的宽频带氧传感器，后部有一个用于测量催化转化器废气排放的阶跃式氧传感器	
排放标准	EU6	

扭矩和性能图

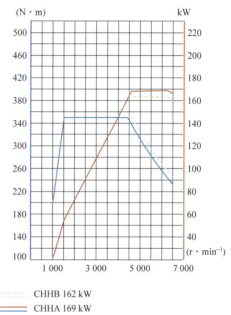

图 1 - 2 - 9 技术数据、功率扭矩性能图

（3）最高车速

最高车速是指汽车在平坦良好的路面上行驶时所能达到的最高速度，其数值越大，动力性就越好。

（4）汽车加速时间

汽车加速时间表示汽车的加速能力，包括原地起步加速时间和超车加速时间。原地起步加速时间是指汽车由一挡或者二挡起步，并以最大的加速强度（包括选择恰当的换挡时机）逐步由某一较低车速全力加速至某一高速的时间。超车加速时间是指用最高挡或者次高挡某一速度全力加速至某一较高速所需的时间。目前通常用从 0 至 100 km/h 加速所需的时间来表明加速能力。

（5）汽车燃油经济性

汽车燃油经济性以燃油消耗量表示，是指汽车满载时单位行驶里程所需燃油体积。我国

模块一 认识发动机

用行驶百公里消耗的燃油数（L）来表示，即 L/100 km，数值越小，燃油经济性越好。燃油经济性测试一般有 NEDC 测试和 WLTP 测试两种。

NEDC 是新欧洲驾驶循环测试，是欧洲对车辆能耗的一种测试方法，是由四个重复的 ECE–15 城市驾驶循环和一个城市外驾驶循环组成的。

WLTP 是全球统一轻型车辆测试程序，测试时会将车辆的行驶状态分成四部分，分别对应超高速、高速、中速和低速环境。WLTP 模式下还会对汽车的质量、车辆载重、温度和挡位状态，以及在行驶中的滚动阻力进行综合考虑。相对于 NEDC，WLTP 有标准的模拟场景，通过四种工况的模拟，行驶里程更远一些，测试时间更长一些，这一系列的调整使得其规则更加接近现实情况。NEDC 标准的测试过于理想化，得出的数据总会与现实情况之间存在较大差异。

三、任务拓展

一般汽车会把发动机的一些信息在后尾标位置展示，比如有的车辆会粘贴发动机的排量；还有的车辆会采用其他换算方法，可以粘贴更大的数字，比如奥迪的加速度或功率形式的换算；还有的汽车像大众，其以扭矩进行换算，粘贴更大的数字。

汽车尾标展示

任务 1.3　悉知发动机工作过程

一、任务信息

任务难度	初级	
学时	班级	
成绩	日期	
姓名	教师签名	
案例导入	经过销售顾问的解释，赵先生终于明白了发动机是汽车的心脏，是汽车的动力来源，那么用汽油作为燃料的发动机是如何爆发出那么大的力量的呢？作为接待赵先生的销售顾问，你还需要给赵先生如何进行介绍讲解呢？ 案例导入	
能力目标	知识	熟知四行程发动机的工作原理
	技能	能够描述四行程发动机的工作原理
	素养	1. 能够更好地与人沟通，展示学习成果； 2. 能够与团队成员协作完成任务

二、任务流程

（一）任务准备

四行程发动机是往复活塞式发动机，每个工作循环由 4 个活塞行程组成，即进气行程、压缩行程、做功行程和排气行程。在这个过程中，活塞上下往复运动四个行程，相应的曲轴旋转两周。

四行程发动机视频

两行程发动机也是往复活塞式发动机，每个工作循环由 2 个活塞行程组成。两行程发动机曲轴转一圈，发动机对外做功一次，其结构简单、重量轻，相对于四行程发动机，相同排量的发动机动力输出翻倍。但由于其燃烧不充分，排放达不到环保标准，故目前汽车已经不再使用两行程发动机。

两行程发动机视频

（二）任务实施

任务　悉知发动机

学习表 1　四行程汽油机工作原理

1. 下面是四行程汽油发动机工作过程，观看视频，完成任务，并查阅相关资料，补充表 1 – 3 – 1。

汽油发动机四行程工作

1）补充表 1 – 3 – 1 所示汽油发动机四行程工作原理。

表 1 – 3 – 1　汽车发动机四行程工作原理

	进气行程	压缩行程	做功行程	排气行程
发动机行程				
活塞运动方向				
曲轴转角度数				
进气门开关状态				

模块一　认识发动机

	进气行程	压缩行程	做功行程	排气行程
发动机行程				
排气门开关状态				
火花塞状态是否点火				
最终压力				
最终温度				

2）通过表1-3-1可以得出结论，四个行程为一个循环，发动机经过一个循环曲轴运转多少圈？（　　）

A. 1圈　　　　　　　　B. 2圈　　　　　　　　C. 3圈　　　　　　　　D. 4圈

3）发动机在哪个行程对外输出动力？（　　）

A. 进气行程　　　　　　　　　　　　B. 压缩行程

C. 做功行程　　　　　　　　　　　　D. 排气行程

4）发动机在哪个行程消耗发动机的动力？（　　）

A. 进气行程　　　　　　　　　　　　B. 压缩行程

C. 做功行程　　　　　　　　　　　　D. 排气行程

2. 如果你是销售顾问，如何为客户解释"使用汽油作为燃料的发动机是如何爆发出那么大的力量的"。

_____

_____

3. 扫描二维码，观看柴油发动机工作过程。

柴油发动机工作过程

1）补充表1-3-2所示柴油发动机四行程工作原理。

表 1 - 3 - 2　柴油发动机四行程工作原理

发动机行程	进气行程	压缩行程	做功行程	排气行程
	![进气行程]	![压缩行程]	![做功行程]	![排气行程]
活塞运动方向				
曲轴转角度数				
进气门开关状态				
排气门开关状态				
喷油器状态（是否喷油）				

2）总结汽油发动机与柴油发动机在结构上有哪些区别。

_____

_____

_____

参考信息

1. 汽油与柴油

汽油与柴油都是从石油里分馏、裂解出来的可燃性的烃类混合物液体。汽油的馏程为 30 ~ 220 ℃，柴油的馏程为 180 ~ 360 ℃；汽油易挥发，易点燃，外观为透明液体，主要成分为 C5 ~ C12 脂肪烃和环烷烃，以及一定量的芳香烃；汽油具有较高的辛烷值（抗爆燃燃烧性能），并按辛烷值的高低分为 92#汽油、95#汽油、98#汽油等。

柴油不易挥发，柴油的燃点较低，只有 220 ℃，一般靠气缸内高压高温的空气使其自燃。柴油低温易凝固，国内车用轻柴油按凝固点分为 6 个标号：5#柴油、0#柴油、- 10#柴油、- 20#柴油、- 35#柴油和 - 50#柴油，分别适用于 8 ℃ 以上、4 ~ - 5 ℃、- 5 ~ - 14 ℃、- 14 ~ - 29 ℃、- 29 ~ - 44 ℃。如果冬天选用错误的标号，可能会造成发动机中的燃油系统结蜡，堵塞油路，影响发动机的正常工作，如图 1 - 3 - 1 所示。柴油的标号越低，结蜡的可能性就越小，当然价格也就越高。

图 1 - 3 - 1　相同气温不同标号柴油状态

2. 四行程汽油发动机工作原理

四行程汽油发动机每完成一个工作循环需要经过进气、压缩、做功和排气 4 个过程，对应活塞上下 4 个行程，相应的曲轴旋转两周 720°，如图 1-3-2 所示。

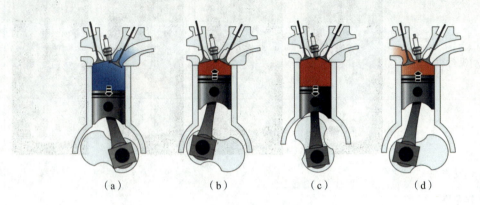

（a）　　　　　（b）　　　　　（c）　　　　　（d）

图 1-3-2　发动机四行程工作循环

（a）进气行程；（b）压缩行程；（c）做功行程；（d）排气行程

（1）进气行程

由于曲轴旋转，通过连杆拉动活塞，活塞从上止点向下止点运动，此时排气门关闭，进气门打开。随着活塞下移，气缸内容积增大，压力减小，气体通过进气门被吸入气缸，直至活塞向下运动到下止点。进气终了时，气缸压力为 0.75~0.9 bar[1]，小于大气压，气缸内气体的温度为 80~130 ℃。

（2）压缩行程

曲轴继续旋转，通过连杆推动活塞，活塞从下止点向上止点运动，此时进气门和排气门都关闭，气缸内成为封闭容积，缸内气体受到压缩，压力和温度不断升高，直至活塞向上运动到上止点。压缩终了时，气缸压力为 6~12 bar，气缸内的温度达到 330~430 ℃。

（3）做功行程

在做功行程中，进气门和排气门仍然保持关闭。当活塞到达上止点位置时，火花塞产生火花，点燃可燃混合气，可燃混合气燃烧后放出大量的热，使气缸内的温度和压力急剧升高，高温高压气体膨胀，推动活塞从上止点向下止点运动，通过连杆使曲轴旋转并输出动力。当活塞运动到下止点时，做功行程结束。在做功行程时，气缸内气体所能达到的最高瞬时压力为 300~600 bar，最高温度可达 1 900~2 500 ℃。做功行程结束时，气缸内的气体压力为 30~60 bar，温度为 900~1 200 ℃。

（4）排气行程

做功行程结束后，曲轴继续旋转，通过连杆推动活塞，活塞从下止点向上止点运动，此时进气门保持关闭，排气门打开，缸内压力高于外界，废气最终被活塞挤压从排气门排出。当活塞到达上止点时，排气行程结束。排气终了时，由于排气阻力问题，缸内压力略高于外界压力，为 1.05~1.15 bar，温度为 600~900 ℃。

---

①　1 bar = 0.1 MPa。

四个行程为一个工作循环，一个循环结束后，曲轴继续运转，继续下一个工作循环，周而复始，保持发动机持续运转。

3. 四行程柴油机工作原理

柴油发动机与汽油发动机结构和工作原理相类似，每个工作循环也经历着进气、压缩、做功和排气四个行程，只是柴油黏度比汽油大，不易蒸发，而其自燃温度却较汽油低，可燃混合气的形成及点火方式都与汽油机不同。在做功行程时，汽油发动机是由电火花塞点燃可燃混合气，柴油发动机是把柴油喷入高压高温气缸内压燃的，如图 1-3-3 所示。

（1）进气行程

由于曲轴旋转，通过连杆拉动活塞，活塞从上止点向下止点运动，排气门关闭，进气门打开。随着活塞下移，气缸内容积增大，压力减小，气体通过进气门被吸入气缸，直至活塞向下运动到下止点。此时柴油发动机吸入的是纯空气。

（2）压缩行程

曲轴继续旋转，通过连杆推动活塞，活塞从下止点向上止点运动，此时进气门和排气门都关闭，气缸内成为封闭容积，缸内气体受到压缩，压力和温度不断升高，直至活塞向上运动到上止点。柴油发动机比汽油发动机压缩比高很多，空气经过高压缩比压缩，温度能上升到柴油的燃点。在冬季的北方，由于天气寒冷，柴油发动机在冷起动时，气缸压缩空气可能达不到柴油自燃所需要的温度，故在冷起动前需要通过预热塞给发动机进气预加热。

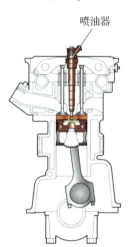

图 1-3-3　柴油发动机压燃做功

（3）做功行程

在做功行程中，进气门和排气门仍然保持关闭。当活塞到达上止点位置时，喷油器向燃烧室喷入柴油，柴油燃烧膨胀，推动活塞从上止点向下止点运动，通过连杆使曲轴旋转并输出动力。当活塞运动到下止点时，做功行程结束。

（4）排气行程

做功行程结束后，曲轴继续旋转，通过连杆推动活塞，活塞从下止点向上止点运动，此时进气门保持关闭，排气门打开，缸内压力高于外界，废气最终被活塞挤压从排气门排出。活塞到达上止点时，排气行程结束。

柴油发动机气缸中混合气属于压燃，汽油发动机气缸中混合气属于点燃。

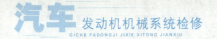

三、任务拓展

　　往复活塞式四行程汽油发动机有三种循环比较流行，分别是奥托循环、米勒循环和阿特金森循环。

四行程发动机的三种循环

四、参考书目

序列	书名，材料名称	说明
1	李春明、焦传君主编，《汽车构造》	北京理工大学出版社
2	新 EA211 汽油发动机系列自学手册（551）	
3	Audi 1.2 L 和 1.4 L – TFSI – 发动机 EA221 系列自学手册 616	
4	Audi 4.0 L – V8 – TFSI – 发动机带有双涡轮增压器自学手册 607	
5	Audi 1.8 L – 和 2.0 L – TFSI – 发动机 EA888 系列（第 3 代）自学手册（606）	

模块二

···········检查、诊断和维修发动机曲柄连杆机构···········

任务 2.1　更换气缸垫

一、任务信息

任务难度	"1＋X"汽车运用与维修职业技能等级证书　中级		
学时		班级	
成绩		日期	
姓名		教师签名	
案例导入	一车主发现其爱车在高速行驶时抖动，到服务区检查发现补偿水箱里面冒气泡。把车子送到修理厂，经维修技师诊断后，确认气缸垫损坏，需要更换。请你配合维修技师完成此任务		
能力目标	知识	1. 能够描述机体组主要组成结构和功能； 2. 能够区分不同的气缸体类型； 3. 能够区分不同类型的燃烧室	
	技能	1. 能够拆卸发动机机体组； 2. 能够正确使用工具和量具； 3. 能够查看、使用维修手册； 4. 能够正确更换气缸垫	
	素养	1. 培养工作安全意识； 2. 培养团队合作意识； 3. 培养工匠精神	

二、任务流程

（一）任务准备

力矩扳手的使用

棘轮扳手的使用

了解塞尺、力矩扳手和棘轮扳手的使用方法。请查看二维码进行学习。

（二）任务实施

任务 2.1.1　认识机体组

学习表 1　机体组的组成

1. 图 2-1-1 所示为发动机机体组组成，查阅资料完成表 2-1-1。

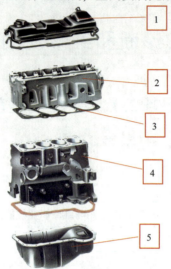

图 2-1-1　发动机机体组成

表 2-1-1　发动机各组成部分的名称、位置及作用

序号	实物图片	名称	安装位置	作用
1				
2				
3			位于气缸盖和气缸体之间	
4				
5				

2. 图 2-1-2 所示为气缸盖的下平面示意图，读图并完成表 2-1-2。

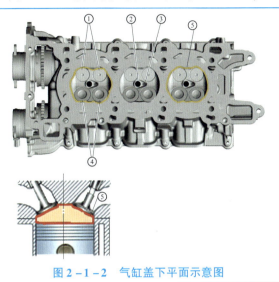

序号	部件
1	排气门
2	喷油嘴
3	火花塞
4	
5	

表 2-1-2 气缸盖组件名称

气缸盖是燃烧室的组成部分。燃烧室的形状对发动机的工作性能影响很大，汽油机的燃烧室主要在气缸盖上，而柴油机的燃烧室主要在活塞顶部的凹坑内

图 2-1-2 气缸盖下平面示意图

3. 请在表 2-1-3 中对应气缸体形式方框□内画对号√。

表 2-1-3 气缸形式

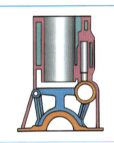	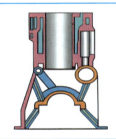	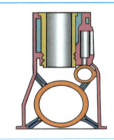
平分式□ 龙门式□ 隧道式□	平分式□ 龙门式□ 隧道式□	平分式□ 龙门式□ 隧道式□

实训车辆气缸体的形式是（　　）。

A. 平分式　　　　　　B. 龙门式　　　　　　C. 隧道式

4. 气缸套有干式气缸套和湿式气缸套两种，请在表 2-1-4 所示对应气缸套形式方框□内画对号√。

表 2-1-4 气缸套形式

示意图	特点	气缸套类型
	外壁不直接与冷却水接触。 （1）外壁较薄（1~3 mm）； （2）与缸孔过盈配合； （3）不易漏水、漏气	干缸套□ 湿缸套□

续表

示意图	特点	气缸套类型
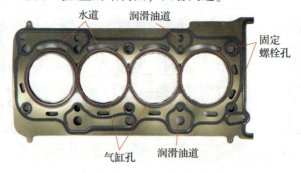	外壁直接与冷却水接触。 （1）外壁较厚（5~9 mm）； （2）散热效果好； （3）易漏水、漏气； （4）易穴蚀	干缸套□ 湿缸套□

无气缸套式机体即不镶嵌任何气缸套的机体，采用缸体内壁涂层技术，在机体上直接加工出气缸，通过改变缸筒内壁的微观结构进而优化机油在缸筒内壁的留存量，减小活塞运动阻力，使机体尺寸和质量减小，增加汽车寿命。许多轿车发动机都采用无气缸套式机体，目前成本偏高

实训车辆气缸套形式：干缸套□；湿缸套□；无气缸套（有耐磨涂层）□。

5. 读如图 2-1-3 所示气缸垫的结构图，回答问题。

图 2-1-3　气缸垫结构

根据气缸垫的结构，可以总结气缸垫的作用是：防止漏_____、防止漏_____、防止漏_____。

参考信息

曲柄连杆机构是往复活塞式发动机实现能量转换的主要机构，其作用是将燃气作用在活塞顶上的压力转变为曲轴的转矩，使曲轴产生旋转运动而对外输出动力。曲柄连杆机构由机体组、活塞连杆组和曲轴飞轮组三部分组成。

1. 机体组组成

机体组是发动机的骨架，是活塞连杆组、曲轴飞轮组、配气机构和发动机其他各系统主要零部件的装配基体。发动机机体组主要由气缸盖罩、气缸盖、气缸垫、气缸体、油底壳等组成，如图 2-1-4 所示。

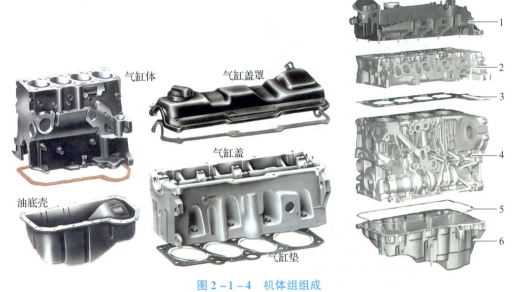

图 2 - 1 - 4　机体组组成

1—气缸盖罩；2—气缸盖；3—气缸垫；4—气缸体；5—密封垫；6—油底壳

（1）气缸盖罩

气缸盖罩又称气门室盖，位于发动机气缸盖的上部。气缸盖罩遮盖并密封气缸盖，保持机油在内部流动，同时将杂质和湿气等污染物隔绝于外。此外，气缸盖罩上还有机油加注口。如图 2 - 1 - 5 所示。

机油加注口

图 2 - 1 - 5　气缸盖罩

气缸盖罩的另一个功能是将机油与空气隔离。在发动机的运转过程中会形成机油蒸气，气缸盖罩较冷的内表面会聚集机油蒸气，使机油冷凝并向下流回油底壳。气缸盖罩也是曲轴箱通风的主要部件。

（2）气缸盖

气缸盖位于气缸体和气缸垫上部，通常采用铝合金材料，如图 2 - 1 - 6 所示。气缸盖上有进、排气门及进、排气通道，有凸轮轴轴承孔，用以安装凸轮轴。汽油机的气缸盖有安装火花塞的孔，而柴油机的气缸盖上加工有安装喷油器的孔，如图 2 - 1 - 7 所示。现在缸内直喷汽油机的气缸盖上也有安装喷油器的孔。

气缸盖经常与高温高压的燃气相接触，因此需承受很大的热负荷和机械负荷。水冷发动机的气缸盖内部有冷却水套，缸盖下端面的冷却水孔与缸体的冷却水孔相通，利用循环冷却液来冷却燃烧室等气缸盖内的高温零件。同时，气缸盖内部也有与气缸体相同的润滑油道，通过油道上来的润滑油来润滑气缸盖上面运动的零部件。

模块二　检查、诊断和维修发动机曲柄连杆机构

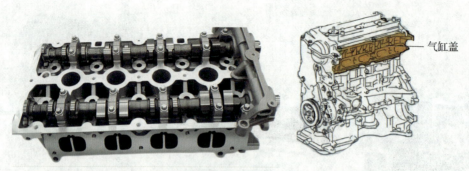

图 2 – 1 – 6 气缸盖位置

图 2 – 1 – 7 气缸盖结构

1—排气凸轮轴；2—进气凸轮轴；3—进气道；4—排气门；5—火花塞；
6—燃烧室；7—润滑油道；8—水道；9—固定螺栓孔；10—进气门

　　气缸盖的作用是封闭气缸体上部，并与活塞顶部、气缸壁、气门等一起构成燃烧室。气缸盖是燃烧室的组成部分，燃烧室的形状对发动机的工作性能影响很大。由于汽油机和柴油机的燃烧方式不同，导致组成燃烧室的部分差别较大。汽油机的燃烧室主要在气缸盖上，而柴油机的燃烧室主要在活塞顶部的凹坑内，如图 2 – 1 – 8 所示。

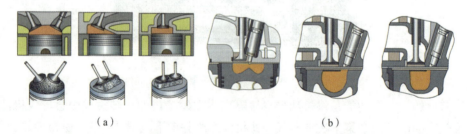

（a）　　　　　　　　　　　　　（b）

图 2 – 1 – 8 燃烧室形状

（a）汽油机燃烧室；（b）柴油机燃烧室

　　气缸盖可以分为分开式气缸盖和整体式气缸盖两种类型。整体式气缸盖是指发动机所有气缸体共用一个气缸盖，如图 2 – 1 – 9 所示。这种类型的气缸盖多应用在热负荷相对较轻的直列发动机上。分开式气缸盖即同一发动机上有多个气缸盖，气缸可以一缸一盖，也可以两缸或多缸共用一个气缸盖。分开式气缸盖主要应用在 V 形或水平对置式的柴油机或汽油机上。如图 2 – 1 – 10 所示。

图 2 – 1 – 9 整体式气缸盖

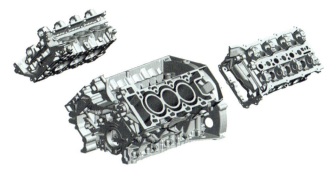

图 2 - 1 - 10　Ｖ形发动机分开式气缸盖

（3）气缸垫

气缸垫又称气缸衬垫，是气缸体顶面与气缸盖底面之间的密封件，位于气缸盖与气缸体之间，如图 2 - 1 - 11 所示，其作用是填补气缸体和气缸盖之间的微观孔隙，保证气缸盖与气缸体接触面的密封，防止漏气；保证由机体流向气缸盖的冷却液和机油不泄漏，防止漏水和漏油。

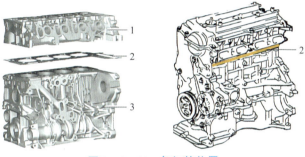

图 2 - 1 - 11　气缸垫位置

1—气缸盖；2—气缸垫；3—气缸体

气缸垫承受拧紧气缸盖螺栓时造成的压力，并受到气缸内燃烧气体高温、高压的作用以及机油和冷却液的腐蚀，所以气缸垫应该具有足够的强度，并且耐压、耐热和耐腐蚀，在高温高压下不烧损、不变形。另外，气缸垫还需要有一定的弹性，以补偿气缸体顶面与气缸盖底面的粗糙度和不平度以及发动机工作时反复出现的变形，起到缓冲、密封作用。

气缸垫材料使用较多的是铜、石棉，铜气缸垫翻边处有三层铜皮。有的发动机还采用在石棉中心用编织的钢丝网或有孔钢板为骨架，两面用石棉及橡胶黏结剂压成的气缸垫。如图 2 - 1 - 12 所示。

图 2 - 1 - 12　气缸垫结构

1—水道；2—润滑油道；3—固定螺栓孔；4—润滑油道；5—气缸孔

模块二　检查、诊断和维修发动机曲柄连杆机构

（4）气缸体

气缸体位于整个发动机机体的中间位置，是构成发动机的主要骨架，是发动机各机构、系统的安装基础，如图 2 - 1 - 13 所示。气缸体将各个气缸和曲轴箱连为一体，为安装活塞、曲轴以及其他零件和附件提供支撑。气缸体内部提供活塞运动的空间，外部安装发动机的主要零件和附件，承受各种载荷。气缸体通常采用铝合金或灰铸铁铸造而成，铝合金材料使气缸体比较轻，导热性也比较好；铸铁材料的气缸体刚性较好，但是比较重。

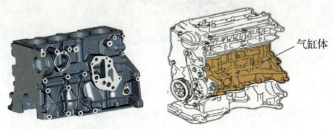

图 2 - 1 - 13　气缸体位置

1）气缸体的结构。

发动机的气缸体和曲轴箱通常铸成一体，称为气缸体 - 曲轴箱，也可以称为气缸体。气缸体上半部有一个或若干个为活塞在其中运动导向的圆柱形空腔，称为气缸，空腔数即气缸数。气缸工作表面与高温、高压燃气相接触，且有活塞在其中做高速往复运动，所以必须耐高温高压、耐磨损、耐腐蚀。气缸外壁周围空腔是相互连通的，构成冷却水道和润滑油道。冷却液与润滑油分别在水道和油道内流动，实现发动机的冷却和润滑。气缸体下部支承曲轴转动的空腔称为曲轴箱，其内腔为曲轴运动的空间，如图 2 - 1 - 14 所示。气缸体的上、下平面分别安装气缸盖和油底壳。

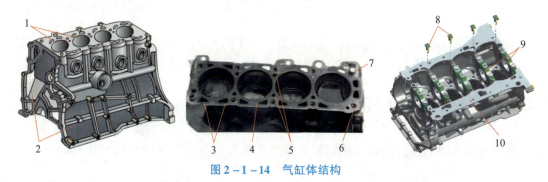

图 2 - 1 - 14　气缸体结构

1—气缸；2—曲轴箱；3—冷却水道；4—气缸体上平面；5—润滑油道；6—固定螺栓孔；
7—定位销；8—机油喷嘴；9—曲轴安装孔；10—气缸体下平面（接油底壳）

2）气缸体的分类。

按照气缸体下平面与油底壳安装位置不同，通常把气缸体分为一般式、龙门式和隧道式三种类型，如图 2 - 1 - 15 所示。

①一般式气缸体是指气缸体下平面与曲轴中心轴线在同一平面。其特点是结构简单，便于加工，但强度较差，且与曲轴前后端的密封较差。

②龙门式气缸体是指气缸体的下平面降到曲轴中心轴线以下的气缸体。其特点是刚度好，与油底壳的密封简单可靠，易于维修，但工艺性较差。

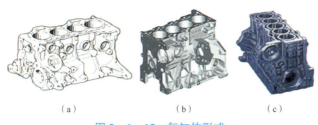

图 2 - 1 - 15　气缸体形式

（a）一般式；（b）龙门式；（c）隧道式

③隧道式气缸体曲轴的主轴承孔为整体式，采用滚动轴承，主轴承孔较大，曲轴从气缸体后部装入。其特点是结构紧凑，刚度和强度好，但加工精度要求高，工艺性较差，曲轴拆装不方便。

3）气缸套。

气缸直接镗在气缸体上称为整体式气缸。但这种整体式气缸对材料的要求高，成本也高。如果将气缸制成单独的圆筒形零件（即气缸套），然后再装入气缸体内，气缸套采用耐磨的优质材料制成，则气缸体可用价格较低的一般材料制造（铝合金或灰铸铁），从而降低制造成本。不仅如此，气缸套还可以从气缸体中取出，因而易于修理和更换，大大延长了气缸体的使用寿命。

气缸套有干式气缸套和湿式气缸套两种，如图 2 - 1 - 16 所示。

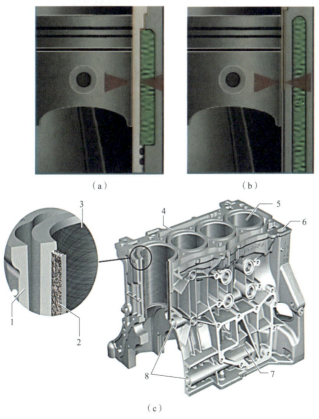

图 2 - 1 - 16　湿式和干式气缸套及其结构

（a）湿式气缸套；干式气缸套；（c）结构
1—气缸体；2—未经处理的铸造表面；3、5—气缸套；4—机油回流管道；
6—内部曲轴箱通风管道；7—曲轴箱通风管道；8—机油供给口

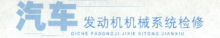

干式气缸套是指气缸套装入气缸体后，其外壁不直接与冷却液接触，而与气缸体的壁面直接接触，其壁厚较薄，一般为 1～3 mm。它的强度和刚度都较好，但加工比较复杂，内、外表面都需要进行精加工，散热不良，拆装不便。

湿式气缸套是气缸套装入气缸体后，其外壁直接与冷却液接触，壁厚相对于干式气缸套略厚（一般为 5～9 mm），气缸套仅在上、下各有一圆环地带与气缸体接触。湿式气缸套装入座孔后，通常缸套顶面略高于气缸体上平面 0.05～0.15 mm，这是为了在紧固气缸盖螺栓时可将气缸垫压得更紧，以保证气缸的密封性，同时防止冷却液和气缸内的高压气体窜漏。这种缸套散热良好，冷却均匀，拆装方便，但强度和刚度都不如干式气缸套好，而且还容易出现漏水现象。

（5）油底壳

油底壳位于气缸体下部，是曲轴箱的下半部，故又称为下曲轴箱，如图 2-1-17 所示。曲轴箱分上曲轴箱和下曲轴箱，上曲轴箱与气缸体铸成一体；下曲轴箱即油底壳用来储存机油，并封闭气缸体（上曲轴箱）。油底壳通常采用薄钢板冲压或由铝合金铸造而成。

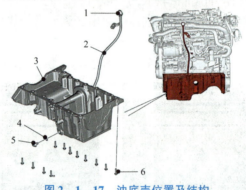

图 2-1-17　油底壳位置及结构

1—机油尺手提环；2—机油尺；3—油底壳；4—密封垫圈；5—放油螺塞；6—固定螺栓

油底壳受力很小，其形状取决于发动机的总体布置和机油的容量。油底壳内部装有机油泵、稳油挡板等，稳油挡板可以防止汽车振动时油面波动过大，产生气泡。油底壳下部有放油螺塞，用来排放机油。通常放油螺塞上装有永久磁铁，以吸附机油中的金属屑，减少发动机的磨损。有些车型机油温度/油位传感器安装在油底壳上。在油底壳和上曲轴箱接合面之间装有衬垫或者涂装密封胶，以防止润滑油泄漏。

任务 2.1.2　更换气缸垫

工作表 1　更换气缸垫

1. 制定更换气缸垫的工作计划，见表 2-1-5。

表 2-1-5　更换气缸垫的步骤

工作步骤	具体操作内容	注意事项
拆卸气缸盖罩		拆卸后放到指定位置
拆卸气缸盖		拆卸螺栓顺序由□□到中央，沿□□线分次拧松
拆卸□□□		舍弃，清除原有垫圈或密封胶

工作步骤	具体操作内容	注意事项
气缸盖（气缸体）平面度检测		测量方向
安装新气缸垫		查看定位销；注意气缸垫安装方向
安装□□□		安装螺栓顺序从□□到□□，沿□□线分次拧紧
安装气缸盖罩		确保密封

注：因车型不同，操作有差异，具体操作以对应车型维修手册为准。如有些车型发动机需要在拆卸气缸盖前拆卸正时盖板

2. 执行工作计划，拆卸气缸垫，并检测相关零部件。

1）拆下气缸盖罩、气缸盖等相关零件。

2）目测检查：气缸盖（□有　□无）裂纹，若有，则直接更换；气缸垫（□有　□无）损伤，若有，则直接更换；螺栓螺孔的螺纹（□有　□无）损伤，若有，可维修或更换。

3）检测气缸盖下平面、气缸体上平面的平面度，见表2－1－6。

表2－1－6　气缸盖下平面、气缸体上平的平面度

需要的工具						
测量点		测量数据		标准数据（参考维修手册）		是否合格
		气缸盖下平面	气缸体上平面	气缸盖下平面	气缸体上平面	气缸盖下平面 / 气缸体上平面
横向						是□ 否□ / 是□ 否□
纵向						是□ 否□ / 是□ 否□
对角线						是□ 否□ / 是□ 否□

检测结论：测量结果符合标准，则表明气缸盖（气缸体）平面正常，故障点是气缸垫，需要更换气缸垫；测量结果不符合标准，则表明气缸盖（气缸体）平面异常，需要修理或更换气缸盖（气缸体）

3. 更换气缸垫。安装顺序同拆卸顺序相反。

4. 工作结果检查：检查气缸压力（重点查看相邻两缸）无异常，运转发动机一段时间，查看故障现象消失。故障排除，可以交车给客户。

注：气缸压力检查方法，参考本模块任务2.2参考信息中的"1. 缸压检查"。

参考信息

1. 气缸盖螺栓拆卸

气缸盖螺栓的拆卸顺序需要遵循具体车型维修手册。先用扭力扳手和专用套筒，由四周到中央，沿对角线的顺序拧松气缸盖各螺栓，如图2–1–18所示，听到"咔"一声，再用棘轮扳手和专用套筒按照同样的顺序分2次拧出气缸盖各螺栓。

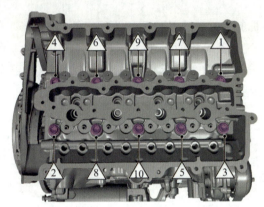

气缸盖拆卸示范操作

图 2 – 1 – 18　气缸盖螺栓拆卸顺序

思政点：

一定要使用专用工具，按照维修手册规范操作，拆卸时养成良好的工作习惯，严谨认真，逐步践行工匠精神。

2. 气缸盖（气缸体）平面度检测

气缸盖（气缸体）变形主要指与气缸体（气缸盖）接合的下平面的平面度误差超限。

目测气缸盖（气缸体）无裂纹，螺栓螺孔的螺纹无损伤，使用塑料刮刀清洁原有垫圈，清洁并检查气缸盖和气缸体；使用合适的刀口尺和测隙规（塞尺），先纵向测量气缸盖（气缸体）下表面（上表面），记下最大值，然后沿对角线检查气缸盖（体）平面是否变形，再横向测量气缸盖（气缸体）下表面（上表面），记下最大值，如图2–1–19所示。测量时必须在气缸盖（体）螺栓孔的截面处获取测量值。

气缸盖平面度测量

以某一品牌发动机为例，如果气缸盖变形测量值超过0.05 mm，则必须更换气缸盖。

3. 气缸垫安装

安装气缸垫时，首先要检查气缸垫的质量和完好程度后才可以打开包装，直接取出新的气缸垫；小心地去除气缸盖和气缸体上的密封残余物，同时注意不要留下长条的划伤和刮痕；仔细去除残留砂屑和研磨残余物；清洁气缸盖螺栓的盲孔，必要时可以用压缩空气吹

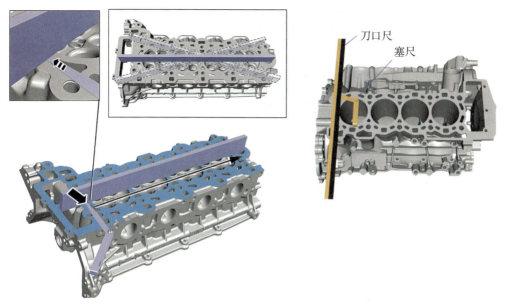

刀口尺
塞尺

图 2-1-19　气缸盖（气缸体）平面度检测

净。其次，安装气缸垫时，注意安装方向，如图 2-1-20 所示。通常发动机缸垫上标有
TOP/FRONT（上/前）的标记。对于 V 形发动机的缸垫通常还会有左右之分，在气缸垫上
会有 LEFT/RIGHT（左/右）的标记。按照正确的方向将气缸垫定位，所有气缸垫上的孔要
与气缸体上的孔对齐，然后再安装在气缸体上。

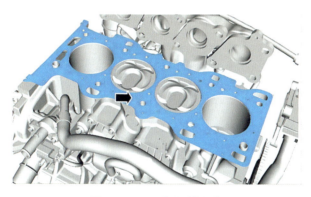

气缸垫安装示范操作

图 2-1-20　气缸垫安装

4. 气缸盖螺栓安装

　　清洁气缸体、气缸筒和气缸盖平面后在气缸垫上涂上一层密封胶，有标记的一面朝上，并
对准气缸体上的螺孔。注意观察是否有安装定位销，如果有应先对准定位销。将气缸盖平稳
地置于气缸垫上，并对准螺孔，润滑与安装新气缸盖螺栓后用棘轮扳手和专用套筒分 2~3
次由中央到四周，沿对角线分次拧紧螺栓，如图 2-1-21 所示。用扭力扳手和专用套筒按
照维修手册规定的力矩，以同样的顺序拧紧气缸盖各螺栓。用红丹油在螺栓尾部做上标记，
再用扭力扳手和专用套筒以同样的顺序将气缸盖各螺栓拧过 180°。

气缸盖安装示范操作

图 2 – 1 – 21 气缸盖螺栓安装顺序

三、任务拓展

在汽车装配过程中，我们会发现有的螺栓会在拧紧规定力矩后再打一个角度，这是为什么呢？

任务 2.2 排除汽车涉水后发动机抖动故障

一、任务信息

任务难度	"1＋X"汽车运用与维修职业技能等级证书　中/高级		
学时		班级	
成绩		日期	
姓名		教师签名	
案例导入	一车主发现发动机抖动，将车开到4S店进行检查，维修技师问询后得知该车曾经过涉水路面。请你配合维修技师执行此任务		
能力目标	知识	1. 能够知晓活塞连杆组主要结构和功能； 2. 能够掌握活塞环的分类和作用	
	技能	1. 能够查看、使用维修手册； 2. 能够更换发动机活塞连杆组； 3. 能够进行缸压检测	
	素养	1. 具备安全意识； 2. 能够与团队成员协作完成任务； 3. 能够展示学习成果	

二、任务流程

（一）任务准备

掌握活塞环压缩器、量缸表和气缸压力表的使用方法。请扫描二维码进行学习。

活塞环压缩器

（二）任务实施

任务 2.2.1　认识活塞连杆组

学习表1　活塞连杆组的基本组成

1. 根据图 2 - 2 - 1，在表 2 - 2 - 1 填写活塞连杆组零件名称。

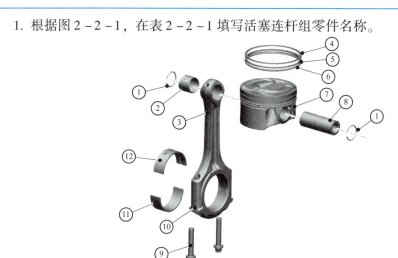

图 2 - 2 - 1　活塞连杆组拆解图

表 2 - 2 - 1　活塞连杆组零件名称及作用

序号	名称	作用
1	弹性挡圈（2 个）	防止活塞销窜出
2	轴承 - 连杆小头	
3		
4		
5		
6		
7		
8		
9	螺栓（2 个）	紧固、连接
10	连杆 - 大头盖	与连杆大头相配合安装
11	轴瓦 - 下 - 连杆大头	
12		

2. 活塞主要由 3 部分组成，请填入图 2 - 2 - 2 所示对应方框中；活塞顶部有箭头标识，箭头方向朝向发动机_____端。

☐ 部

☐ 部

☐ 部

图 2 - 2 - 2　活塞组成

3. 活塞环由_____环和_____环组成，请填入图 2 - 2 - 3 所示的对应方框中。

☐ 环

☐ 环

☐ 环

图 2 - 2 - 3　活塞环组成

4. 学习活塞销的相关知识，回答下面问题。

1）连杆小头与活塞销的连接方式有两种，请在图 2 - 2 - 4 所示对应空白处填写。

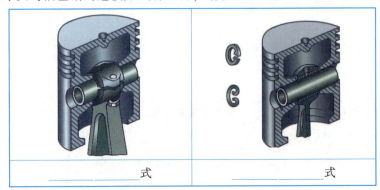

_____式　　　　　_____式

图 2 - 2 - 4　连杆小头与活塞销的连接方式

2）根据图 2 - 2 - 5，判断活塞销采用的是哪种类型的连接方式：_____式。

3）观察一下你上次课更换气缸垫那台发动机的活塞销是哪种类型的连接方式：_____式。

图 2 - 2 - 5　活塞销连接

参考信息

1. 活塞连杆组的组成

活塞连杆组将活塞的往复运动变为曲轴的旋转运动，同时将作用于活塞上的力转变为曲轴对外的输出转矩，以驱动汽车车轮转动。它是发动机的传动件，把燃烧气体的压力传给曲轴，使曲轴旋转并输出动力。活塞连杆组主要包括活塞、活塞环、活塞销、连杆等运动件，如图 2 - 2 - 6 所示，安装于曲轴连杆轴颈上。

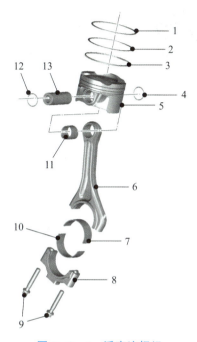

图 2 - 2 - 6 活塞连杆组

1—气环；2—气环；3—油环；4—弹性挡圈；5—活塞；6—连杆；7—上部大端轴承；8—连杆轴承盖；
9—螺栓；10—下部大端轴承；11—小端轴承；12—弹性挡圈；13—活塞销

2. 活塞

活塞处于发动机中部的位置，如图 2 - 2 - 7 所示。活塞由顶部、头部、裙部三部分组成，如图 2 - 2 - 8 所示。活塞的作用有两个：一是承受气体压力，并将此力通过活塞销传给连杆，再推动曲轴旋转；二是活塞顶部与气缸盖、气缸壁等共同组成燃烧室。活塞工作时需要承受高温高压，并在高速、润滑不良和散热困难的条件下工作。因此，活塞需要有足够大的刚度和强度，还需要耐高温、高压，且重量较轻。活塞一般采用铝合金制成。

（1）活塞顶部

汽油机活塞顶部有平顶、凸顶和凹顶三种形式。汽油机活塞顶部的形状与燃烧室形状和压缩比大小有关。平顶式活塞受热面积小，加工简单，被大多数汽油机所采用。多数柴油机采用凹顶式活塞，作为燃烧室的重要组成部分，可以通过改变活塞顶上凹坑的尺寸来调节发动机的压缩比。

活塞顶部有箭头 "→" 或圆圈 "○" 标识，如图 2 - 2 - 9 所示。箭头方向或圆圈端朝向发动机前端，安装时应注意遵循这一原则。

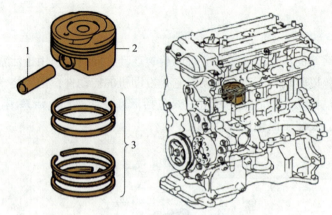

图2-2-7　活塞的位置
1—活塞销；2—活塞；3—活塞环

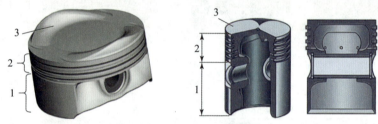

图2-2-8　活塞的组成
1—活塞裙部；2—活塞头部；3—活塞顶部

活塞尺寸代码

向前标记

图2-2-9　活塞顶

（2）活塞头部

活塞头部是从活塞顶至油环槽下端面之间的部分。在活塞头部加工有用来安装气环与油环的气环槽和油环槽，通常是2道气环、1道油环。在油环槽底部还加工有回油孔或横向切槽，油环从气缸壁上刮下来的多余机油经回油孔或横向切槽流回油底壳。

活塞头部应该具有足够的厚度，从活塞顶到环槽区的断面变化要尽可能圆滑，减小热流阻力，以便于热量从活塞顶通过活塞环传给气缸壁，使活塞顶部的温度不致过高。

活塞环槽的磨损是影响活塞使用寿命的重要因素。在强化程度较高的发动机中，第一道环槽温度较高，磨损严重。在第一道环槽上方设置一道较窄隔热槽的作用是隔断由活塞顶传向第一道活塞环的热流，使部分热量由第二、三道活塞环传出，从而减轻第一道活塞环的热负荷，改善其工作条件，防止活塞环粘结。有些发动机为了增强环槽的耐磨性和耐高温性，通常在第一道环槽或第一、二道环槽处镶嵌耐热护圈。在高强化直喷式柴油发动机中，在第一道环槽和燃烧室喉口处均镶嵌有耐热护圈，以保护喉口不致因为过热而开裂。

（3）活塞裙部

活塞裙部是活塞头部以下的部分。裙部的形状应该保证活塞在气缸内具有良好的导向性，气缸与活塞之间在工作时应保持均匀的、适宜的间隙。如果间隙过大，则活塞敲缸；如果间隙过小，则活塞可能被气缸卡住。另外，裙部应有足以承受侧向力的能力。活塞裙部承受膨胀侧向力的一面称为主推力面，承受压缩侧向力的一面称为次推力面。

发动机工作时，活塞在燃烧气体爆炸力和侧向力的作用下发生机械变形，而活塞受热膨胀时还会发生热变形。这两种变形使活塞裙部在活塞销孔轴线方向的尺寸增大。因此，为使活塞工作时裙部接近正圆形与气缸相适应，在加工时应将活塞裙部的横断面制成椭圆形，并使其长轴与活塞销孔轴线垂直。此外，沿活塞轴线方向活塞的温度是上高下低，活塞的热膨胀量自然是上大下小。因此为使活塞工作时裙部接近圆柱形，须把活塞制成上小下大的圆锥形或桶形。

活塞的损伤主要是磨损，包括活塞环槽的磨损、活塞裙部的磨损、活塞销座孔的磨损；其次活塞刮伤、顶部烧蚀和脱顶属于非正常的损伤形式；此外还有顶缸时产生的损伤，如图 2 - 2 - 10 所示。

3. 活塞环

活塞环由气环和油环组成。活塞环具有密封、刮油、传热和导向的作用，位于活塞头部，一般是用合金铸铁铸造的。

发动机活塞一般有三个环，从活塞的顶部往下第一道是气环，第二道也是气环，第三道是油环，如图 2 - 2 - 11 所示。第一道气环和第二道气环也叫作压缩环。气环的作用是密封活塞与气缸壁的间隙，防止气缸内的气体窜入油底壳，以及将活塞头部的热量传给气缸壁再由冷却水带走。油环的作用是润滑气缸套，并刮去多余的机油，使机油通过回油孔返回油底壳，如图 2 - 2 - 12 所示。

图 2 - 2 - 10　活塞的损伤

气环
油环

图 2 - 2 - 11　气环和油环位置

油环分为普通油环和组合油环两种，普通油环一般用合金铸铁制成，其外圆面的中间切有一道凹槽，在凹槽底部加工出很多穿通的排油小孔或狭缝，如图 2 - 2 - 13 所示。组合环由上、下刮片和产生径向、轴向弹力作用的衬簧组成，如图 2 - 2 - 14 所示。这种油环刮片很薄，对气缸壁的比压大、刮油作用强；上、下刮片各自独立，对气缸的适应性好、质量小、回油通路大。因此，组合油环在高速发动机上得到了较广泛的应用。

图 2 - 2 - 12　回油孔　　　　　　图 2 - 2 - 13　普通油环

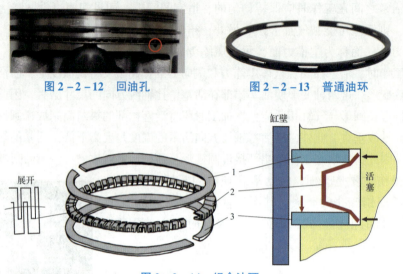

图 2 - 2 - 14　组合油环

1—上刮片；2—衬簧；3—下刮片

活塞环一般是用合金铸铁铸造的。第一道气环承受高温高压，工作条件苛刻，因此其工作表面一般镀有多孔铬。多孔铬的硬度高，并且能储存少量的机油。而其他环一般镀锡或磷化，以提高耐磨性能。

4. 连杆

连杆将活塞承受的力传给曲轴，从而推动曲轴旋转，再通过飞轮对外输出转矩。连杆组件包括连杆、连杆盖、连杆轴瓦、连杆螺栓等，如图 2 - 2 - 15 所示，是活塞与曲轴之间的连接部件，材料通常是工字钢。

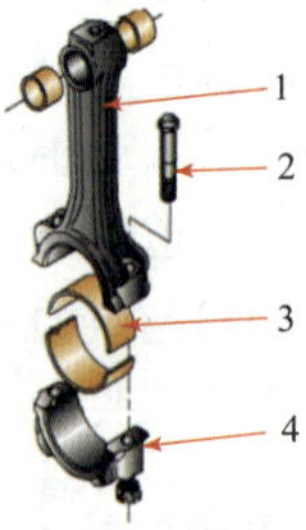

如图 2 - 2 - 16 所示，连杆由连杆小头、连杆杆身、连杆大头三部分组成。如图 2 - 2 - 17 所示，杆身断面呈工字形，质量轻，刚度大，适于模锻。

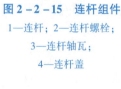

图 2 - 2 - 15　连杆组件

1—连杆；2—连杆螺栓；
3—连杆轴瓦；
4—连杆盖

图 2 - 2 - 16　连杆的组成

1—连杆小头；2—连杆杆身；3—连杆大头

图 2 - 2 - 17　杆身断面

连杆大头应具有足够的刚度，且拆卸发动机时能从气缸上端取出。连杆大头是剖分的，连杆盖用螺栓或螺柱紧固，为使接合面在任何转速下都能紧密接合，连杆螺栓的拧紧力矩必须足够大。

接合面与连杆轴线垂直的为平切口连杆，而接合面与连杆轴线成30°～60°夹角的为斜切口连杆。平切口连杆体大端的刚度较大，因此大头孔受力变形较小，而且平切口连杆制造费用较低。汽油机大多采用平切口连杆，如图2-2-18所示。柴油机连杆既有平切口的也有斜切口的。一般柴油机由于曲柄销直径较大，因此连杆大头的外形尺寸相应较大，欲在拆卸时能从气缸上端取出连杆体，必须采用斜切口连杆，如图2-2-19所示。连杆盖装合到连杆体上时须严格定位，以防止连杆盖产生横向位移。

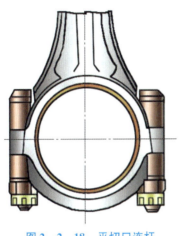

图 2-2-18　平切口连杆

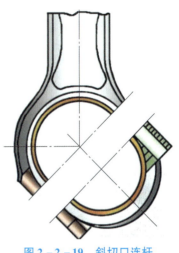

图 2-2-19　斜切口连杆

传统连杆制造工艺中，两个半月形的连杆大头结构体的加工方法，通常是采用对连杆毛坯大头孔进行机械式粗加工，然后采用锯削或者切割的方式来分离连杆，螺栓孔起到定位的作用，如图2-2-20所示。但是螺栓孔与连杆大头分离面的垂直度与螺栓孔之间中心距的精度有极高的要求，以这种方式加工的连杆大头，不可避免地存在着残余应力，连杆和连杆盖接合部位接合紧密程度不是很理想，连杆断面之间的接合纯粹依靠螺栓的拉力来维持，极端情况下可能会造成连杆断面处的位移。

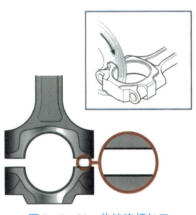

图 2-2-20　传统连杆加工

现在的发动机连杆多采用涨断连杆工艺，即连杆大头内圆加工完成之后，用激光在需要断开的位置蚀刻出一道很浅的伤痕，然后由内向外用机械设备给连杆大头施加一个强大的膨胀力，此时连杆瓦盖就会从事先已经蚀刻好的位置断开，如图2-2-21所示。如图2-2-22所示，此种加工方法的精度更高，连杆大头的结合更加紧密，通过螺栓紧固之后几乎看不到接合的部位；涨断连杆瓦盖和连杆体的接触面是非常粗糙的，这是涨断时自然形成的断面，如图2-2-23所示。这种断面的形状独一无二，所以不同连杆的瓦盖是不能互换使用的。

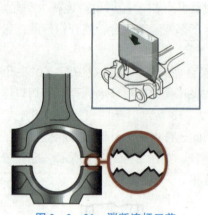

图 2 - 2 - 21　涨断连杆工艺

图 2 - 2 - 22　连杆大头紧密结合

在安装时，注意连杆盖处的安装标记，如图 2 - 2 - 24 所示。如果没有标记，则在拆卸时应自行做标记，避免乱缸。如果连杆需要更换，则必须整体更换。

图 2 - 2 - 23　粗糙断面

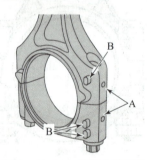

图 2 - 2 - 24　连杆安装标记

A—标出所属气缸；B—指向皮带轮侧

　　在内燃机发动机中，由曲轴、活塞、连杆等零件所组成的高速回转系统运行的平稳性，对发动机的振动、使用寿命等都有很大影响。为了提高发动机运行的平稳性，在装配之前，除对曲轴等进行动平衡外（在曲轴飞轮组中会涉及），对活塞和连杆的重量也要进行严格控制。

　　如图 2 - 2 - 25 所示，连杆轴瓦包括连杆上瓦和连杆下瓦，安装在连杆大头的内圈，起耐磨、润滑、连接、支承、传动等作用。连杆上瓦的内圆柱面上沿周向设置有油槽，引导机油流动，同时连杆瓦上设置的定位凸起，使连杆瓦能装配在合理的位置，以使连杆瓦油槽部位避开重负荷受力区，保证工作时连杆瓦磨损小。

图 2 - 2 - 25　连杆轴瓦

1—钢背；2—油槽；3—定位凸键；4—减摩合金

工作时连杆螺栓承受交变载荷，因此在结构上应尽量增大连杆螺栓的弹性，而在加工方面要精细加工过渡圆角，消除应力集中，以提高其抗疲劳强度。连杆螺栓用优质合金钢制造，如40Cr、35CrMo等，经调质后滚压螺纹，表面进行防锈处理。

5. 活塞销

活塞销连接活塞和连杆，并将活塞承受的力传给连杆，也传递反向作用力，位于活塞和连杆小头孔的连接处，一般用低碳钢或低碳合金钢制造，如图2-2-26所示。

活塞销在工作时会承受很大的周期性冲击负荷，且由于活塞销在销孔内摆动角度不大，又难以形成油膜，因此润滑条件较差。有的发动机安装机油喷嘴以改善润滑性能，如图2-2-27所示。销与销孔应该有适当的配合间隙，其本身应有足够高的耐磨性和机械强度，同时还需有较高的疲劳强度。为了满足轻量化，活塞销一般用优质合金钢制造。

图2-2-26　活塞销

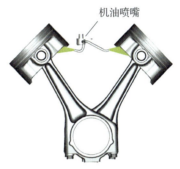

机油喷嘴

图2-2-27　机油喷嘴润滑活塞销

如图2-2-28所示，活塞销按照连接形式可以分为全浮式活塞销和半浮式活塞销，半浮式活塞销采用活塞销与活塞销座和连杆小头之间只有一者可以自由旋转而另一者相互固定的连接形式；全浮式活塞销采用活塞销与活塞销座和连杆小头之间都可以自由旋转的连接形式，为了防止全浮式活塞销轴向窜动刮伤气缸壁，在活塞销两端装有挡圈，进行轴向定位，如图2-2-29所示。

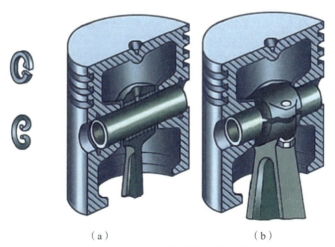

（a）　　　　　　　　　　　（b）

图2-2-28　活塞销的连接方式

（a）全浮式；（b）半浮式

图 2 – 2 – 29　全浮式活塞销连接方式
1—活塞销；2—连杆小头；3—活塞销座

　　非自由旋转的半浮式活塞销的应用现在已经较少，全浮式活塞销可在连杆小端衬套孔和活塞销座孔内自由转动，并可保证活塞销沿圆周均匀磨损，故应用广泛。

　　任务 2.2.2　排除汽车涉水后发动机抖动故障

工作表 1　检查气缸压力

1. 发动机缸压检查，见表 2 – 2 – 2。

表 2 – 2 – 2　发动机缸压检查

车辆蓄电池充满电，断开燃油泵模块，断开喷油嘴接线线束的电气接头，拖转起动发动机约 5 s				
干式缸压	拆卸火花塞，安装气缸压力表，拖转起动发动机约 10 s，观察并记录缸压表数值，拆卸气缸压力表，安装 1 缸火花塞			
	气缸	测量数值	标准值	结论
	1 缸			缸压正常□
	2 缸			
	3 缸			缸压异常□
	4 缸			
湿式缸压	拆卸火花塞，注入发动机机油，安装气缸压力表，拖转起动发动机约 10 s，观察并记录缸压表数值，拆卸气缸压力表，安装火花塞			
	气缸	测量数值	标准值	结论
	1 缸			缸压正常□
	2 缸			
	3 缸			缸压异常□
	4 缸			
恢复燃油泵模块，连接喷油嘴接线线束的电气接头，使用诊断设备读取并清除所有故障诊断码				
工作结果检查：根据干式缸压和湿式缸压结果分析故障可能存在的位置，进行下一步诊断				

2. 根据测量结果，使用内窥镜等工具确认故障点，发现气缸连杆异常。

工作表2　检查活塞、活塞环、气缸

1. 拆卸发动机活塞连杆组。

1）制定拆卸活塞连杆组工作计划，完成表2-2-3。

表2-2-3　活塞连杆组拆卸步骤、操作及注意事项

工作步骤	具体操作内容	注意事项
准备工具	选用合适工量具	戴手套，注意操作安全
拆卸气缸盖罩		清除密封胶
拆卸□□□		拆卸螺栓由□□到□□，沿□□线的顺序分次拧松
拆卸气缸垫		丢弃；清除密封胶
拆卸油底壳		翻转气缸，清除密封胶
拆卸连杆盖螺栓		旋转曲轴到合适的位置
取出□□		观察是否弯曲变形（是□　否□），按照顺序依次摆放，避免装配时乱缸。是否更换（是□　否□）
5S		

2）执行工作计划，拆卸活塞连杆组。

2. 检查测量活塞、活塞环、气缸。

1）测量活塞、活塞环。

①目视检查并取下测量。

②测量活塞、活塞环，完成表2-2-4。

表2-2-4　测量活塞、活塞环

测量项目	测量点	测量数据	标准数据 （参考维修手册）	是否合格
活塞	活塞裙部 			是□　否□
活塞环	活塞环侧隙 			是□　否□
	活塞环开口间隙 			是□　否□

2）测量气缸。

检查气缸内径，见表 2 – 2 – 5。

表 2 – 2 – 5　检查气缸内径

准备工具								
标准尺寸					与标准尺寸的偏差最大值			
工作步骤		具体操作内容				注意事项		
安装、校对量缸表						为使测量正确，重复校零一次		
量缸表放入气缸中测量						将校对后的量缸表活动测杆置于平行于曲轴轴线方向和垂直于曲轴轴线方向等两个方位		
记录测量值	方向	垂直轴线/mm			平行轴线/mm			误差
	截面	A_1	A_2	A_3	B_1	B_2	B_3	
	1 缸							
	2 缸							
	3 缸							
	4 缸							

注意事项：上、中、下三个位置。上面一个位置一般取在活塞上止点时，位于第一道活塞环气缸壁处，约距气缸上端 10 mm；下面一个位置一般取在气缸套下端以上 10 mm 左右处，该部位磨损最小

测量值是否在正常范围内：是□　　否□
工作结果检查：根据所测得的最大磨损缸径及圆度、圆柱度误差值，与规定极限值比较，确定是否对气缸进行修理，如果测量值超出规定的范围，则对该孔进行珩磨或安装新的气缸体

工作表 3　安装活塞连杆组

1. 制订安装活塞连杆组工作计划，见表 2 – 2 – 6。

表 2 – 2 – 6　安装活塞连杆组的步骤、操作及注意事项

工作步骤	具体操作内容	注意事项
安装□□□		开口错开
安装活塞		
安装新的连杆组		在安装时，注意连杆盖处的安装标记。如果没有标记，则在拆卸时自行做标记，避免乱缸。如果连杆需要更换，则必须整体更换
与拆卸相反顺序进行安装		参考维修手册，注意安装力矩
5S		

2. 按照工作计划执行。

3. 工作结果检查。

更换新的活塞连杆组后，装车并运转发动机一段时间，故障消失。

参考信息

1. 缸压检查

在断开或卸下元件之前，确保接合面和接头周围区域清洁，封塞敞开的连接件接口，以防污染。在执行操作之前，车辆蓄电池必须处于良好状态，并充满电。执行气缸压缩测试之前，断开燃油泵模块，以及喷油嘴接线线束的电气接头，确保燃油喷射系统已被禁用。拖转起动发动机约 5 s，以去除气缸中剩余的燃油。

（1）干式气缸压缩测试

拆卸第 1 缸火花塞，安装气缸压力表，如图 2-2-30 所示；再拖转起动发动机约 10 s，读取压力表示数并记录；拆卸气缸压力表，安装 1 缸火花塞。对剩下的气缸重复此程序，记录每个气缸的压缩数值。

（2）湿式气缸压缩测试

拆卸第 1 缸火花塞，使用合适的注油器将 10 mL 干净的发动机机油注入气缸中，如图 2-2-31 所示，然后安装气缸压力表；如图 2-2-32 所示，再拖转起动发动机约 10 s，读取压力表示数并记录；拆卸气缸压力表，安装 1 缸火花塞。对剩下的气缸重复此程序，记录每个气缸的压缩数值。从发动机上拆下气缸压力表后，拖转起动发动机约 10 s，以去除气缸组的发动机机油。连接喷油嘴接线线束的电气接头，使用诊断设备，读取并清除所有故障诊断码。

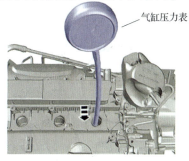
图 2-2-30　安装气缸压力表

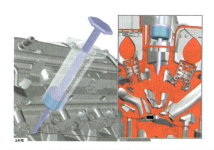
图 2-2-31　使用注油器将洁净的机油注入气缸中

图 2-2-32　拖转起动发动机

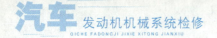

（3）测结果分析

如果干式气缸压缩测试值超出原厂标准，则说明燃烧室内积炭过多、气缸垫过薄或缸盖与缸体的接合平面经多次维修磨削过多。

如果干式气缸压缩测试值低于原厂标准，则说明气缸密封性减弱，需要进行湿式气缸压缩测试。

1）湿式气缸压缩测试比干式气缸压缩测试高，接近原厂标准，表明是气缸活塞环、活塞磨损过大或活塞环断裂、气环口未错开及缸壁拉伤等原因造成气缸密封不严。

2）湿式气缸压缩测试的压力值与干式气缸压缩测试略同，仍低于原厂标准，说明进、排气门或气缸垫密封不良。

3）干式和湿式测量结果均显示某相邻气缸压力都低，则说明是两相邻处的气缸垫烧损窜气。

2. 活塞连杆组拆装

（1）拆卸气缸盖罩、气缸盖和气缸垫。

（2）拆卸油底壳。

（3）拆卸连杆轴承盖。

提示：如果拆卸轴承盖有困难，则将两只已经被拆卸的螺栓放在螺栓孔内，并在拆卸轴承盖时扭动螺栓，如图2-2-33所示。

（4）拆卸连杆轴承

将一把平头螺丝刀小心地插入轴承盖的狭缝（剖面图A）中，然后使用螺丝刀将轴承往外撬进行拆卸，如图2-2-34所示。

活塞连杆组拆卸

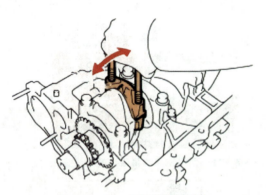

图2-2-33　拆卸连杆轴承盖

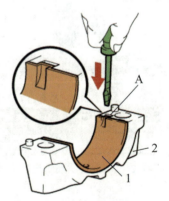

图2-2-34　拆卸连杆轴承
1—轴承；2—轴承盖

（5）拆卸活塞

如图2-2-35所示，使用锤子柄轻轻敲打连杆，然后将活塞连同连杆一起拆下。注意敲击连杆时不要碰到气缸内壁，以免损坏气缸。

（6）拆卸活塞环

使用一个活塞环扩张器，以活塞环平整地与扩张器座面接触的方式依次拆卸活塞环，如图2-2-36所示。

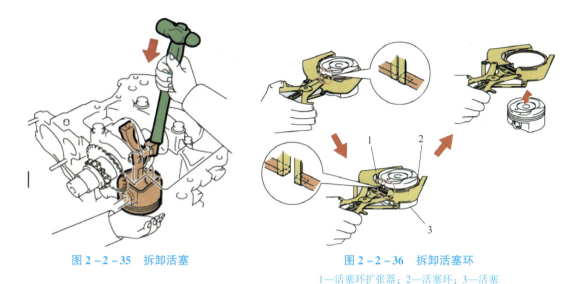

图 2 - 2 - 35　拆卸活塞　　　　　图 2 - 2 - 36　拆卸活塞环

1—活塞环扩张器；2—活塞环；3—活塞

3. 检查活塞、活塞环

（1）检查活塞

如图 2 - 2 - 37 所示，使用外径千分尺测量活塞直径。

图 2 - 2 - 37　检查活塞

测量活塞、
活塞环间隙

（2）活塞环侧隙的测量

侧隙指活塞环在环槽内的上下间隙，测量方法如图 2 - 2 - 38 所示。侧隙过大会影响活塞的密封作用，侧隙过小活塞环会卡死在环槽内。测量时，将活塞环放入环槽内，用厚薄规测量。第一道环因工作温度高，取值一般为 0.04 ~ 0.10 mm，其他气环一般为 0.03 ~ 0.07 mm；普通油环的侧隙较小，一般为 0.025 ~ 0.07 mm。具体的标准值和磨损极限以车辆的维修手册为准。

（3）活塞环端隙的测量

端隙即活塞环装到气缸内后，在开口处呈现的间隙，以防活塞环受热膨胀后卡死。如图 2 - 2 - 39所示，检查活塞环端隙，将活塞环放入气缸后，使用活塞将活塞环推入气缸中，保持活塞环水平，然后用塞尺测量开口处的间隙，一般为 0.25 ~ 0.50 mm。

（4）活塞环背隙

背隙是指活塞装入气缸后活塞环背面与活塞环槽底之间的间隙，一般用槽深与环厚之差来表示，通常为 0.30 ~ 0.40 mm。

模块二　检查、诊断和维修发动机曲柄连杆机构

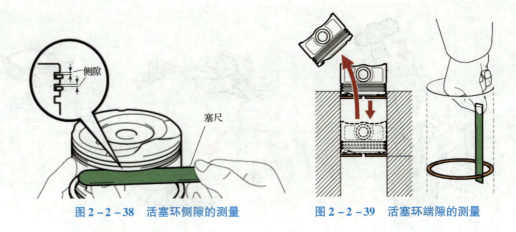

图 2 – 2 – 38　活塞环侧隙的测量　　图 2 – 2 – 39　活塞环端隙的测量

4. 检查气缸内径

如图 2 – 2 – 40 所示，用量缸表在横向 A 和纵向 B 上交叉测量三个位置。

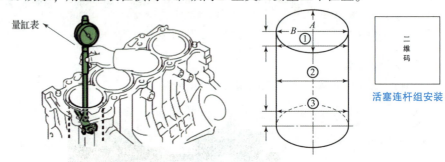

图 2 – 2 – 40　气缸内径测量

5. 活塞连杆组安装

（1）安装活塞环（见图 2 – 2 – 41）

提示： 不要将所有的活塞端隙放成一排，因为这样会通过端隙泄漏更多的压缩气体。参考维修手册确认活塞环端隙的位置。

（2）安装活塞

1）定位气缸体并保持安装面竖直朝上。如果气缸体的定位发生偏差或者倾斜，活塞的插入便可能导致连杆损坏气缸的内壁，如图 2 – 2 – 42 所示。

图 2 – 2 – 41　安装活塞环

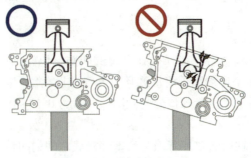

图 2 – 2 – 42　定位气缸体

2）在轴承盖和连杆上安装连杆轴承，在轴承表面涂上发动机机油。

注意：不要在轴承背面涂上发动机机油。因为轴承产生的热会通过轴承背面散发到气缸体中，如果在轴承的背面涂上发动机机油，势必会妨碍这些总成之间的接触，从而导致散热效果下降。

3）如图 2－2－43 所示，用活塞环压缩器收紧活塞环，通过锤柄轻轻敲打将活塞从气缸顶部插入，其定位向前标记应当朝向发动机的前面。

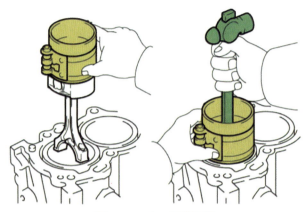

图 2－2－43　安装活塞

4）安装连杆轴承盖并上紧螺栓。

6. 连杆配重

发动机运转时，连杆小头以其孔为中心随同活塞做直线往复运动，连杆大头则以大头孔为中心与曲轴的连杆轴颈共同做回转运动。由于直线往复运动与回转的圆周运动的方向和速度的变化，运动中的连杆将产生惯性力，这两种惯性力与连杆大头、小头的质量成正比。因此，连杆的质量大小和质量的分配在发动机设计时是一个不可忽视的问题。

目前连杆配重所采用的方法主要包括按连杆的总重量分组法及去重或分组的方法。

（1）按连杆的总重量分组：测量连杆的总重量后，依照规定的重量范围进行重量分组。用同一重量组的连杆进行装机，以保证同一台发动机连杆的重量误差在要求的范围内。

（2）去重或分组的方法：分别控制连杆大小头重量，使装机前的所有连杆大、小头重量都在规定的误差范围内。采用此法时，通常在连杆的大、小头设立专供校正时去重用的"去重块"，一般在校正重量前，连杆大、小端的重量大于标准重量，经重量检测后，把多余的重量去掉，使重量校正到规定的误差范围内。

三、任务拓展

我们在驾驶车辆的过程中，经常会遇到车辆需要涉水的情况。那么，车辆涉水后该如何处理呢？请扫描二维码进行学习。

任务 2.3 排除发动机机体下部异响伴有抖动的故障

一、任务信息

任务难度	汽车运用与维修"1 + X"中级/汽车维修工证书 高级		
学时		班级	
成绩		日期	
姓名		教师签名	
案例导入	客户车辆的发动机产生异响，主要特征为响声低沉且连续，发动机急加速时响声明显增大，伴随发动机抖动，需要对此故障进行排除		
能力目标	知识	1. 能够掌握曲轴飞轮组的结构； 2. 能够说明曲轴飞轮组的工作原理	
	技能	1. 能够选用合理的拆装和测量工具； 2. 能够完成曲轴飞轮组零部件的分解与组装； 3. 能够对曲轴飞轮组零部件进行目视检查； 4. 能够对曲轴飞轮组零部件进行测量	
	素养	1. 培养、建立故障诊断逻辑； 2. 培养操作素养； 3. 培养严谨的工作态度	

二、任务流程

（一）任务准备

你知道曲轴飞轮组零部件的装配关系吗？请扫描二维码进行学习。

曲轴飞轮组
的装配关系

（二）任务实施

任务 2.3.1 认识曲轴飞轮组

学习表 1 曲轴飞轮组的结构

1. 认识曲轴飞轮组的结构，将部件的字母序号填入图 2 - 3 - 1 所示框内。

a. 曲轴；b. 正时齿轮；c. 飞轮；d. 主轴承盖；e. 上主轴瓦；f. 下主轴瓦；g. 止推垫片；h. 信号轮；i. 曲轴皮带轮；j. 曲轴链轮

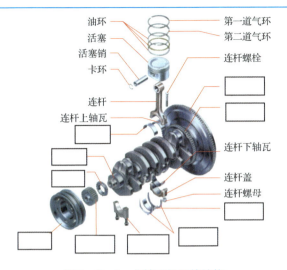

图 2 – 3 – 1　曲轴飞轮组的结构

2. 认识曲轴的结构，完成以下各题。

1）在图 2 – 3 – 2 中圈出曲轴，明确曲轴的装配位置。

图 2 – 3 – 2　曲轴的装配位置

2）认识曲轴的结构，将各部位名称字母序号填入图 2 – 3 – 3 所示框内。

a. 曲轴后端凸缘；b. 曲轴前端轴；c. 曲轴连杆轴颈；d. 曲轴主轴颈；e. 油道孔；f. 去重孔；g. 平衡重；h. 曲柄

图 2 – 3 – 3　曲轴结构

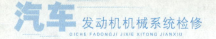

3）在曲轴实物上找出对应部位，并完成表 2 - 3 - 1。

表 2 - 3 - 1 曲轴各零件名称及作用

零件部位名称	数量	作用
主轴颈		
连杆轴颈		
平衡重		
油道孔（主轴颈 + 连杆轴颈）		
曲轴前端轴		
曲轴后端凸缘		

4）对比曲轴零件，在图 2 - 3 - 4 中用箭头标出机油的流向。

图 2 - 3 - 4 机油流向

5）明确曲拐的定义，在图 2 - 3 - 4 中圈出所有曲拐并在曲轴实物上找到曲拐。

6）对于缸数为 i 的直列发动机，其做功间隔角为 $720°/i$。图 2 - 3 - 5 所示为直列四缸和直列六缸发动机的曲拐布置，四行程四缸发动机的做功间隔角为_____，四行程六缸发动机的做功间隔角为_____。

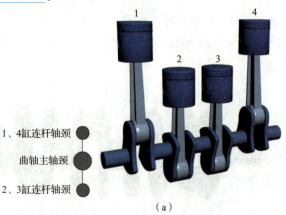

（a）

图 2 - 3 - 5 直列四缸和直列六缸发动机曲拐布置
（a）直列 4 缸

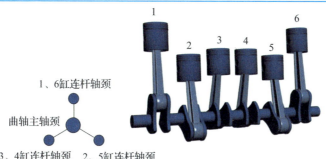

1、6缸连杆轴颈
曲轴主轴颈
3、4缸连杆轴颈 2、5缸连杆轴颈

（b）

图 2 – 3 – 5　直列四缸和直列六缸发动机曲拐布置（续）
（b）直列 6 缸

7）根据四缸发动机的曲拐布置，完成发动机工作循环表（工作顺序 1 – 2 – 4 – 3，见表 2 – 3 – 2）。

表 2 – 3 – 2　四缸发动机工作循环

曲轴转角/(°)	第 1 缸	第 2 缸	第 3 缸	第 4 缸
0 ~ 180				
180 ~ 360				
360 ~ 540				
540 ~ 720				

8）表 2 – 3 – 3 所示为直列六缸发动机的工作循环表。

表 2 – 3 – 3　六缸发动机工作循环

曲轴转角/(°)		第 1 缸	第 2 缸	第 3 缸	第 4 缸	第 5 缸	第 6 缸
0 ~ 180	0 ~ 60		进气	排气		做功	
	60 ~ 120	做功			压缩		进气
	120 ~ 180		压缩			排气	
180 ~ 360	180 ~ 240			进气	做功		
	240 ~ 300	排气					压缩
	300 ~ 360		做功			进气	
360 ~ 540	360 ~ 420			压缩	排气		
	420 ~ 480	进气					做功
	480 ~ 540		排气			压缩	
540 ~ 720	540 ~ 600			做功	进气		
	600 ~ 660	压缩				做功	排气
	660 ~ 720		进气	排气	压缩		

根据六缸发动机的曲拐布置及工作循环表，推断此发动机的工作顺序是_____。

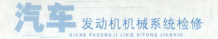

9）通过四缸机与六缸机曲拐布置和做功循环表，填写表2-3-4，并做出总结。

表2-3-4　四缸机与六缸机的对比

类型	曲拐数	曲拐位置相同的气缸		
		数量（对）	两气缸做功间隔角相差/(°)	两气缸活塞位置
四缸机				压缩上止点
六缸机				排气上止点

总结：_____

3．观察曲轴各部位与其他零件的装配关系，完成下题。

在表2-3-5中填出图2-3-6中数字代表的零件名称，并说明它们的作用。

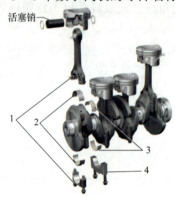

图2-3-6　曲轴的装配零件图

表2-3-5　曲轴装配中各零件的名称及作用

序号	零件名称	作用
1		
2		
3		
4		

4．认识主轴瓦，完成下题。

1）结合图2-3-7，将上主轴瓦、下主轴瓦、止推片填写到表2-3-6对应的空白处，并写出以上三类零件在一台四缸发动机上的装配数量。

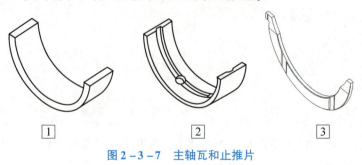

图2-3-7　主轴瓦和止推片

表2-3-6 写出零件名称和数量（结合图2-3-7）

序号	零件名称	数量
1		
2		
3		

2）标出零件名称或零件部位的序号并填入图2-3-8所示的括号中。

a. 止推瓦；b. 上主轴瓦；c. 下主轴瓦；d. 主轴瓦级别；e. 缸体主轴承孔

（　　　）　　　　　　　（　　　）　　　　　　　（　　　）

（　　　）　　　　　　　　　　　（　　　）

图2-3-8 零件名称标注

3）观察实训发动机的主轴瓦，总结主轴瓦的区别，并完成表2-3-7。

表2-3-7 发动机主轴瓦的区别

上主轴瓦	下主轴瓦	第三主轴瓦
□有油道孔 □无油道孔 □有止推垫片 □无止推垫片 □有级别标识 □有级别标识	□有油道孔 □无油道孔 □有止推垫片 □无止推垫片 □有级别标识 □有级别标识	□有油道孔 □无油道孔 □有止推垫片 □无止推垫片 □有级别标识 □有级别标识

5. 认识不同形状的平衡轴并在图 2 – 3 – 9 中圈出来。

曲轴
齿轮模块

图 2 – 3 – 9　平衡轴的类型及位置

平衡轴的作用：_____

6. 通过图 2 – 3 – 10 和图 2 – 3 – 11 认识飞轮，总结飞轮的作用。

1）在图 2 – 3 – 10 中圈出飞轮。

活塞

曲轴

图 2 – 3 – 10　飞轮的位置

2）观察图 2 – 3 – 11，总结飞轮的作用。

飞轮
起动机

压盘　离合器片　飞轮

图 2 – 3 – 11　飞轮的作用

飞轮的作用：_____

参考信息

1. 曲轴飞轮组的组成

　　曲轴飞轮组由曲轴、飞轮、正时齿轮（正时带轮或正时链轮）、皮带轮及曲轴扭转减震器等零部件组成，如图 2 – 3 – 12 所示。

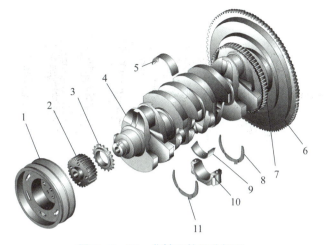

图 2 – 3 – 12　曲轴飞轮组分解图

1—皮带轮（含扭转减震器）；2—正时齿轮；3—链轮；4—曲轴；5—上主轴瓦；
6—飞轮；7—靶信号轮；8，11—止推垫片；9—下主轴瓦；10—主轴承盖

2. 曲轴飞轮组零部件

（1）曲轴

曲轴安装在缸体的曲轴箱内，如图 2 – 3 – 13 所示。曲轴的作用是将活塞连杆组传来的气体压力转变为转矩，用以驱动汽车的传动系统和发动机的配气机构以及其他辅助装置。

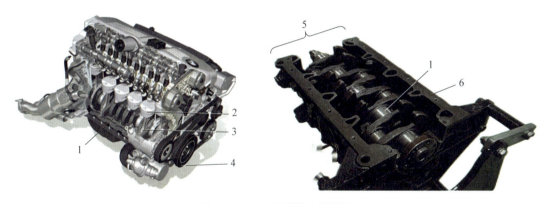

图 2 – 3 – 13　曲轴的安装位置

1—曲轴；2—活塞；3—连杆；4—曲轴皮带轮；5—曲轴箱；6—缸体

曲轴多采用优质中碳钢或中碳合金钢模锻而成，轴颈再经表面淬火或氮化处理，最后进行精加工，以提高耐磨性。有些发动机还采用高强度的球墨铸铁铸造，例如红旗 HS5 的发动机。

曲轴一般由主轴颈、连杆轴颈、曲柄、平衡重、前端轴和后端凸缘等组成，如图 2 – 3 – 14所示。

1）主轴颈。

主轴颈是曲轴的支承部分，曲轴通过主轴颈支承在曲轴箱的主轴承座中。主轴颈的数目不仅与发动机的气缸数目有关，还取决于曲轴的支承方式。

图 2 – 3 – 14 曲轴

1—去重孔；2—主轴颈；3—油道；4—后端凸缘；5—连杆轴颈；6—平衡重；7—前端轴；8—曲柄

曲轴的支承方式一般有两种，如图 2 – 3 – 15 所示：一种是全支承曲轴，另一种是非全支承曲轴。

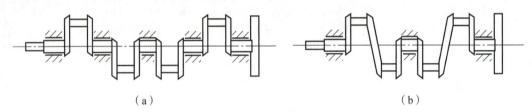

（a）　　　　　　　　　　　　　　　　　　　　　　（b）

图 2 – 3 – 15　曲轴的支承方式

（a）全支承曲轴；（b）非全支承曲轴

全支承曲轴的主轴颈数比气缸数目多一个，即每一个连杆轴颈两边都有一个主轴颈，如六缸发动机全支承曲轴有七个主轴颈，四缸发动机全支承曲轴有五个主轴颈。这种支承，曲轴的强度和刚度都比较好，并且减轻了主轴承的载荷，减小了磨损。柴油机和大部分汽油机多采用这种形式。

非全支承曲轴的主轴颈数目比气缸数目少或与气缸数目相等。这种支承的主轴承载荷较大，但缩短了曲轴的总长度，使发动机的总体长度有所减小。有些承受载荷较小的汽油机采用这种曲轴形式。

2）连杆轴颈。

曲轴的连杆轴颈是曲轴与连杆的连接部分，与连杆大头孔相连。连杆轴颈通过曲柄与主轴颈相连，在连接处用圆弧过渡，以减少应力集中。直列式发动机的连杆轴颈数和气缸数相等，V 形发动机的连杆轴颈数等于气缸数的一半。

3）油道孔。

曲轴上钻有贯穿主轴颈、曲柄和连杆轴颈的油道，如图 2 – 3 – 16 所示，以使主轴承内的润滑油经此油道流至连杆轴承，对连杆轴承进行润滑。由于曲轴的前、后端都伸出曲轴箱，为了防止机油沿曲轴轴颈外漏，在曲轴前、后端都装有密封装置。

4）曲柄。

曲柄是主轴颈和连杆轴颈的连接部分，断面为椭圆形，为了平衡惯性力，曲柄处铸有（或紧固有）平衡重，如图 2 – 3 – 17 所示。平衡重用来平衡发动机不平衡的离心力矩，有时还用来平衡一部分往复惯性力，从而使曲轴旋转平稳。

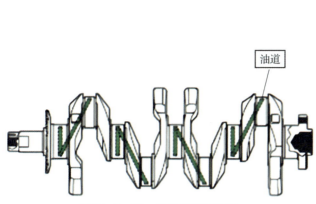

油道

图2-3-16　曲轴的润滑油道

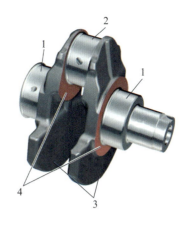

图2-3-17　曲柄及曲拐
1—主轴颈；2—连杆轴颈；3—平衡重；4—曲柄

5）曲拐。

一个主轴颈、两个连杆轴颈和两个曲柄组成了一个曲拐，如图2-3-17所示。直列式发动机曲轴的曲拐数等于气缸数，V形发动机曲轴的曲拐数等于气缸数的一半。

曲轴的形状及各曲拐的相对位置取决于气缸数、气缸排列形式和发动机的工作顺序。在选择各缸的工作顺序时，应注意以下几点：

首先应使各缸的做功间隔尽量均衡，即发动机每完成一个工作循环，各缸都应做功一次，对于缸数为i的四行程发动机，其做功间隔角为720°/i。

其次连续做功的两缸相距尽可能远些，以减轻主轴承载荷和避免进气行程中发生抢气现象。

最后要注意V形发动机左右两列应交替做功。

①直列式四缸四行程发动机的曲拐布置和做功顺序。

直列式四缸四行程发动机的做功间隔角为720°/4 = 180°，四个曲拐在同一个平面内，如图2-3-18所示。发动机的工作顺序为1-3-4-2或1-2-4-3，其工作循环见表2-3-8。

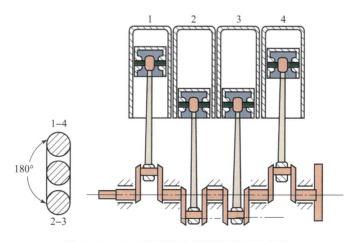

图2-3-18　直列式四缸发动机的曲拐布置

表 2 – 3 – 8　四行程直列四缸发动机工作循环表（工作顺序 1 – 3 – 4 – 2）

曲轴转角/(°)	第1缸	第2缸	第3缸	第4缸
0~180	做功	排气	压缩	进气
180~360	排气	进气	做功	压缩
360~540	进气	压缩	排气	做功
540~720	压缩	做功	进气	排气

②直列式六缸四行程发动机曲拐布置和做功顺序。

直列式六缸四行程发动机的做工间隔角为 720°/6 = 120°，曲拐布置如图 2 – 3 – 19 所示。6 个曲拐分别布置在 3 个平面内，各平面夹角为 120°。曲拐的布置有两种方案：第一种的做工顺序是 1 – 5 – 3 – 6 – 2 – 4，其工作循环见表 2 – 3 – 9；另一种做工顺序是 1 – 4 – 2 – 6 – 3 – 5。

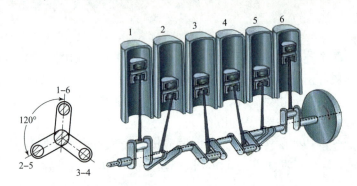

图 2 – 3 – 19　直列六缸发动机的曲拐布置

表 2 – 3 – 9　直列六缸发动机工作循环表（工作顺序 1 – 5 – 3 – 6 – 2 – 4）

曲抽转角/(°)		第1缸	第2缸	第3缸	第4缸	第5缸	第6缸
0~180	0~60	做功	排气	进气	做功	压缩	进气
	60~120	做功	排气	压缩	排气	压缩	进气
	120~180	做功	进气	压缩	排气	做功	进气
180~360	180~240	排气	进气	压缩	排气	做功	压缩
	240~300	排气	进气	做功	进气	做功	压缩
	300~360	排气	压缩	做功	进气	排气	压缩
360~540	360~420	进气	压缩	做功	进气	排气	做功
	420~480	进气	压缩	排气	压缩	排气	做功
	480~540	进气	做功	排气	压缩	进气	做功
540~720	540~600	压缩	做功	排气	压缩	进气	排气
	600~660	压缩	做功	进气	做功	进气	排气
	660~720	压缩	排气	进气	做功	压缩	排气

③V 形六缸四行程发动机做功顺序。

四行程 V 形六缸发动机的做工间隔角仍为 120°，三个曲拐互成 120°，工作顺序为 R1 – L3 – R3 – L2 – R2 – L1。面对发动机的冷却风扇，右侧气缸用 R 表示，由前至后气缸号分别为 R1、R2、R3；左侧气缸用 L 表示，由前至后气缸号分别为 L1、L2、L3。V6 发动机工作循环见表 2 – 3 – 10。

表 2 – 3 – 10　V6 发动机工作循环（工作顺序 R1 – L3 – R3 – L2 – R2 – L1）

曲轴转角/(°)		R1	R2	R3	L1	L2	L3
0 ~ 180	0 ~ 60	做功	排气	进气	做功	进气	压缩
	60 ~ 120			压缩	排气		
	120 ~ 180		进气				做功
180 ~ 360	180 ~ 240	排气				压缩	
	240 ~ 300			做功	进气		
	300 ~ 360		压缩				排气
360 ~ 540	360 ~ 420	进气				做功	
	420 ~ 480			排气	压缩		
	480 ~ 540		做功				进气
540 ~ 720	540 ~ 600	压缩				排气	
	600 ~ 660			进气	做功		
	660 ~ 720		排气				压缩

5）曲轴平衡重。

为了平衡连杆大端、连杆轴颈和曲柄等产生的离心力及其力矩，有时还为了平衡部分往复惯性力，使发动机运转平稳，须对曲轴进行平衡。对四缸、六缸等直列式发动机，由于曲柄对称布置，故往复惯性力和离心力及其产生的力矩从整体上看都能相互平衡，但曲轴的局部却受到弯曲作用，如图 2 – 3 – 20 所示。图 2 – 3 – 20 中惯性力 F_1、F_4 与 F_2、F_3 相平衡，力矩 M_{1-2} 与 M_{3-4} 相平衡，但 M_{1-2} 与 M_{3-4} 给曲轴造成了弯曲载荷。因此，通常在曲柄的相反方向设置平衡重，使其产生的力矩与上述惯性力矩相平衡。

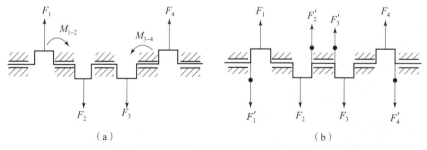

图 2 – 3 – 20　曲轴平衡重作用示意图
(a) 无平衡重；(b) 加平衡重
F_1，F_2，F_3，F_4—曲拐和活塞连杆的惯性力；F_1'，F_2'，F_3'，F_4'—平衡重的离心力

平衡重有的与曲轴制成一体，也有的单独制成后再用螺栓固定在曲轴上，称为装配式平衡重。有些刚度较大的全支承曲轴也可不设平衡重。曲轴不论有无平衡重，均需经动平衡试验，对不平衡的曲轴常在其偏重的一侧钻去些质量，如图 2 - 3 - 14 所示的去重孔。

（2）曲轴平衡轴

现代小型高速发动机为减小噪声，常采用平衡轴来提高曲轴的平衡度。例如迈腾装备的 TSI 发动机就采用了先进的双平衡轴技术，如图 2 - 3 - 21 所示，利用两根平衡轴自身的旋转抵消发动机的二阶往复惯性力，改善了发动机动平衡状态特性，从而更好地减小发动机振动，降低发动机噪声。

图 2 - 3 - 21　平衡轴

（3）主轴承盖

主轴承盖安装在缸体的主轴承座上，与缸体共同固定曲轴，如图 2 - 3 - 22 和图 2 - 3 - 23 所示。在加工主轴承孔时，是将主轴承盖与缸体主轴承座安装在一起后进行加工的，曲轴装配时是按照主轴承孔的尺寸、主轴颈尺寸选配的主轴瓦，所以在安装主轴承盖时要注意方向性和顺序性。

图 2 - 3 - 22　主轴承盖

图 2 - 3 - 23　主轴承盖与主轴承座

（4）曲轴主轴瓦

曲轴主轴瓦安装在曲轴主轴颈和缸体的主轴承孔之间，如图 2 - 3 - 24 所示。通常将安装在缸体主轴承座孔的瓦片称为上主轴瓦，如图 2 - 3 - 25 所示；将安装在主轴承盖里的瓦片称为下主轴瓦，如图 2 - 3 - 26 所示。主轴瓦按其承载方向可分为径向轴瓦和轴向（推力）轴瓦两种，通常将第 1、2、4、5 轴颈的主轴瓦称为径向轴瓦，第三轴颈的主轴瓦称为轴向轴瓦。

图 2 - 3 - 24　上主轴瓦

图 2 - 3 - 25　上主轴瓦安装位置

图 2 - 3 - 26　下主轴瓦

1）径向轴瓦

径向轴瓦用于支承曲轴，如图 2 - 3 - 27 所示。曲轴主轴颈的润滑是通过来自主油道的机油进入缸体的主轴承座孔后，再流入到上轴瓦的机油槽内实现的，该机油槽延伸到缸体主轴承盖和下轴瓦之间。与下轴瓦不同的是，上轴瓦有油道孔，机油就是通过这些油道孔到达主轴颈的工作表面实现曲轴主轴颈的润滑的，如图 2 - 3 - 28 所示。

图 2 - 3 - 27　径向轴瓦

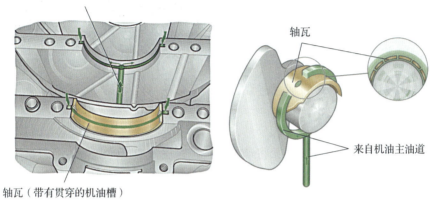

图 2 - 3 - 28　曲轴主轴颈润滑

2）轴向轴瓦

轴向轴瓦承受轴向力，用来限制曲轴的轴向窜动。曲轴作为旋转件，必须与其固定件之间有一定的轴向间隙，而在发动机工作时，曲轴经常会受到离合器施加于飞轮的轴向力的作用而有轴向窜动的趋势。曲轴轴向窜动将破坏曲柄连杆机构各零件的正确相对位置，因此曲轴必须有轴向定位装置，以设置翻边轴瓦（见图 2 - 3 - 29），或增加单独的止推垫片（见图 2 - 3 - 30）。

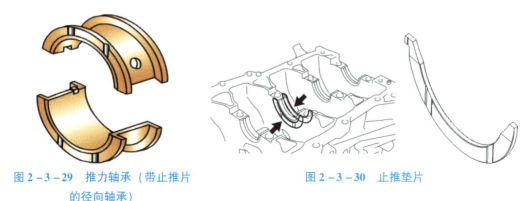

图 2 - 3 - 29　推力轴承（带止推片的径向轴承）　　图 2 - 3 - 30　止推垫片

（5）曲轴皮带轮

曲轴皮带轮安装在发动机曲轴前端，如图 2 - 3 - 31 所示。曲轴皮带轮是发动机其他附件的动力来源，依靠传动皮带将动力传递给发电机、水泵、空调压缩机、助力转向泵等。曲轴皮带轮上有缓冲减振装置,如图 2 - 3 - 32 所示。曲轴皮带轮通过缓冲橡胶层与曲轴连接,目的是减少因发动机工作时产生的冲击振动,降低曲轴的疲劳损坏。

曲轴定位销位置   外部皮带轮   缓冲减振装置

曲轴皮带轮

图 2 - 3 - 31　曲轴皮带轮安装位置　　　　　图 2 - 3 - 32　曲轴皮带轮

有的曲轴皮带轮上集成了曲轴信号盘,如图 2 - 3 - 33 所示,还有的曲轴皮带轮上刻有正时标记。

（6）曲轴正时齿轮

曲轴正时齿轮安装在曲轴前端,将动力通过正时皮带或正时链条传给凸轮轴,并能带动凸轮轴同步运转。曲轴正时齿轮的安装位置如图 2 - 3 - 34 所示。

信号盘

1

2

3

4

5

图2 - 3 - 33　带信号盘的曲轴皮带轮　　　图 2 - 3 - 34　曲轴正时齿轮的安装位置

1—正时皮带;2—叶片式调节器;3—张紧轮;
4—惰轮;5—曲轴正时齿轮

（7）飞轮

飞轮安装在曲轴后端,如图 2 - 3 - 35 所示。飞轮的主要作用是储存做功行程的一部分能量,以克服各辅助行程的阻力,使曲轴均匀旋转,即使发动机具有克服短时超载的能力。与此同时,又将发动机的动力传给离合器,所以飞轮又常作为汽车传动系中摩擦离合器的主动盘,如图 2 - 3 - 36 所示,飞轮与离合器的装配关系如图 2 - 3 - 37 所示。

飞轮是一个转动惯量很大的圆盘,如图 2 - 3 - 38 所示。为了在保证有足够转动惯量的前提下尽可能减小飞轮的质量,应使飞轮的大部分质量都集中在轮缘上,因而轮缘做得宽而厚。飞轮的外缘上镶有齿圈,起动时起动机上的齿轮与之啮合,供发动机起动用,如图 2 - 3 - 39 所示。

图 2 - 3 - 35　飞轮装配位置
1—飞轮；2—曲轴

图 2 - 3 - 36　飞轮与离合器的
装配关系
1—压盘；2—离合器片；3—飞轮

图 2 - 3 - 37　飞轮离合器总成

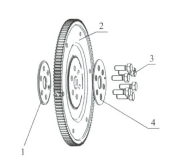

图 2 - 3 - 38　飞轮及相关零部件
1—飞轮螺栓垫片；2—飞轮总成；
3—飞轮螺栓（6 个）；4—飞轮螺栓垫片

图 2 - 3 - 39　起动机与飞轮的位置关系
1—飞轮；2—起动机

　　飞轮与曲轴装配后应进行静态和动态平衡校验，否则在旋转时因质量不平衡而产生的离心力将引起发动机的振动而加速主轴承的磨损。为保证拆装时不破坏其平衡状态及上述确定位置的标记，飞轮与曲轴的装配采用周向定位装置，如定位销、不对称布置的螺栓孔或两种不同直径的螺栓等。

任务 2.3.2　排除曲轴异响故障

任务 2.3.2.1　确认异响部位

工作表 1　确认异响部位

1. 用听诊器对发动机的异响进行听诊，你听到的异响有什么特点？
声音特征：_____
声音部位：_____
声音变化规律：_____
2. 经过听诊，你确认的故障位置是：_____

参考信息

汽车听诊器能在车体上进行异响声音的诊断，能快速、准确地确定发动机及驱动部件异响部位，迅速查明发动机故障问题。

1. 汽车听诊器的结构

汽车听诊器的结构如图2-3-40所示。汽车听诊器通过追踪零部件的摩擦、碰撞、振动及水、油、蒸汽流动的声音来判断异常。

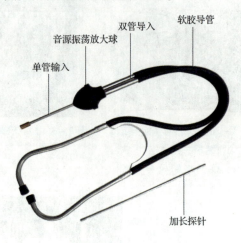

单管输入　音源振荡放大球　双管导入　软胶导管

加长探针

图2-3-40　汽车听诊器结构

（1）软胶导管

软胶导管如图2-3-41所示，是加厚的软胶空胶音源导管，柔韧性好，耐用。

（2）音源振荡放大球

传导球如图2-3-42所示，利用音源振荡传导特性把声音放大并传输给导管，听得更清晰。

图-3-41　软胶导管　　　　　图2-3-42　音源振荡放大球

（3）探针

探针如图2-3-43所示，连接延长探针，便于听诊狭小空间部件的异响。

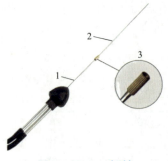

图2-3-43　探针
1—探针；2—加长探针；3—接头

2. 使用方法

用听诊器（见图 2 – 3 – 43）的探针抵在发动机机体上需要测试的部位进行异响诊断，通过听诊器确认某个部位是否发出噪声，确认故障的部位。

任务 2.3.2.2 拆卸曲轴飞轮组

工作表 2 制定拆卸曲轴飞轮组的工作计划

1. 发动机下车，拆除外附件，准备拆卸曲轴飞轮组。

1）制订拆卸活塞连杆组工作计划，完成表 2 – 3 – 11。

表 2 – 3 – 11 拆卸活塞连杆组的步骤、操作及注意事项

工作步骤	具体操作内容	注意事项
准备工具		戴手套，注意操作安全
拆卸离合器和飞轮，将发动机总成装于翻转架上		使用专用工具
拆卸进气、排气歧管及发电机、发动机线束、驱动皮带		
拆卸曲轴皮带轮		
拆卸油底壳		
拆卸曲轴油封		
拆卸活塞、连杆		
拆卸曲轴主轴承盖螺栓		
取出主轴承盖和下轴瓦		螺栓旋松顺序
取出曲轴		
拆卸止推垫片		
拆卸上主轴瓦		
分离下主轴瓦		
完成曲轴相关项检测		

2）执行工作计划，拆卸曲轴飞轮组。

参考信息

1. 曲轴飞轮组的分解（以丰田卡罗拉 1ZR – FE 发动机为例）

（1）拆卸曲轴

1）按图 2 – 3 – 44 所示顺序，均匀地拧松并拆下 10 个主轴承盖。

2）用 2 个已拆下的主轴承盖螺栓拆下 5 个主轴承盖和 5 个下轴瓦，如图 2 – 3 – 45 所示。

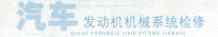
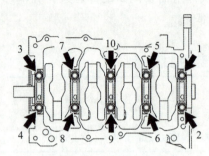

图 2-3-44　螺栓拆卸顺序

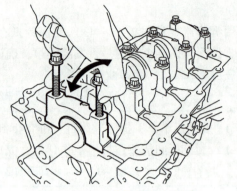

图 2-3-45　使用螺栓协助拆卸

注意事项：

依次将螺栓插入主轴承盖，如图 2-3-45 所示，轻轻地向上拉并向气缸体的前、后侧施加力，将主轴承盖拉出，注意不要损坏主轴承盖和气缸体的接触面。

3）将下轴瓦和主轴承盖暂时作为一个组件保存，按正确的顺序摆放主轴承盖。

4）取出曲轴。

5）从气缸体上拆下曲轴止推垫片，止推垫片位置如图 2-3-46 所示。

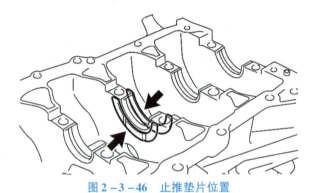

图 2-3-46　止推垫片位置

6）从气缸体上拆下 5 个上主轴瓦，并按正确的顺序摆放，上主轴瓦位置如图 2-3-47 所示。

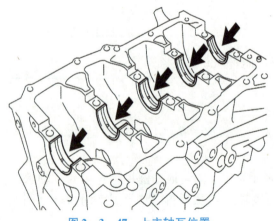

图 2-3-47　上主轴瓦位置

7）从 5 个主轴承盖上拆下 5 个下主轴瓦，并按正确的顺序摆放。下主轴瓦和主轴承盖如图 2 - 3 - 48 所示。

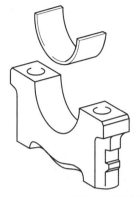

图 2 - 3 - 48　下主轴瓦和主轴承盖

任务 2. 3. 2. 3　检测曲轴
工作表 3　测量曲轴径向跳动、主轴颈、连杆轴颈

1. 检查曲轴轴颈表面有无裂纹、划痕、点蚀，见表 2 - 3 - 12。

表 2 - 3 - 12　轴颈表面检查

测量项目	测量点	测量工具	测量数据	标准数据 （参考维修手册）	检测结果分析
曲轴径向跳动					□合格 □不合格 需要更换

2. 测量曲轴径向跳动，见表 2 - 3 - 13。

表 2 - 3 - 13　曲轴径向跳动测量

计划事项	具体计划内容
需要的工具	
操作安全 注意事项	

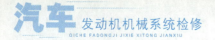

计划事项	具体计划内容

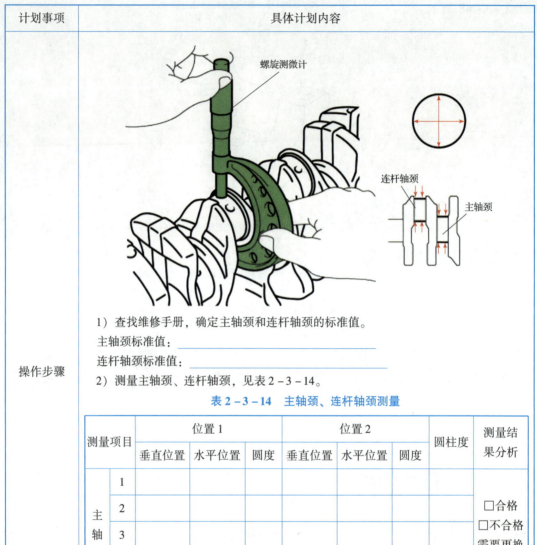

1）查找维修手册，确定主轴颈和连杆轴颈的标准值。

主轴颈标准值：_____

连杆轴颈标准值：_____

2）测量主轴颈、连杆轴颈，见表2-3-14。

表 2-3-14　主轴颈、连杆轴颈测量

操作步骤

测量项目		位置1			位置2			圆柱度	测量结果分析
		垂直位置	水平位置	圆度	垂直位置	水平位置	圆度		
主轴颈	1								□合格 □不合格 需要更换
	2								
	3								
	4								
	5								
连杆轴颈	1								□合格 □不合格 需要更换
	2								
	3								
	4								

测量曲轴主轴颈、连杆轴颈。

结论：_____

参考信息

曲轴的常见损伤有曲轴裂纹、曲轴变形及曲轴轴颈的磨损等。

1. 曲轴裂纹的检测

曲轴清洗后，首先检查有无裂纹。曲轴裂纹的产生主要是由应力集中造成的，多发生在曲柄臂与轴颈之间过渡圆角以及油孔处。前者是横向裂纹，危害极大；后者是轴向裂纹，顺着油孔沿轴向发展。

曲轴裂纹常用的检查方法有磁力探伤法和浸油敲击法。浸油敲击法操作比较简单，目前应用较广。此法是将零件浸入煤油或柴油中片刻，取出后擦干表面，并撒上一层白粉，然后分段用小锤轻轻敲击，若有裂纹，则在裂纹处即会出现油迹。

曲轴轴颈表面不允许有横向裂纹。对轴向裂纹，其深度如在曲轴轴颈修理尺寸以内，则可通过磨削磨掉，否则应予以报废。

2. 曲轴变形的检测

曲轴变形的原因多数是由使用不当和修理不当造成的。如发动机在爆燃或超负荷等冲击条件下工作；个别气缸不工作或工作不均匀；曲轴轴承松紧不一；曲轴轴颈或轴承座孔轴线不在一条直线上，受力不均，经常振动；曲轴轴承和连杆轴承与轴颈的间隙过大；发动机运转不平稳，各缸受力不均匀；发动机发生烧瓦、抱轴情况等都会造成曲轴的弯曲或扭曲变形。

检验弯曲变形应以曲轴两端主轴颈的公共轴线为基准，检查曲轴主轴颈的径向跳动误差。检验时，将曲轴两端的主轴颈分别放置于检验平板的 V 形块上，如图 2–3–49 所示，校对中心水平后用百分表进行测量。由于中间轴颈受负荷和振动较大，故弯曲变形也明显，百分表的量头应对准曲轴中间的轴颈，转动曲轴一圈，百分表指针所示的最大摆差即为中间主轴颈的径向圆跳动误差值。此值若大于手册规定数值，则需更换曲轴。

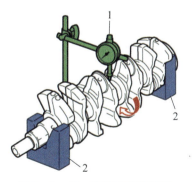

曲轴弯曲的检验

图 2–3–49　曲轴弯曲的检验
1—百分表；2—V 形块

3. 曲轴磨损的检测

检验曲轴轴颈的磨损，应先检视轴颈有无磨痕和损伤，再测量主轴颈与连杆轴颈的圆度误差和圆柱度误差。测量主轴颈与连杆轴颈的圆度误差和圆柱度误差时，需要测出轴颈直径尺寸，如图 2–3–50 所示，再进行圆度误差和圆柱度误差的计算，结合维修手册标准数据，确定曲轴尺寸是否正常。

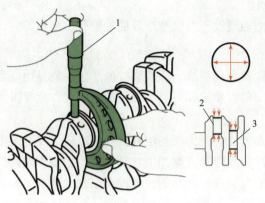

曲轴轴颈测量

图 2 – 3 – 50　曲轴轴颈测量

1—螺旋测微计；2—连杆轴颈；3—主轴颈

工作表4　测量曲轴轴向间隙、径向间隙

1. 测量曲轴轴向间隙和径向间隙，见表 2 – 3 – 15。

表 2 – 3 – 15　曲轴轴向间隙和径向间隙测量

测量项目	测量点	测量工具	测量数据	标准数据（参考维修手册）	检测结果分析
曲轴轴向间隙	螺丝刀　曲轴　主轴承盖　缸体　百分表				□合格 □不合格 需要更换 _____
曲轴径向间隙	塑料间隙规		1. 主轴颈： 2. 主轴颈： 3. 主轴颈： 4. 主轴颈： 5. 主轴颈：		□合格 □不合格 需要更换

2. 结论

通过以上检测，判断发动机出现异响的故障原因是_____，需要更换_____。

参考信息

1. 曲轴间隙的检查

曲轴间隙包括曲轴的径向间隙和轴向间隙。

（1）曲轴轴向间隙的检测

曲轴的轴向间隙是指轴承止推端面与轴颈定位肩之间的间隙。如果轴向间隙过大，曲轴工作时将产生轴向窜动，加速气缸的磨损，影响配气机构和离合器的正常工作。

检查方法是用百分表触针顶在曲轴的平衡块上，再用撬棒将曲轴前后撬动，观察表针摆动数值，如图2-3-51所示。曲轴轴向间隙的调整是通过更换不同厚度的推力轴承或止推垫片进行的。

曲轴轴向间隙检测

（2）曲轴径向间隙的检测

现在许多汽车曲轴轴承的配件中，均配有检验曲轴径向间隙的专用塑料间隙规，如图2-3-52所示。

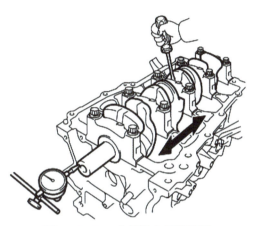

图2-3-51　曲轴轴向间隙检测

图2-3-52　塑料间隙规组件

检验时，拆下轴承盖，把塑料间隙规纵向放入轴承中，再按原厂规定的扭矩紧固轴承盖，在拧紧过程中要注意防止轴承的转动；然后拆下轴承盖，观察已压展的塑料间隙规，与附带的不同宽度色标的量规上不同宽度的刻线比照，如图2-3-53所示，其值即为轴承的间隙值。如果径向间隙不符合要求，则需要重新选配轴承。

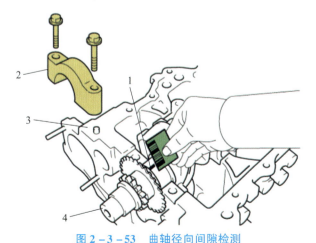

图2-3-53　曲轴径向间隙检测

1—压扁了的塑料间隙规；2—轴承盖；3—曲轴；4—气缸体

任务 2.3.2.4 安装曲轴飞轮组

工作表5 制订曲轴飞轮组的装配计划

曲轴飞轮组装配的步骤操作及注意事项，见表2-3-16。

表2-3-16 曲轴飞轮组装配的步骤、操作及注意事项

工作步骤	具体操作内容	注意事项
准备工具	选用的合适工具：	戴手套，注意操作安全
安装曲轴轴承		□□在轴承和缸体接触表面上涂抹发动机机油
安装曲轴上止推垫片		使机油槽向□
安装曲轴		
安装主轴承盖和螺栓		螺栓拧紧顺序：螺栓的拧紧力矩为□N·m； 螺栓进一步施加的拧紧角度为□°
安装曲轴油封		
安装飞轮总成		螺栓的拧紧力矩为□N·m； 螺栓进一步施加的拧紧角度为□°

工作表6 检查维修结果

1. 更换_____。
2. 恢复发动机，上车，试车。
3. 描述你对修复后的发动机进行检测的过程。
听诊器判断有无异响：_____

_____

参考信息

曲轴飞轮组的组装（以丰田卡罗拉 1ZR - FE 发动机为例）

1. 曲轴轴瓦的选配

轴瓦损伤的主要形式有磨损、合金层疲劳剥落、刮伤和烧熔等，当出现以上情况时，需要更换轴瓦。更换新轴瓦时，需要进行轴瓦选配。

轴瓦尺寸的选择是根据主轴颈及连杆轴颈的缩小尺寸和轴承座孔的尺寸或修理尺寸来确定的。轴瓦的缩小尺寸与轴颈的修理尺寸是相适应的。轴瓦背面通常标有缩小的数值，供轴瓦选配时用。

以红旗 HS5 发动机为例，缸体主轴承孔直径尺寸分三组，用1、2、3表示，分组标记位于缸体上，如图2-3-54所示，具体尺寸见表2-3-17。

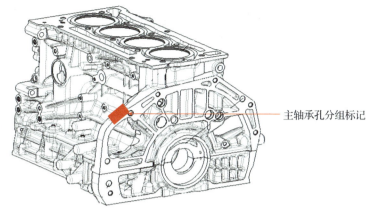

图 2 –3 –54　主轴承孔分组标记位置

表 2 –3 –17　主轴承孔分组尺寸　　　　　　mm

组号	主轴承孔分组尺寸
1	>ϕ53.037，≤ϕ53.043
2	>ϕ53.031，≤ϕ53.037
3	>ϕ53.025，≤ϕ53.031

曲轴主轴颈直径尺寸分为三组，用 1、2、3 表示，分组标记位于曲轴后端凸缘上，如图 2 –3 –55 所示,具体尺寸见表 2 –3 –18。

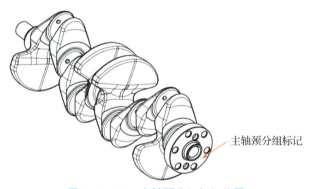

图 2 –3 –55　主轴颈分组标记位置

表 2 –3 –18　主轴颈分组尺寸　　　　　　mm

组号	主轴颈分组尺寸
1	>47.994，≤48.000
2	>47.988，≤47.994
3	>47.982，≤47.988

主轴瓦按厚度也分为三组，用 1、2、3 表示，如图 2 –3 –56 所示，分组标记打在瓦背上，具体尺寸见表 2 –3 –19。

图 2 – 3 – 56　轴瓦厚度标记

表 2 – 3 – 19　轴瓦厚度分组尺寸　　　　　　　　　　　mm

组号	轴瓦厚度
1	2. 500 ~ 2. 506
2	2. 506 ~ 2. 512
3	2. 512 ~ 2. 518

　　按以上主轴承孔分组尺寸标记、主轴颈分组尺寸标记，按维修手册中的主轴瓦配瓦方案表进行轴瓦厚度尺寸的选配，如表 2 – 3 – 20 所示。

表 2 – 3 – 20　主轴瓦配瓦方案

主轴瓦配瓦方案表			
主轴承孔分组	主轴瓦上瓦分组	主轴颈分组	主轴瓦下瓦分组
1	2	1	2
1	3	2	2
1	3	3	3
2	2	1	1
2	2	2	2
2	2	3	3
3	1	1	1
3	1	2	2
3	2	3	2

　　注意事项：

　　新轴承装入座孔内，上下两片的每端均应高出轴承座平面 0. 03 ~ 0. 05 mm，以保证轴承与座孔紧密贴合，提高散热效果。

　　2. 安装轴承

　　（1）安装上主轴瓦（除 3 号轴颈外）

　　1）将带机油槽的上主轴瓦安装到气缸体上。

注意事项：不要在轴承和缸体接触表面上涂抹发动机机油。

2）用刻度尺测量气缸体边缘和上主轴瓦边缘间的距离，如图2-3-57所示，尺寸（A）为0.5~1.0 mm。

（2）安装上主轴瓦（3号轴颈）

1）将带机油槽的上主轴瓦安装到气缸体上。

注意事项：不要在上主轴瓦和缸体接触表面上涂抹发动机机油。

2）用游标卡尺测量气缸体边缘和上主轴瓦边间的距离，如图2-3-58所示，尺寸（A、B）为0.7 mm或更小。

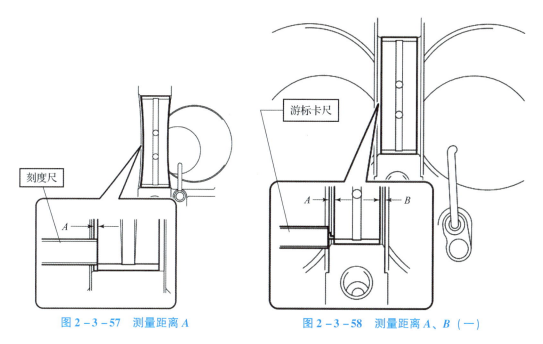

图2-3-57 测量距离A　　　　　　图2-3-58 测量距离A、B（一）

（3）安装下轴瓦

1）将下轴瓦安装到轴承盖上，注意轴瓦要与轴承盖上的标记按组安装，如图2-3-59所示。

2）用游标卡测量轴承盖边缘和下轴瓦边缘的距离，如图2-3-60所示，尺寸（A、B）为0.7 mm或更小。

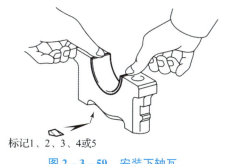

图2-3-59 安装下轴瓦

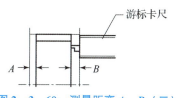

图2-3-60 测量距离A、B（二）

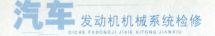

（4）安装曲轴止推垫片

1）使机油槽向外，将2个止推垫片安装到气缸体的3号轴颈下方，如图2-3-61所示。

2）在曲轴止推垫片上涂抹发动机机油。

3. 安装曲轴

1）在上主轴瓦上涂抹发动机机油，并将曲轴安装到气缸体上。

2）在下轴承上涂抹发动机机油，检查数字标记，如图2-3-62所示，并将主轴承盖安装到气缸体上。

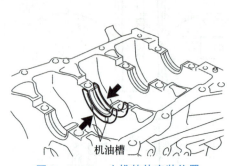

图 2-3-61　止推垫片安装位置

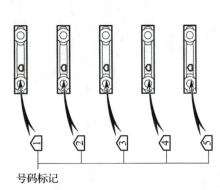

图 2-3-62　主轴承盖号码标记和向前指示标记

3）在主轴承盖螺栓的螺纹上和螺栓头下表面涂抹一薄层发动机机油，暂时安装10个主轴承盖螺栓，如图2-3-63所示。

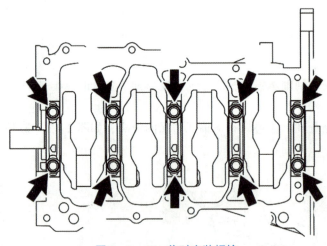

图 2-3-63　临时安装螺栓

4）用手安装主轴承盖，直到主轴承盖和气缸体之间的间隙小于5 mm，如图2-3-64所示。

5）用塑料锤轻轻敲击主轴承盖，以确保正确安装，如图2-3-65所示。

6）安装主轴承盖螺栓，主轴承盖螺栓的紧固分两步完成。

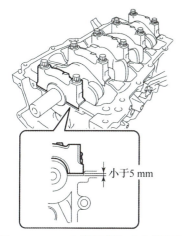

图2-3-64 主轴承盖初步安装位置

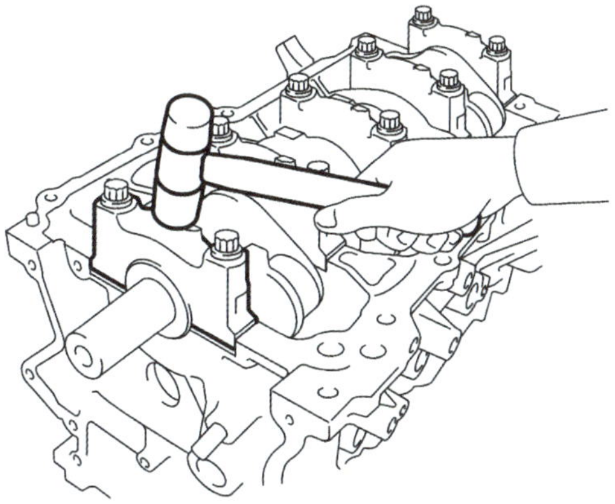

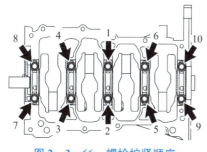

图2-3-65 塑料锤敲击

曲轴螺栓拧紧

①按如图2-3-66所示顺序安装并均匀紧固10个主轴承盖螺栓，紧固扭矩为40 N·m。

②用油漆在主轴承盖螺栓前端做标记，按图2-3-66所示数字顺序，将主轴承盖螺栓紧固90°，如图2-3-67所示。

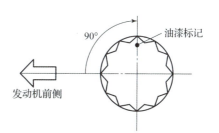

图2-3-66 螺栓拧紧顺序

图2-3-67 再次拧紧角度

③检查并确认油标记现在与前端成90°。

7）检查并确认曲轴转动顺畅。

4. 安装飞轮总成

1）用专用工具固定住曲轴。

2）在新螺栓末端的2或3个螺纹上抹黏合剂，按图2-3-68所示顺序，分几个步骤均匀地安装和紧固8个螺栓，紧固扭矩为49 N·m。

3）用油漆在螺栓前端做标记，按同样的顺序将8个螺栓再紧固90°。

三、任务拓展

发动机是汽车上的重要总成，它的结构复杂，在维修保养时容易造成零部件安装错误，引起严重故障甚至导致整机报废。为了规避这种潜在的风险，在制造时就应考虑到这种情况，并

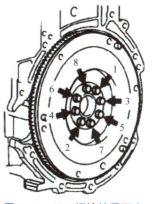

图2-3-68 螺栓拧紧顺序

做一些防呆设计。请大家扫描二维码学习发动机的一些防呆设计内容。

发动机防呆设计

四、参考书目

序列	书名，材料名称	说明
1	汽车机电技术学习领域 5 ~ 8	机械工业出版社
2	迈腾 B8 发动机维修手册、自学手册	
3	丰田 – 发动机大修	丰田高级技术员
4	丰田维修手册	

模块三
检查、诊断和维修发动机配气机构

任务 3.1 　更换发动机正时皮带

一、任务信息

任务难度	"1＋X"汽车运用与维修职业技能等级证书　中级		
学时		班级	
成绩		日期	
姓名		教师签名	
案例导入	小王的高尔夫 A6 车已经行驶了超过 57 000 km，4S 店的服务顾问预约他到店做 6 万 km 的保养。服务顾问给小王解释了 6 万 km 的保养项目，其中就有更换正时皮带的项目。你会更换正时皮带吗？		
能力目标	知识	1. 能够描述配气机构的作用、组成； 2. 能够区分配气机构的类型； 3. 能够解释充气效率和配气相位； 4. 能够描述正时标记的位置	
	技能	1. 能够检查配气相位； 2. 能够按照制造商规定更换正时皮带	
	素养	1. 养成遵照手册工作的习惯； 2. 能够与团队成员协作完成任务； 3. 养成遵守流程、规则的意识； 4. 培养工匠精神	

二、任务流程

正时皮带
断裂的危害

（一）任务准备

有些车主在车辆过了质量担保期后，会按照自己的意愿进行车辆的养护。因此，在车辆

使用过程中，往往会忽视发动机正时机构的养护。请大家扫描二维码，观看视频，了解发动机正时皮带断裂的危害。

（二）任务实施

任务 3.1.1　认识发动机的配气机构

学习表 1　发动机配气机构的类型、结构

1. 理解配气机构的作用，完成下题。

1）配气机构的作用是配制可燃混合气。（□是　□否）

2）配气机构是按照发动机的 _____ 和 _____ 的要求，定时地 _____ 和 _____ 各个气缸的 _____ 、 _____ ，使新鲜的 _____ 或 _____ 进入气缸 _____ 从气缸及时排出；在 _____ 行程、 _____ 行程中，保证燃烧室的密封。

2. 完成配气机构组成及零件的识别。

1）配气机构是由 _____ 组和 _____ 组组成的。

2）在表 3 - 1 - 1 中写出图 3 - 1 - 1 所示各数字所代表的零部件的名称。

表 3 - 1 - 1　图 3 - 1 - 1 中零部件名称

序号	零件名称
1	
2	
3	
4	
5	
6	
7	
8	
9	

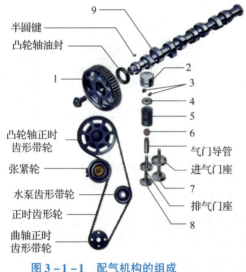

图 3 - 1 - 1　配气机构的组成

（图中标注：9、半圆键、凸轮轴油封、1、凸轮轴正时齿形带轮、张紧轮、水泵齿形带轮、正时齿形轮、曲轴正时齿形带轮、2、3、4、5、6、气门导管、进气门座、7、排气门座、8）

3）在图 3 - 1 - 1 中圈出气门组和气门传动组的零件。

3. 按照不同的分类方式，在表 3 - 1 - 2 中写出图 3 - 1 - 2 所示配气机构的类型和特点。

分类方式：气门的布置形式、凸轮轴的布置形式、凸轮轴的传动方式、气门的数量、气门的驱动方式。

类型：顶置气门式、气门侧置式、凸轮轴下置式、凸轮轴中置式、凸轮轴顶置式、齿轮传动式、链条传动式、齿形带传动式、二气门式、三气门式、四气门式、五气门式、直接驱动式、间接驱动式。

表3-1-2 配气机构的分类方式类型和特点

序号	分类方式	类型	特点
1			
2			
3			
4			

图 3 - 1 - 2　配气机构的类型

4. 曲轴与凸轮轴的传动比 $i = $ _____。

参考信息

1. 配气机构的作用与组成

（1）配气机构的作用

　　配气机构是按照发动机的工作顺序和工作循环的要求，定时地开启和关闭各个气缸的进、排气门，使新鲜的可燃混合气或空气进入气缸，废气从气缸及时排出；在压缩与做功行程中，保证燃烧室的密封。常见轿车发动机的配气机构如图 3 - 1 - 3 所示。

配气机构
工作过程

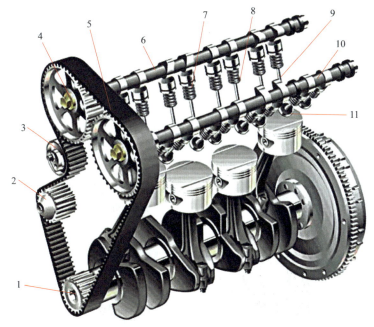

图 3 - 1 - 3　配气机构

1—曲轴正时带轮；2—冷却液泵驱动轮；3—张紧轮；4—凸轮轴正时带轮；5—正时皮带；6—进气凸轮轴；

7—液压挺柱；8—气门弹簧；9—进气门；10—排气凸轮轴；11—排气门

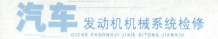
（2）配气机构的组成

配气机构由气门组和气门传动组组成，如图3-1-4所示。气门组包括气门、气门导管、气门油封、气门锁块、气门座和气门弹簧等主要零部件，气门导管和进、排气门座是压装在气缸盖上不可拆卸的零件。气门传动组主要包括凸轮轴、凸轮轴正时齿轮、挺柱、摇臂等零件。

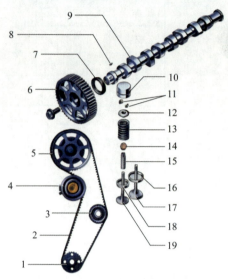

图3-1-4　配气机构的组成

1—曲轴正时齿形带轮；2—正时齿形带；3—水泵齿形带轮；4—张紧轮；5，6—凸轮轴正时齿形带轮；7—凸轮轴油封；
8—半圆键；9—凸轮轴；10—挺柱体；11—气门锁片；12—上气门弹簧座；13—气门弹簧；14—气门油封；
15—气门导管；16—进气门座；17—进气门；18—排气门座；19—排气门

2. 配气机构的类型

配气机构可按气门的位置、凸轮轴的位置、凸轮轴的传动方式、每个气缸的气门数以及气门的驱动方式等分为不同的类型。

（1）按气门的布置形式分类

配气机构按气门的位置不同，分为气门顶置式配气机构和气门侧置式配气机构，如图3-1-5所示。现在的汽车发动机均采用气门顶置式配气机构。气门顶置式配气机构的特点是进、排气门安装在气缸盖的气门孔内，气门头朝下，倒挂在气缸盖上。

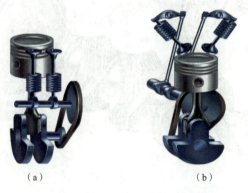

（a）　　　　　　　　　　（b）

图3-1-5　气门的布置形式

（a）气门侧置；（b）气门顶置

（2）按凸轮轴的布置形式分类

配气机构按凸轮轴的安装位置不同，可分为凸轮轴下置式、凸轮轴中置式和凸轮轴顶置式配气机构三种，其典型结构如图 3-1-6 所示。

（a）　　　　　　　（b）　　　　　　　（c）

图 3-1-6　凸轮轴布置形式

（a）凸轮轴下置；（b）凸轮轴中置；（c）凸轮轴上置

现在的发动机都采用凸轮轴顶置式配气机构，它的凸轮轴安装在气缸盖上，主要优点是运动件少、传动链短、往复运动质量减小、整个机构的刚度大，适合于高速发动机。由于气门排列和气门驱动形式的不同，故凸轮轴顶置式配气机构有多种多样的结构形式。

根据顶置凸轮轴的个数，又分为单顶置凸轮轴和双顶置凸轮轴两种。单顶置凸轮轴仅用一根凸轮轴同时驱动进、排气门，结构简单，布置紧凑，如图 3-1-7 所示。双顶置凸轮轴由两根凸轮轴分别驱动进气门和排气门，现在的轿车发动机基本都是双顶置式的，如图 3-1-8所示。

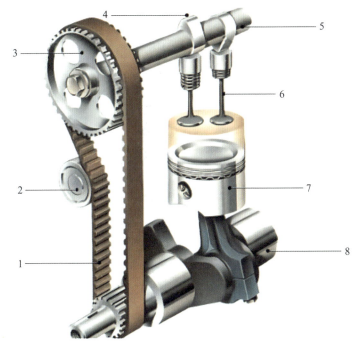

图 3-1-7　单顶置凸轮轴配气机构

1—正时皮带；2—张紧轮；3—正时轮；4—凸轮；5—凸轮轴；6—气门；7—活塞；8—曲轴

图 3 – 1 – 8　双顶置凸轮轴配气机构

1—正时链条；2—链条导板；3—正时齿轮；4—凸轮轴；5—气门挺柱；6—气门

（3）按凸轮轴的传动方式分类

凸轮轴由曲轴带动旋转，它们之间的传动方式有齿轮传动、链条传动及皮带传动。

1）齿轮传动式配气机构。在凸轮轴下置、中置式配气机构中，由于凸轮轴与曲轴位置较近，故大多数采用正时齿轮传动，如图 3 – 1 – 9 所示。现在这种传动方式已经被淘汰。

2）链条传动式配气机构。链条传动特别适合于凸轮轴顶置式配气机构，如图 3 – 1 – 10 所示。为使链条工作中有一定的张力而不致脱链，通常装有链条导板和张紧器。链条传动的主要问题是其工作可靠性和耐久性不如齿轮传动，它的传动性能主要取决于链条的制造质量。

3）皮带传动式配气机构。近年来在汽车发动机上广泛采用皮带代替传动链，如图 3 – 1 – 11 所示。这种皮带用氯丁橡胶制成，中间夹有玻璃纤维以增加强度。采用皮带传动，能减小噪声和减轻质量，还能降低成本。

图 3 – 1 – 9　齿轮传动式
配气机构

图 3 – 1 – 10　链条传动式
配气机构

图 3 – 1 – 11　皮带传动式
配气机构

四行程发动机每完成一个工作循环，每个气缸进、排气一次，此时曲轴转两周，而凸轮轴只转一周，所以曲轴与凸轮轴的转速比或传动比为 2：1。

（4）按气门数目分类

早期的发动机通常都采用每缸两气门，即一个进气门和一个排气门的结构，如图 3 – 1 – 12 所示。为了进一步改善气缸的换气性能，在结构允许的情况下应尽量增大进气门头部直径。当气缸直径较大、活塞平均线速度较高时，每缸一进一排的气门结构就不能保证良好的换气质量，因此，汽车发动机上普遍采用每缸多气门结构，通常有三、四、五气门，其中四气门发动机比较普遍。四气门发动机是每缸两个进气门和两个排气门，如图3-1-13所示，其突出优点是气流通过面积大、进气充分、排气彻底，且能提高发动机的动力。另外，每缸采用四个气门，每个气门的头部直径较小，每个气门的质量减轻，运动惯性力减小，有利于提高发动机转速。

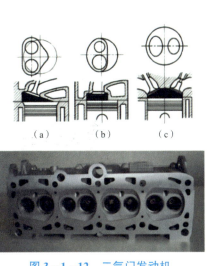

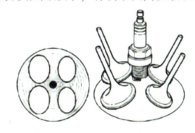

图 3-1-12　二气门发动机

图 3-1-13　四气门发动机

三气门发动机每缸有两个进气门、一个排气门，排气门头部直径比进气门大，如图3-1-14所示。与两气门发动机相比，其进气量明显增加，其他方面不如四气门发动机，特别是火花塞很难布置在燃烧室中央，对燃烧不利。斯巴鲁J12、丰田A2E等发动机都是每缸三气门的发动机。

五气门发动机每缸有三个进气门、两个排气门，如图3-1-15所示。这种结构能够明显地增加进气量，在这方面比四气门要优越。但是其结构也变得非常复杂，尤其是增加了燃烧室表面积，对燃烧不利。大众的EA827、三菱3G81型等均为五气门发动机。

图 3-1-14　三气门发动机

图 3-1-15　五气门发动机

模块三　检查、诊断和维修发动机配气机构

（5）按气门的驱动方式分类

配气机构按气门的驱动方式分为直接驱动式和间接驱动式两种。

1）直接驱动式配气机构。

凸轮轴顶置式配气机构，凸轮通过挺柱直接驱动气门，如图 3 - 1 - 16 所示。直接驱动式配气机构的刚度最大，驱动气门的能量损失最小，在高度强化的轿车发动机上应用广泛。

2）间接驱动式配气机构。

凸轮轴直接驱动摇臂，摇臂驱动气门，如图 3 - 1 - 17 所示；或者是凸轮轴推动挺柱，挺柱推动摇臂，摇臂再驱动气门。

图 3 - 1 - 16　直接驱动式

1—正时轮；2—凸轮；3—凸轮轴；4—气门

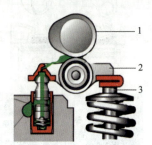

图 3 - 1 - 17　间接驱动式

1—凸轮轴；2—摇臂；3—气门

任务 3.1.2　理解充气效率、配气相位

学习表 2　充气效率、配气相位的概念

1. 扫描二维码观看视频，理解发动机的换气过程。

发动机工作过程

1）描述发动机的换气过程。

进气过程：_____

_____

排气过程：_____

_____

2）为提高发动机的性能，对换气过程的要求是：_____，换气功耗尽量小。

3）充气效率 η_v = _____。M 表示 _____；

M_0 表示 _____。

2. 理解配气相位知识，完成下题。

1）在图 3 - 1 - 18 所示的配气相位图中标出上止点和下止点。

2）根据表 3 - 1 - 3 中所给的配气相位和点火时刻，画出配气相位图。

在图 3 - 1 - 18 中标出各点，并用不同标记符号表示四个行程。

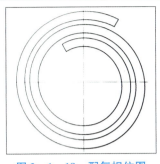

图 3 – 1 – 18　配气相位图

表 3 – 1 – 3　配气相位和点火时刻

进气门开启	上止点前30°
进气门关闭	下止点后60°
点火时刻	上止点前30°
排气门开启	下止点前70°
排气门关闭	上止点前20°

3）请在图 3 – 1 – 18 中正确标出进气、压缩、做功和排气四个行程。

4）计算进气门的打开角度，并在图 3 – 1 – 18 所示的配气相位图上标出该角度。

5）解释气门重叠角的概念。

6）气门重叠的曲轴转角一共是多少度？请在图 3 – 1 – 18 所示的配气相位图中标出该角度。

7）在发动机转速 $n = 4\,500$ r/min 时，进气门的打开时间 t 是多少？

8）总结配气相位的意义，完成表 3 – 1 – 4。

表 3 – 1 – 4　配气相位的意义

配气相位状态	上止点	下止点	意义
进气提前角	□前　□后	——————	为保证进气行程开始时进气门已开大，减小进气阻力
进气迟后角	——————	□前　□后	
排气提前角	——————	□前　□后	
排气迟后角	□前　□后	——————	

参考信息

1. 充气效率

配气机构的实质就是有规律的换气，换气过程包括排气过程（包括自由排气和强制排气）和进气过程，其任务是排除气缸内的废气，并吸入新鲜空气或可燃混合气。为提高发动机的性能，对换气过程的要求是：排气彻底，进气充分，换气功耗尽量小。为了保证这个要求，气门必须具有尽可能大的通过能力。

新鲜空气或可燃混合气被吸进气缸越多，则发动机可能发出的功率就越大。新鲜空气或可燃混合气充满气缸的程度，用充气效率 η_v 来表示。充气效率就是指在进气过程中，实际进入气缸的新鲜空气或可燃混合气的质量与在理想状况下充满气缸工作容积的新鲜空气或可

燃混合气的质量之比。其公式如下：

$$\eta_v = M/M_0$$

式中：M——进气过程中，实际进入气缸的新气的质量；

M_0——在理想状态下，充满气缸工作容积的新气质量。

进气状况是指空气经滤清器后进气管内的气体状态，对于非增压发动机，可近似认为是当时、当地的大气状态；对于增压发动机则是指增压器出口处的气体状态。

充气效率 η_v 是衡量发动机换气质量的参数。充气效率可用于比较不同大小、不同类型发动机的充气品质和换气过程的完善程度，不受气缸工作容积的影响。充气效率越高，表明进入气缸内新鲜空气或可燃混合气的质量越多，可燃混合气燃烧时可能产生的热量越大，发动机发出的功率也就越大。对于一定工作容积的发动机而言，充气效率与进气终了时气缸内的压力和温度有关。此时压力越高，温度越低，则一定容积的气体质量就越大，因而充气效率越高。由于进气系统对气流的阻力造成进气终了时气缸内气体压力降低，又由于上一循环中残留在气缸内的高温废气，以及燃烧室、活塞顶、气门等高温零件对进入气缸内的新鲜气体加热，使进气终了时气体的温度升高，实际充入气缸的新鲜气体的质量总是小于在理想状况下充满气缸工作容积的新鲜气体的质量，即充气效率一般都小于1，通常为 0.80~0.90。

为了提高发动机的动力性，就要提高发动机的充气效率。影响发动机充气效率的因素很多，就配气机构而言，要求其结构有利于减小进气和排气的阻力，进、排气门的开启时刻和持续开启的时间应适当，使进气和排气过程尽可能充分，充气效率才能提高。提高充气效率的措施有：多气门技术、可变配气相位技术、可变进气道技术、涡轮增压技术和可变进气谐波技术等。

2. 配气相位

进入气缸内的新气量越多，发动机的动力性越好。影响进气量的因素有很多，而进、排气门开启和关闭的时刻便是其中之一。

用曲轴转角表示的进、排气门实际开闭时刻和开启持续时间，称为配气相位，通常用相对于上、下止点曲拐位置的曲轴转角的环形图来表示，这种图形称为配气相位图，如图 3－1－19 所示。

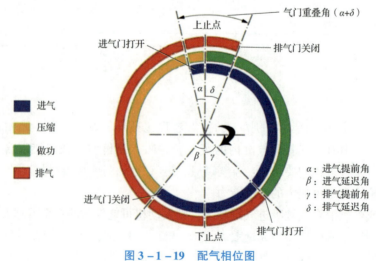

图 3－1－19　配气相位图

理论上，四行程发动机的进气门在进气行程上止点时开启、下止点时关闭，排气门则在排气行程下止点时开启、上止点时关闭，进气时间和排气时间各占180°曲轴转角。但实际上发动机转速很高，活塞每一行程历时很短，这会造成进气不充分和排气不彻底。因此，现代发动机都采取延长进、排气时间的方法，即进、排气门实际开闭时刻不是恰好在上、下止点，而是提前开、迟后关一定的曲轴转角，以改善进、排气状况，从而提高发动机的动力性。通常用相对于上、下止点曲拐位置曲轴转角的配气相位曲线图来表示更直观，如图3-1-19所示。

（1）进气门的配气相位

1）进气提前角α。

在排气行程接近终了、活塞到达上止点之前，进气门便开始开启，从进气门开始开启到活塞运动到上止点所对应的曲轴转角称为进气提前角，一般用α表示，如图3-1-20所示。进气门提前开启是为了保证进气行程开始时进气门已开大，减小了进气阻力，新鲜气体能顺利地进入气缸。

2）进气迟后角β。

在进气行程下止点过后，活塞又上行一段，进气门才关闭。从下止点到进气门关闭所对应的曲轴转角称为进气迟后角，一般用β表示，如图3-1-21所示。进气门迟后关闭是由于活塞到达下止点时，气缸内的压力仍低于大气压力，且气流还有相当大的惯性，可以利用气流惯性和压力差继续进气。

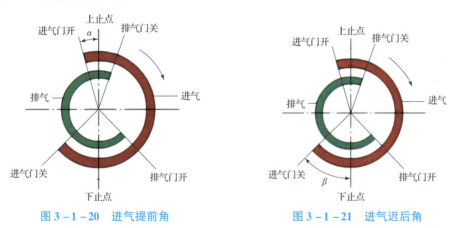

图3-1-20　进气提前角　　　　　　　图3-1-21　进气迟后角

由此可见，进气门开启持续时间内的曲轴转角，即进气持续角为α+180°+β。α角一般为10°~30°，β角一般为40°~80°。

（2）排气门的配气相位

整个排气过程可以分为自由排气阶段和强制排气阶段。

自由排气阶段指废气依据自身的压力自行排出，从排气门打开到气缸压力接近排气管压力的这段时间。自由排气阶段时间虽短，但是排出的废气量很大，可达60%。强制排气阶段指当气缸内压力小于排气管压力后，废气由活塞上行强制推出的这段时间。

1）排气提前角γ。

在做功行程接近终了，活塞到达下止点之前，排气门便开始开启。从排气门开始开启到下止点所对应的曲轴转角称为排气提前角，一般用γ，如图3-1-22所示。排气门提前开启的时间是做功行程活塞接近下止点时，气缸内的气体还有 0.30 ~ 0.50 MPa 的压力，此压力对做功的作用已经不大，但仍比大气压高，可利用此压力使气缸内的废气迅速地自由排出，待活塞到达下止点时，气缸内只剩 0.11 ~ 0.12 MPa 的压力，使排气行程所消耗的功率大为减小。此外，高温废气迅速地排出还可以防止发动机过热。

2）排气迟后角 δ。

活塞越过上止点后，排气门才关闭。从上止点到排气门关闭所对应的曲轴转角称为排气迟后角，一般用 δ 表示，如图 3 - 1 - 23 所示。排气门迟后关闭是由于活塞到达上止点时，气缸内的残余废气压力高于大气压力，加之排气时气流有一定的惯性，仍可以利用气流惯性和压力差把废气排得更彻底。

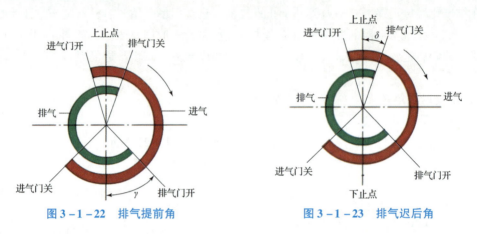

图 3 - 1 - 22 排气提前角   图 3 - 1 - 23 排气迟后角

由此可见，排气门开启持续时间内的曲轴转角，即排气持续角为 $\gamma + 180° + \delta$，其中 γ 角一般为 40° ~ 80°，δ 角一般为 10° ~ 30°。

（3）气门重叠

由于进气门在上止点前即开启，而排气门在上止点后才关闭，这就出现了在一段时间内，进、排气门同时开启的现象，这种现象称为气门重叠。同时开启的曲轴转角 $\alpha + \delta$ 称为气门重叠角，如图 3 - 1 - 24 所示。由于新鲜气流和废气流的流动惯性都比较大，在短时间

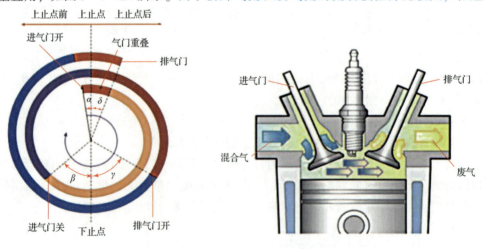

图 3 - 1 - 24 气门重叠

内是不会改变流向的，因此只要气门重叠角选择适当，就不会有废气倒流入进气道或新鲜气体随同废气排出的可能性；相反，由于废气气流周围有一定的真空度，故对排气速度有一定的影响，从进气门进入少量新鲜气体可对此真空度加以填补，且有助于废气的排出。

任务 3.1.3　区分发动机正时机构

1. 区分图 3-1-25 所示皮带（多楔带、正时皮带）并连线。

多楔带　　　　　　正时皮带

图 3-1-25　皮带类型

2. 根据发动机结构的不同，各发动机会采用不同形式的正时机构。

1）写出表 3-1-5 中所示的各正时机构的形式，并将零部件的序号填到正确位置。

a. 凸轮轴正时带（齿）轮；b. 曲轴正时带（齿）轮；c. 导板；d. 张紧器；e. 张紧轮；f. 正时皮带；g. 正时链条；h. 惰轮

表 3-1-5　正时机构的形式

正时形式	（□皮带　□链条）式正时机构	（□皮带　□链条）式正时机构
示意图	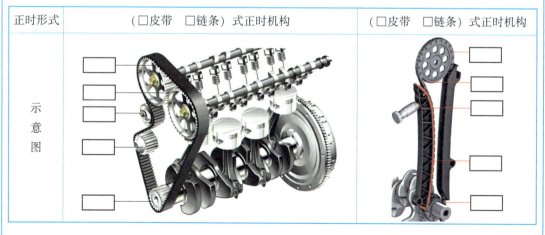	

2）实训的发动机是（□皮带　□链条）式正时机构。

3. 为了使发动机正常工作，发动机必须有正确的正时配合。根据实训室的车辆或发动机台架的实际情况，查找相应的维修手册，记录表3-1-6所示两个发动机机型的正时标记。

表3-1-6 发动机机型的正时标记

发动机机型	正时标记部位（可以重点考虑的部位有凸轮轴附近、曲轴附近、正时链条、凸轮轴正时齿轮、曲轴正时齿轮、平衡轴、曲轴皮带轮等位置）	正时标记的形式（通常有字母、带颜色的链节、圆点、刻线等）
单凸轮轴机型		
双凸轮轴机型		

4. 学习参考信息内容，总结 EA888 发动机的正时标记特征，写在或画在图3-1-26所示的方框里。

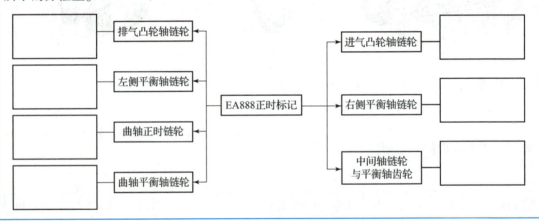

图3-1-26 EA888发动机的正时标记特征

参考信息

1. 发动机皮带概述

发动机皮带的主要作用就是传输动力，负责带动发动机上其他所有部件工作。发动机皮带主要分为多楔带和正时皮带两种，它们的安装部位如图3-1-27和图3-1-28所示，两者都是由顶层织物、张力线和底层橡胶三部分组成的。

多楔带主要用来传递曲轴的作用力，以带动水泵、发电机、空调压缩机等部件的工作，起着"桥梁"的作用。多楔带的发展使发动机只需要一条PK带，但是如果该皮带损坏，多数情况下会导致汽车不能继续行驶。如今多楔带使用三元乙丙橡胶（EPDM）材质来达到更高的耐久寿命，但是该橡胶比以前的氯丁橡胶硬度更高，这会导致对轮系的不对齐度更敏感，这也是为什么现在皮带噪声增多，特别是在寒冷的冬天，温度过低橡胶硬度会变高。

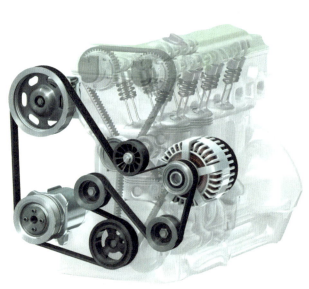

图 3 - 1 - 27　发动机多楔带

图 3 - 1 - 28　发动机正时皮带

2. 发动机正时机构

不同型号发动机的正时机构形式是不同的。发动机的正时机构可以分为皮带式正时机构和链条式正时机构两种。

（1）皮带式正时机构

皮带式正时机构是指曲轴和凸轮轴间的传动是通过皮带完成的，皮带也称为正时皮带。正时皮带的作用就是当发动机运转时，活塞的行程与气门的开闭时刻及点火时刻，在正时皮带的连接作用下，时刻保持"同步"运转，如图 3 - 1 - 29 所示。皮带式正时机构具有噪声小、传动精准、自身变化量小而且易于补偿等优点。

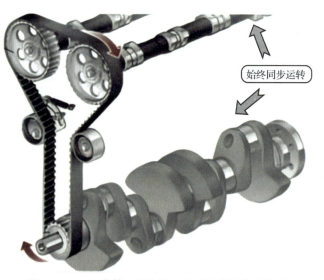

始终同步运转

图 3 - 1 - 29　曲轴、凸轮轴、正时皮带的传动关系

1）皮带式正时机构的组成

皮带式正时机构通常由凸轮轴正时齿轮、曲轴正时齿轮、张紧轮、齿形皮带、惰轮等组成，如图 3 - 1 - 30 所示。

图 3 - 1 - 30 皮带式正时机构

2）皮带式正时机构的主要部件。

①齿形皮带。

齿形皮带表面带齿，通常使用的齿形皮带的结构有三种，即 HT 特氟龙结构（见图 3 - 1 - 31）、HSN 结构（见图 3 - 1 - 32）、CR 结构（见图 3 - 1 - 33），分别由特氟龙帆布、氢化丁腈橡胶、氯丁橡胶等材质制造而成。齿形皮带将曲轴与凸轮轴连接并以 2：1 的传动比来保证进、排气门开闭时刻的准确性，有一定的寿命要求。

图 3 - 1 - 31 HT 特氟龙结构

图 3 - 1 - 32 HSN 结构

图 3 - 1 - 33 CR 结构

齿形皮带属于橡胶件，随着发动机工作时间的增加，齿形皮带及其附件，如齿形皮带张紧轮等都会发生磨损或老化。当齿形皮带跳齿或者断裂后，曲轴和凸轮轴的相对位置就会发生变化，导致发动机的严重损坏。因此，凡是装有齿形皮带的发动机，制造商都会有严格规定，在规定的周期内定期更换齿形皮带及附件，更换周期则随着发动机结构的不同而不同，一般在车辆行驶到 6 万 ~ 10 万 km 时更换，如大众生产的新宝来车型正时皮带的更换周期为 80 000 km。不同车型正时皮带的更换周期应该以车辆的保养手册为准。

一颗螺栓引发的"悲剧"——车辆更换正时皮带后气门被顶弯

　　一辆行驶 8 万 km，搭配 1.4 L 发动机的轿车去 4S 店做保养。技师依照维修手册的要求，征得客户同意后更换正时皮带、皮带张紧轮及水泵等项目。施工完毕，起动车辆，运行一小时后，突然熄火，再也无法起动。

　　由于水泵污垢严重，故维修技师在作业时暴力拆卸取下水泵。更换完水泵后，继续更换正时皮带及张紧轮。完成整个维护项目的过程都很正常，直到试车出现故障。返修检查时发现：正时皮带断裂。解体气缸盖，发现气门已经被顶弯。原因是使用手锤拆卸水泵时不小心砸坏了张紧轮的固定螺栓，造成轻微变形，进而造成张紧轮轴承在运动中偏移，使正时皮带向外移动，运动时与正时皮带罩发生干涉，导致正时皮带崩裂，发动机正时错位，造成了活塞顶气门的严重后果。

　　该事故时刻提醒我们细节很重要，忽视细节往往会埋下事故隐患。日常车辆维修时，切不可野蛮拆装，要遵守操作规程，执行工艺标准，按照维修手册要求，规范使用工具，完美交付车辆。

　　②张紧轮。

　　在正时皮带的传动下，凸轮轴驱动气门在正确的时间开闭，配合活塞完成进气到排气的工作过程。由于正时皮带在中、高速运转时会发生跳动，而且正时皮带在长期使用中会因为皮带的材质和受力，发生拉长、变形而产生跳齿，导致配气相位不准确，从而引起车辆费油、无力、爆燃等故障。当跳齿过多时，气门过早打开或过晚关闭还会使气门和上行的活塞碰撞损坏发动机，如图 3 - 1 - 34 所示，为了防止这种情况的发生，安装了张紧轮。

图 3 - 1 - 34　气门与活塞相撞

　　张紧轮在正时机构中主要起着张紧皮带、延长皮带寿命的作用，如图 3 - 1 - 35 所示。张紧轮提供指向皮带的压力，与正时皮带直接接触，在随皮带运转的同时将压力施加在皮带上，使它们保持合适的张紧程度。张紧轮的工作状态会直接影响正时机构的工作。

　　③惰轮。

　　惰轮是发动机多楔带和正时皮带轮系正常工作不可缺少的零件，它的安装位置如图 3 - 1 - 36 所示。惰轮有以下三个作用：

惰轮

图 3 - 1 - 35　张紧轮　　　　　**图 3 - 1 - 36　惰轮安装位置**

a. 改变皮带的走向，使皮带避开干涉。

b. 帮助其他重要附件，为之提供更大的包角。

c. 阻止过长的皮带段横向抖动，延长传动带的寿命。

（2）链条式正时机构

链条式正时机构是指曲轴和凸轮轴之间的传动是通过链条来完成的。链条式正时机构根据机型不同也有不同的布置形式，下面以大众 EA888 第三代发动机为例加以说明。

1）EA888 发动机正时机构组成。

EA888 发动机的链条式正时机构由三个链条（绿色、蓝色、橙色）、两个凸轮轴正时齿轮、平衡轴齿轮、曲轴正时齿轮、机油泵链轮、三个链条张紧器及链条导板等组成。EA888 发动机链条式正时机构的结构如图 3 - 1 - 37 所示。

此发动机的正时机构由三个链条带动，链条通过曲轴的齿轮模块驱动：一个链条用于控制凸轮轴，经过变速后，以 1/2 的曲轴转速驱动凸轮轴；一个链条用于控制平衡轴，经过变速后，以 2 倍的曲轴转速驱动平衡轴；一个链条用于控制机油泵。

（2）EA888 发动机正时机构主要部件

1）正时链条。

EA888 发动机链条式正时机构位于发动机曲轴前端，正时链条由曲轴驱动，利用液压张紧器张紧。正时链条还受导轨导引，以减小振动和噪声，它通过链轮来驱动凸轮轴、机油泵和平衡轴模块。正时链条由金属材料制成，无须保养，但为了防止链条伸长，需要定期检查链条伸长量。

绝大多数链条式发动机的正时链条上都有不同颜色的链节作为正时标记，如图 3 - 1 - 37 所示。

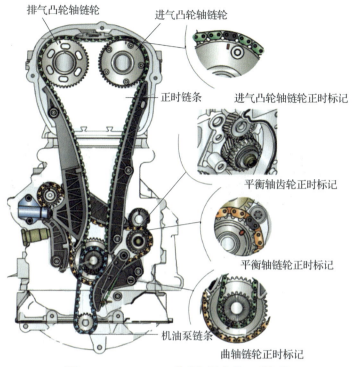

排气凸轮轴链轮
进气凸轮轴链轮
正时链条
进气凸轮轴链轮正时标记
平衡轴齿轮正时标记
平衡轴链轮正时标记
机油泵链条
曲轴链轮正时标记

图 3 – 1 – 37　EA888 发动机链条式正时机构

2）张紧器。

为了能让正时链条保持合适的张紧度，有一个专门的张紧系统，由张紧器和导板组成。

链条张紧器是链条传动系统上常用的保持装置。链条张紧器作用在发动机链条上，张紧器提供指向链条的压力，使链条始终处于最佳张紧状态，从而避免链条在长时间传动过程中发生松动脱齿跳出。

链条张紧器一般分为液压张紧器（见图 3 – 1 – 38）和机械张紧器（见图 3 – 1 – 39）两种，它们都可以自动地对链条进行张紧度的调节。

图 3 – 1 – 38　液压张紧器

图 3 – 1 – 39　机械张紧器

EA888 发动机链条式正时机构采用了一个液压张紧器、两个机械张紧器和六个链条导板，以实现理想的链条导向和链条张紧。

①正时链条的液压张紧器，如图 3-1-39 所示。

②平衡轴链条的机械张紧器，如图 3-1-40 所示。链条张紧器拧紧在曲轴箱上，并用机油加以润滑。

③机油泵链条的机械张紧器，如图 3-1-41 所示。

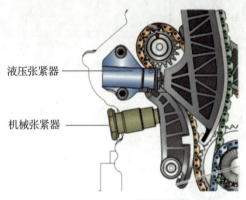

图 3-1-40　液压张紧器

图 3-1-41　机油泵链条的机械张紧器

正时链条张紧器失效，导致链条松动，在被曲轴链轮驱动时无法完全贴合两个凸轮轴链轮，发生正时链条跳齿。正时链条跳齿后，无法按照车辆设计时的发动机管理逻辑运行，一般表现为：发动机噪声和异响、油耗过高、机油消耗过高、发动机无法起动、发动机动力不足、尾气排放不达标等问题。

3）导板。

链条系统中的导板为链条提供支承力，同时规范链条的传动路径，如图 3-1-42 所示。导板曲率的增减、材料选取的优劣、结构的微小缺陷，都会使其产生非常大的不同。

图 3-1-42　导板

张紧器与导板直接接触，而导板直接与正时链条接触，它们在随链条运转的同时将张紧器提供的压力施加在链条上，使它们保持合适的张紧程度。

2. 正时标记

由于发动机结构型式、转速各不相同，因而配气相位也不相同，表现在发动机上就是正时标记的位置、形式各异。

每种型号发动机的最佳配气相位都是预先设定的，如果配气相位不准确，发动机就会怠速不稳或输出功率下降，严重时发动机不能起动或造成发动机气门与活塞相撞的现象。

齿形皮带式单凸轮轴发动机的正时标记通常在曲轴皮带轮和凸轮轴正时齿轮这两个零件附近，用刻线标记出来，如图 3 - 1 - 43 所示。

链条式双凸轮轴发动机的正时标记在曲轴正时齿轮和两个凸轮轴正时齿轮附近，通常会以刻线或圆点和特殊颜色的链节相对应作为正时标记，如图 3 - 1 - 44 所示。此外，还有更复杂的正时标记，例如 EA888 发动机。它的正时标记分别在以下部位：

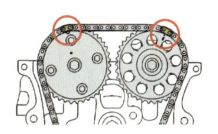

正时标记

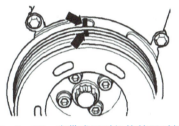

正时标记

图 3 - 1 - 43　皮带式正时机构的正时标记　　　图 3 - 1 - 44　链条式正时机构的正时标记

1）用刻线和深颜色链节相对应，在凸轮轴正时链轮与正时链条啮合处（见图 3 - 1 - 45）及平衡轴链轮与链条啮合处（见图 3 - 1 - 46）。

图 3 - 1 - 45　凸轮轴正时链轮正时标记　　　图 3 - 1 - 46　平衡轴链轮正时标记

2）用 1 个圆点和 2 个圆点相对应，在平衡轴齿轮与中间轴齿轮啮合处，如图 3 - 1 - 47 所示。

3）用箭头和深色链节相对应，在曲轴正时链轮与正时链条啮合处及曲轴平衡轴齿轮与平衡轴链条啮合处，如图 3 - 1 - 48 所示。

图 3 - 1 - 47　平衡轴齿轮和中间轴齿轮正时标记　　　图 3 - 1 - 48　曲轴正时链轮正时标记

任务 3.1.4　检查正时机构

学习表 4　正时机构

1. 图 3 - 1 - 49 所示为正时皮带断裂的系列图片，请总结正时皮带断裂对发动机各部位的损害。

气门
头部

图 3 - 1 - 49　正时皮带断裂的系列图片

正时皮带断裂造成发动机损坏的部位有：_____

2. 在图 3 - 1 - 50 中圈出双偏心正时张紧轮在安装时需要注意的安装部位。

图 3 - 1 - 50　双偏心正时张紧轮

3. 下面列出了皮带损坏现象和可能损坏的原因，将对应的字母编号填入表 3-1-7 中。

损坏现象：a. 齿面磨损；b. 边缘磨损；c. 整齐切口；d. 大块齿面磨损；e. 齿背不规则磨损；f. 皮带齿磨损；g. 不平整破裂

损坏原因：a. 张紧轮或其他部件未按规定位置装配；b. 皮带失去预紧力；c. 正时机构部件过度装配；d. 过高预紧力或张紧轮损坏；e. 皮带轮牵连磨损的皮带齿；f. 正时传动机构其他部件抱死或张紧轮损坏；g. 装配时使用了错误的工具导致齿形带损坏

表 3-1-7　皮带损坏现象及原因

损坏图片							
损坏现象							
损坏原因							

工作表 1　检查正时机构

1. 为了保证发动机能正常工作，要定期检查正时机构。

1）按照维修手册的要求，拆卸曲轴皮带轮、正时罩等外附件，露出皮带式正时机构。

2）皮带式正时机构检查，见表 3-1-8。

表 3-1-8　皮带式正时机构检查

工作步骤	具体内容	注意事项
检查正时皮带外观： 用曲轴皮带轮螺栓沿发动机运转方向转动曲轴并检查整个正时皮带	目测正时皮带状况： □裂缝、横断面断裂、撕裂 □侧面磨损 □加强筋散开 □撕裂（在齿根部位） □分层（齿形皮带带体、加强筋） □表面裂纹（塑料覆盖物） □机油和油脂痕迹与其他零件是否干涉	
检查张紧轮情况		
检查配气相位		

参考信息

正时皮带是发动机中连接曲轴和凸轮轴传动的重要部件，正确、规范地更换正时皮带，既可保证发动机正时系统的正确工作，对正时皮带的使用寿命也有着重要影响，因此必须严格按照维修手册的规定更换正时皮带。

1. 检查正时皮带

品牌车辆在4S店保养过程中，最为基础的一项内容就是维修技师会对正时皮带做认真的检查，以便发现与正时皮带相关附件的故障。

（1）物理状态的检查

采用目视方法对皮带啮合齿断裂或明显磨损、皮带侧磨损、皮带表面破裂或明显磨损等方面进行检查，如图3-1-51所示。

（2）皮带损坏的原因

正时皮带上存在任何瑕疵，都会导致正时皮带使用寿命的提前终结。损坏原因主要有以下三点：

1）正常的磨损。

发动机经过几年的使用，正时皮带发生了上百万次的扭曲和扭转变形，因此正时皮带不可避免地会发生磨损。正时皮带到达更换周期时，应该按照汽车厂商的规定及时进行更换。

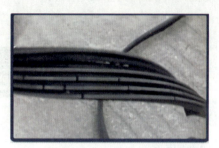

图3-1-51 正时皮带的物理损坏

2）外部污染或损坏。

小动物、小石子、小金属屑或其他碎屑也可以通过各自的途径钻到正时皮带区域，这些都可能损坏正时皮带。

3）不正确的安装。

如果不按维修手册进行正确操作，同样会严重影响正时皮带的使用寿命，例如用螺丝刀强行撬动正时皮带来安装。正时皮带一旦出现问题，就会对发动机造成一定的影响。所以，平时要经常对其进行检查和定期更换，以防止其断裂而带来严重的后果。

（3）正时皮带常见的损坏现象

正时皮带常见的损坏现象见表3-1-9。

表3-1-9 正时皮带常见的损坏现象

损坏现象	原因	解决措施
整齐断裂	1. 装配时被弯曲； 2. 装配时使用了错误工具，导致齿形带损坏	1. 装配过程中，切勿过度弯曲齿形带； 2. 装配过程中，不要使用不恰当的工具或杠杆； 3. 不要将齿形带强推到轮缘上； 4. 为方便齿形带装配，充分放松张紧器，以获得足够的安装空间； 5. 更换损坏的皮带
不平整破裂	1. 正时传动机构内有异物； 2. 正时机构部件过度装配； 3. 张力过大； 4. 齿形带被溶剂、燃料或衍生物污染	1. 检查正时机构部件磨损情况； 2. 检查正时机构部件是否正确紧固； 3. 正确地张紧齿形带； 4. 更换损坏的齿形带

损坏现象	原因	解决措施
齿面磨损 	1. 过低预紧力； 2. 皮带失去预紧力； 3. 正时传动机构内有异物	1. 正确地张紧齿形带； 2. 检查组件的完整性以及张紧轮的紧固； 3. 更换损坏的皮带
边缘磨损 	张紧轮或其他部件未按规定位置装配	1. 检查组件完整性及张紧轮的紧固，并重新对中； 2. 如果预紧力或惰轮损坏，同时更换； 3. 更换损坏的齿形带
大块齿面磨损 	1. 过高预紧力； 2. 张紧轮损坏	1. 正确地张紧齿形带； 2. 更换张紧轮及损坏的皮带
齿背不规则磨损 	1. 正时传动机构其他部件抱死； 2. 张紧轮损坏	1. 更换磨损的金属部件； 2. 更换齿形带并重设预紧力； 3. 更换损坏的齿形带
皮带齿磨损 	1. 不规则预紧力； 2. 皮带轮牵连磨损的皮带齿； 3. 皮带齿廓与滑轮凹槽不兼容	1. 更换皮带并重设预紧力； 2. 更换磨损的金属部件； 3. 检查皮带与皮带轮凹槽之间的兼容性，更换损坏的皮带
齿背龟裂 	温度过高或者过低的问题	1. 检查齿形带工作环境温度并使用抗高、低温的齿形带； 2. 更换损坏的齿形带
皮带齿肿胀 	溶剂、润滑剂或冷却液污染	1. 操作时，清洁双手； 2. 清除所有发动机内泄露的污染物并更换损坏的皮带

2. 检查双偏心张紧轮

张紧轮目前以双偏心自动张紧轮为主，它能根据皮带不同的松紧程度自动调整预紧力，如图 3 - 1 - 52 所示。该张紧轮安装时有三个关键点需要注意，分别是定位凸耳、调整方向及指针的位置。

张紧轮安装
注意事项

图 3 - 1 - 52　双偏心张紧轮

（1）定位凸耳

大多数张紧轮背面都设计有定位凸耳，如图 3 - 1 - 53 所示，它的作用是让张紧轮与安装面形成一个固定的安装基准面，辅助张紧轮安装。如果该张紧轮没有定位凸耳，如图 3 - 1 - 54 所示，则可以通过自然垂落的方式设置安装基准面。有定位凸耳的张紧轮与定位槽的安装关系如图 3 - 1 - 55 所示。

定位凸耳

图 3 - 1 - 53　有定位凸耳的张紧轮

图 3 - 1 - 54　无定位凸耳的张紧轮

图 3 - 1 - 55　定位凸耳与定位槽的安装关系

（2）调整方向

双偏心张紧轮在安装后都需要调整偏心轮的角度来张紧皮带，大部分张紧轮都可以通过张紧轮正面的箭头来顺时针或逆时针调整，如图 3 - 1 - 56 所示。不正确的调整方向会损坏张紧轮的内部结构，导致系统故障。

如果维护时不按规定方向调节张紧轮，则会造成以下后果：

1）张紧轮的受力方向发生变化，不再向正时机构提供原来设计的预紧力；

2）皮带受力位置发生变化，上、下端皮带跨距发生变化，系统的设计布局发生变化；

3）皮带预紧力异常或不稳定；

4）轮系可能出现异响、指针异常摆动和皮带偏磨等。

（3）指针位置

明确了张紧轮的调整方向，还要知道调整多少度才合适，这就需要我们通过张紧轮上的指针 A 与 B 的凹口对齐来指示张紧轮的调节位置，如图 3 - 1 - 57 所示。不正确的调整会导致皮带过松或过紧，造成皮带过早损坏甚至大修。

请注意按图示箭头方向顺时针旋转扳手，调节预紧力

指示标记如图，正确调整后指示标记A与B应对齐

张紧轮调整方向错误导致异响

图 3 - 1 - 56　张紧轮的调整方向　　　图 3 - 1 - 57　张紧轮指针位置

双偏心张紧轮需要正确地安装，以保持持续和稳定的预紧力。在实际工作中我们发现，很多张紧轮在设计寿命内就损坏，其中安装问题是导致异常损坏的重要因素。双偏心张紧轮常见的损坏形式见表 3 - 1 - 10。

表 3 - 1 - 10　双偏心张紧轮损坏形式

损坏现象	原因	解决措施
正时张紧轮限位挡块一侧有明显撞击痕迹	安装张紧轮时指针未对准缺口或者方向调反	专用工具顺时针转动，让指针调整至缺口右侧 10 mm 位置，再缓慢放松专用工具，使指针回位至缺口正中，按规定力矩拧紧螺栓
张紧轮指针断裂，指针限位挡块一侧有明显撞击痕迹	安装时未调整指针位置	顺时针转动水泵，使张紧轮指针与安装标记对齐
张紧轮定位凸耳撞击变形	1. 定位凸耳的安装位置错误； 2. 安装时旋转方向错误	内六角逆时针转动（切勿顺时针转动），使得指针对准缺口位置

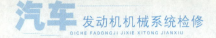

任务 3.1.5 更换正时皮带
工作表 2 参照实训发动机的维修手册,制订更换正时皮带的工作计划

1. 拆卸旧的正时皮带,见表 3 – 1 – 11。

表 3 – 1 – 11 旧正时皮带的拆卸

工作步骤	具体内容	注意事项
1. 准备工具		
2. 拆卸外附件		
3. 检查配气相位		
4. 拆卸凸轮轴正时齿轮		必须可以轻易放入凸轮轴固定工具,不允许使用敲击工具敲入凸轮轴固定工具
5. 松张紧轮		
6. 取下正时皮带		
7. 旋松凸轮轴正时带轮螺栓		

2. 更换新的正时皮带,见表 3 – 1 – 12。

表 3 – 1 – 12 新正时皮带的更换

工作步骤	具体内容	安全注意事项
1. 准备工具		
2. 检查上止点位置		
3. 安装凸轮轴正时带轮		
4. 安装张紧轮		
5. 安装正时皮带		皮带安装顺序
6. 调整张紧轮		
7. 检查配气相位		

工作表 3 按照工作计划,更换发动机正时皮带,检查维修结果

1. 如何对更换正时皮带后的正时机构进行检测?
□检查配气相位　　□其他检查项目:

2. 描述配气相位的检查过程。
以大众 1.6 L 的 EA211 发动机配气相位的检查为例:
(1) 将曲轴沿发动机转动方向转两圈。
(2) 将定位销以 30 N·m 的力矩拧到气缸体上并拧到底。

（3）将千分表放入火花塞孔内，曲轴沿发动机转动方向继续转动，直到限位位置，记录指针位置。

（4）将凸轮轴固定工具插入到凸轮轴止点，用力拧紧螺栓。此时，凸轮轴固定工具应能够很容易安装。

（5）如果凸轮轴固定工具无法安装，则配气相位不合格，需要按上述方法重新调整配气相位。

请写出你实训发动机配气相位的检查过程：

参考信息

1. 正时调整

无论是齿形皮带式发动机还是链条式发动机，正时调整都要按照维修手册的要求，对好正时标记。

凸轮轴、平衡轴、曲轴正时齿轮和曲轴皮带轮处，如果有正时标记的，对好标记就可以安装齿形带或者链条了。还有的发动机曲轴正时齿轮或曲轴皮带轮处无正时标记，是利用缸体侧面曲轴附近的一个定位销来确定曲轴上止点的位置，如图 3 - 1 - 58 所示。不同的发动机，对于正时的调整有不同的规定，请参考具体车型维修手册进行操作。

更换 EA211
发动机正时皮带

当气缸1处于上止点位置时，固定螺栓将紧贴曲轴臂

图 3 - 1 - 58 曲轴正时定位销

2. 以大众 1.6L 的 EA211 发动机更换正时皮带为例

（1）换正时皮带的工具准备（图 3 - 1 - 59）

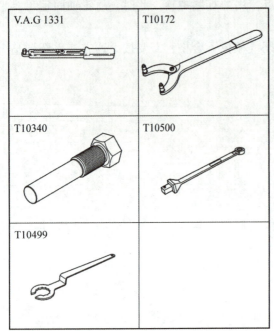
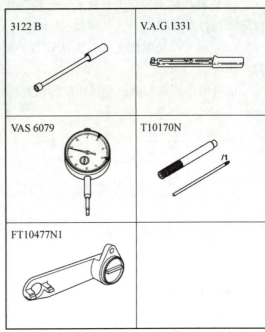

图 3 - 1 - 59　更换正时皮带工具

（2）正时皮带拆卸步骤

1）拆卸空气滤清器壳体。

2）排放冷却液。

3）拆下节温器罩：如图 3 - 1 - 60 所示，旋出螺栓 A 至 D，将节温器罩 1 放在一旁。

4）取下水泵皮带罩：如图 3 - 1 - 61 所示，脱开线束固定卡子（箭头），旋出螺栓 1 和 3，取下水泵皮带罩 2。

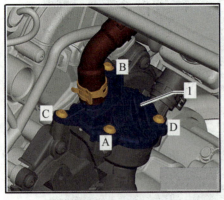

图 3 - 1 - 60　拆下节温器罩

1—节温器罩；A、B、C、D—螺栓

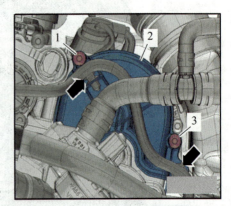

图 3 - 1 - 61　取下水泵皮带罩

1、3—螺栓；2—水泵皮带罩

5）拆下密封盖：如图 3 – 1 – 62 所示，旋出螺栓（箭头），拆下密封盖 1。

6）取下上部正时皮带罩：

①如图 3 – 1 – 63 所示，松开固定卡子 3，脱开供油管和活性炭罐电磁阀连接管；

②旋出螺栓 2；

③松开固定卡子（箭头），取下上部正时皮带罩 1。

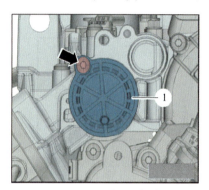
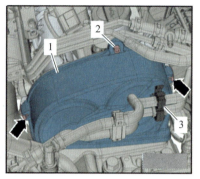

图 3 – 1 – 62　拆下密封盖
1—密封盖

图 3 – 1 – 63　取下上部正时皮带罩
1—正时皮带罩；2—螺栓；3—卡子

7）将曲轴转到上止点位置。

①取下 1 缸点火线圈，用火花塞扳手 3122 B 拆下第 1 缸火花塞。

②将千分表 VAS6079 旋入火花塞螺纹孔中直至极限位置，沿发动机运转方向转动曲轴，直到第 1 缸的上止点，并记下千分表指针位置（上止点允许的偏差 ±0.01 mm），如图 3 – 1 – 64 所示。

提示：如果曲轴转动超过上止点 0.01 mm，则将曲轴沿逆时针方向转动约 45°，再沿发动机运转方向转动到第 1 缸的上止点。

③旋出气缸体上止点孔的螺塞，将定位销 T10340 拧到气缸体上直至限位位置，接着用 30 N·m 的力矩拧紧，如图 3 – 1 – 65 所示。

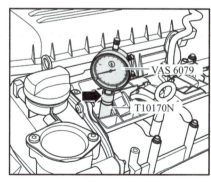
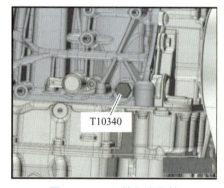

图 3 – 1 – 64　千分表放入火花塞孔中

图 3 – 1 – 65　拧入定位销

8）沿发动机运行方向转动曲轴至限位位置，定位销位于曲轴侧面。如果定位销没有拧到限位位置，曲轴不位于 1 缸上止点位置，此时进行以下操作：

①旋出定位销。

②顺时针旋转曲轴，使曲轴转过 1 缸上止点 270°左右。

③将定位销以 30 N·m 的力矩拧到气缸体上并拧到底。

④将曲轴沿发动机转动方向再次转动，直到转不动为止。

提示： 固定螺栓（T10340）只能沿发动机运转方向固定曲轴。

9）检查凸轮轴是否位于上止点。

①如图 3 - 1 - 66 所示，检查方法是在凸轮轴的后端，不对称的卡槽（箭头）必须位于过圆心水平中心线的上方。

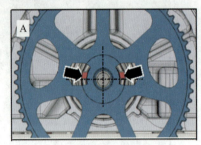
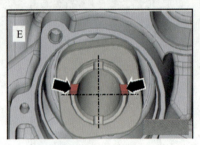

图 3 - 1 - 66　凸轮轴上止点位置

提示： 凸轮轴有一对对称分布的凹槽和一对不对称分布的凹槽，在"上止点"位置处，不对称分布的凹槽必须在水平中线上方。

飞轮侧的两个凸轮轴上，每个凸轮轴各有两个不对称的凹槽（箭头）。

对于 A——排气凸轮轴，可以通过冷却液泵齿形皮带轮上的孔进入凸轮轴上两个不对称的凹槽（箭头）。

对于 E——进气凸轮轴，凹槽（箭头）在凸轮轴十字虚线上方。

如果凸轮轴的位置与上述不符，则拧出固定螺栓 T10340，接着继续转动曲轴一圈，再次转到"上止点"处。

②当凸轮轴在上述状态时，将凸轮轴固定工具 FT10477N1 插到凸轮轴不对称的槽内，如图 3 - 1 - 67 所示，并用螺栓（箭头）拧紧。

10）拆卸曲轴皮带轮。

11）如图 3 - 1 - 68 所示，拧出螺栓（箭头），并取下下部正时齿形皮带护罩。

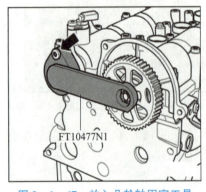

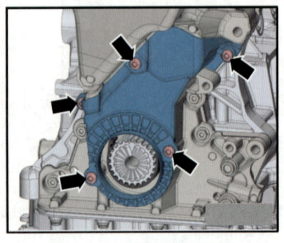

图 3 - 1 - 67　放入凸轮轴固定工具　　　　图 3 - 1 - 68　拆下部正时皮带护罩

12）旋出固定螺栓：如图3-1-69所示，使用定位扳手T10172和适配器旋出进气侧凸轮轴正时带轮的锁定螺栓1。

13）旋松凸轮轴皮带轮：如图3-1-70所示，用固定支架固定凸轮轴齿形皮带轮，旋松螺栓1和2，旋松一圈即可。

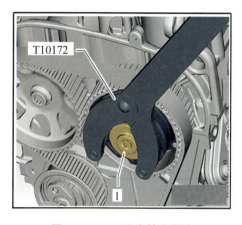

图3-1-69 旋出锁定螺栓
1—锁定螺栓

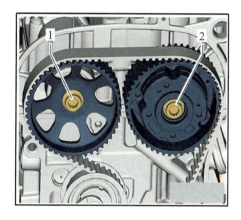

图3-1-70 旋松带轮螺栓
1、2—螺栓

14）松开张紧轮：如图3-1-71所示，用扳手T10500松开螺栓1；用梅花扳手SW30 T10499松开偏心轮2，使张紧轮松开。

提示：颠倒已运行过的正时齿形皮带的运行方向，可能会造成损坏。在拆卸正时齿形皮带前，用粉笔或记号笔标记运转方向，以便于重新安装。

15）取下正时皮带。

（3）正时皮带的安装步骤

1）检查曲轴和凸轮轴的上止点位置。

①1缸必须位于上止点，上止点允许偏差为±0.01 mm。将凸轮轴固定工具FT10477N1安装在凸轮轴箱上，如图3-1-64所示。

②将定位销以30 N·m的力矩拧到气缸体上并拧到底，如图3-1-65所示。

③将曲轴沿发动机转动方向转动至限位位置。

2）更换凸轮轴正时皮带轮螺栓1和2，并将其拧上，但不要拧紧，如图3-1-72所示。

①凸轮轴正时皮带轮还要在凸轮轴上转动，但要防止其倾翻。

②张紧轮的凸耳（箭头）必须啮合在气缸盖的铸造孔上，如图3-1-73所示。

4）安装正时皮带：向上拉正时皮带，按照图3-1-74所示的顺序（1—正时带轮；2—张紧轮；3—排气凸轮轴正时带轮；4—带调节器的进气凸轮轴正时带轮；5—导向轮）安装正时皮带。

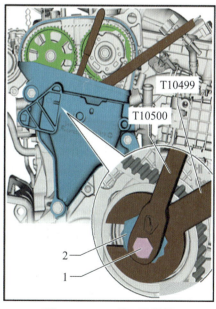

图3-1-71 松开张紧轮
1—螺栓1；2—偏心轮2

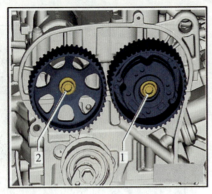

图 3 - 1 - 72　安装凸轮轴带轮螺栓

1，2—螺栓

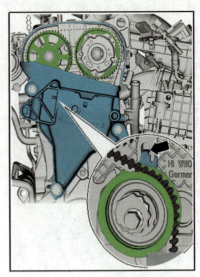

图 3 - 1 - 73　设置张紧轮位置

5）安装张紧轮

①如图 3 - 1 - 75 所示，用梅花扳手 SW30 T10499 沿箭头方向转动 30 mm（即转动张紧轮偏心轮 2），直到指针 3 位于设置窗右侧 10 mm 处。

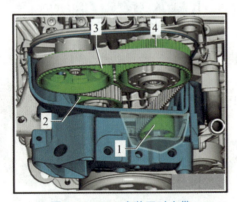

图 3 - 1 - 74　安装正时皮带

1—正时带轮；2—张紧轮；3—排气凸轮轴正时；

4—带调节器的进气凸轮轴正时带轮；5—导向轮

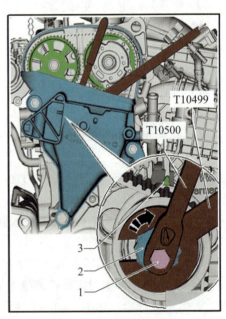

图 3 - 1 - 75　安装张紧轮

1—螺栓；2—偏心轮；3—指针

②沿箭头相反的方向转动偏心轮 2，直到指针 3 正好位于设置窗口。

③将偏心轮固定在这个位置，并拧紧螺栓 1。用扳手接头 T10500 和扭矩扳手 V. A. G 1331 拧紧螺栓 1。

提示：*一旦继续转动发动机或运行发动机，可能会导致设定指针 3 的位置与设定窗口有稍许偏差，这不会影响正时齿形皮带的张紧度。*

6）拧紧凸轮轴正时皮带轮螺栓：如图 3-1-76 所示，用固定支架固定凸轮轴正时齿形皮带轮，以 50N·m 的力矩拧紧螺栓 1 和 2。

7）拧出定位销 T10340，取下凸轮轴固定工具 FT10477N1。

8）安装下部正时带罩。

9）安装曲轴皮带轮。

10）检查配气相位。

①将曲轴沿发动机转动方向转两圈。

②将定位销以 30 N·m 的力矩拧到气缸体上并拧到底。

③将千分表放入火花塞孔内，曲轴沿发动机转动方向继续转动，直到限位位置，记录指针位置。

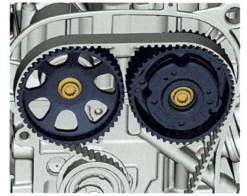

图 3-1-76　安装凸轮轴皮带轮螺栓
1，2—螺栓

④将凸轮轴固定工具插入到凸轮轴止点，用力拧紧螺栓，此时凸轮轴固定工具应能够很容易地安装。

⑤如果凸轮轴固定工具无法安装，则配气相位不合格，需要按上述方法重新调整配气相位。

三、任务拓展

很多发动机采用链条式正时机构，为了防止链条式正时机构出现链条伸长等影响曲轴凸轮轴传动关系的问题出现，链条式正时机构的发动机需要定期检查链条伸长量。请扫描二维码，完成学习。

正时链条伸长的检查过程

任务 3.2　更换发动机气门

一、任务信息

任务难度	"1+X"汽车运用与维修职业技能等级　中级	
学时		班级	
成绩		日期	
姓名		教师签名	
案例导入	某车辆没有按照维修手册的要求定时更换正时皮带，在车辆行驶过程中皮带断裂，发生了"顶气门"的情况，气门出现了弯曲变形，需要对气门进行更换	

发动机机械系统检修

能力目标	知识	1. 能够描述气门组的作用和组成； 2. 能够判断进、排气门，并解释气门的冷却方式； 3. 能够理解气门油封、气门导管的作用
	技能	1. 能够对气门组进行拆装； 2. 能够更换并研磨气门
	素养	1. 树立终身学习的意识； 2. 能够与团队成员协作完成任务； 3. 培养安全环保意识

二、任务流程

（一）任务准备

发动机由于皮带断裂发生顶气门的情况，需要更换的零件有哪些？请查看二维码的具体故障案例进行分析。

（二）任务实施

任务 3.2.1　掌握气门组的组成

学习表 1　气门组的作用、组成

1. 如图 3 - 2 - 1 所示，按照气门组的组成，对应序号填入表 3 - 2 - 1，并把各零件的作用补充到表 3 - 2 - 1 中。

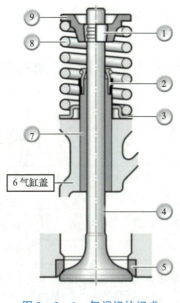

图 3 - 2 - 1　气门组的组成

表 3 - 2 - 1 气门组各零件作用

名称	序号	作用
气门		
气门弹簧		
气门锁片		固定气门弹簧座
气门导管		
气门弹簧座	3，9	
气门油封		
气门座		

2. 在图 3 - 2 - 2 中分别标出进、排气门，并说明判断依据。

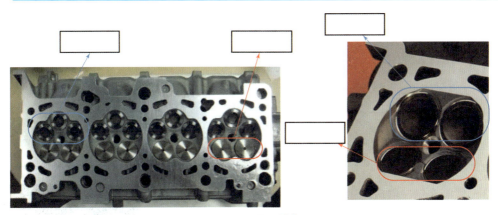

图 3 - 2 - 2 进、排气门

3. 某车辆的进气门锥角是 30°，排气门锥角是 45°，请在图 3 - 2 - 3 中标出气门锥角的位置。

进气门   排气门

图 3 - 2 - 3 出气门锥角

4. 学习气门的相关知识，完成下面各题。

1）在图 3 - 2 - 4 中填入气门头部和气门杆部。

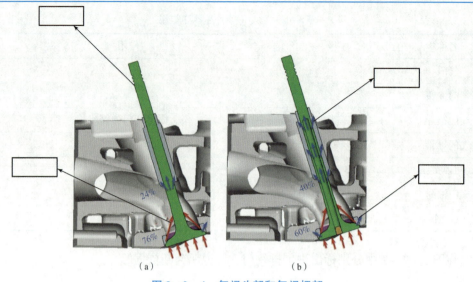

图 3-2-4　气门头部和气门杆部

（a）普通气门；（b）充钠气门

2）根据图 3-2-4 所示普通气门、充钠气门的散热情况补充表 3-2-2。

表 3-2-2　普通气门和充钠气门的散热情况

气门种类　散热	气门头部/%	气门杆部/%
普通气门	76	
充钠气门		

3）气门充钠一般应用于_____（进气门/排气门），原因是_____

_____

5. 气门导管是如何实现润滑的？（　　　）

A. 润滑油　　　B. 自润滑　　　C. 润滑脂

6. 采用双气门弹簧时（见图 3-2-5），两个弹簧旋向应该_____（相同/相反）。

双气门弹簧的优点是什么？

_____

图 3-2-5　双气门弹簧

参考信息

1. 气门组

　　气门组的作用是依照凸轮轴的带动通过挺柱来控制每一缸的进气与排气，实现气缸的密封，进而实现发动机的正常运转。

气门组主要由气门、气门座、气门导管、气门弹簧和气门油封等零件组成，如图3-2-6所示。

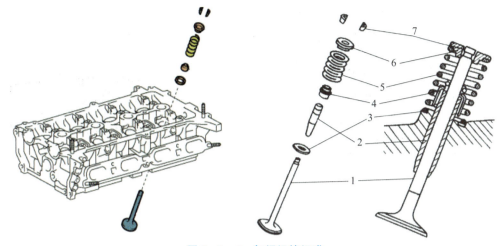

图 3 - 2 - 6   气门组的组成
1—气门；2—气门导管；3，6—气门弹簧座；4—气门油封；5—气门弹簧；7—气门锁片

2. 气门

气门分进气门和排气门两种，气门的作用是与气门座相配合，对气缸进行密封，并按工作循环的要求定时开启和关闭，使新鲜气体进入气缸，并使废气排出气缸。气门由头部和杆部两部分组成，两部分通过圆弧连接，如图 3 - 2 - 7 所示。头部用来封闭气缸的进、排气通道，杆则主要为气门的运动导向。气门头部直径越大，气门口通道截面就越大，进、排气阻力就越小。由于最大尺寸受燃烧室结构的限制，考虑到进气阻力比排气阻力对发动机性能的影响大得多，为尽量减小进气阻力，进气门表面积往往大于排气门，如图 3 - 2 - 8 所示。

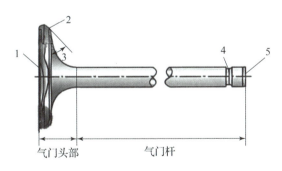

气门头部   气门杆

图 3 - 2 - 7   气门
1—气门顶面；2—气门锥面；3—气门锥角；4—气门锁夹槽；5—气门尾端面

气门头部受高温作用，承受高压及气门弹簧和传动组惯性力的作用，气门杆在气门导管中做高速直线往复运动，其冷却和润滑条件差，因此，要求气门必须具有足够的强度、刚度、耐热和耐磨能力。进气门材料常采用合金钢（铬钢或镍铬钢等），排气门则采用耐热合金钢（硅铬钢等）。气门顶部的形状主要分为平顶、球面顶、喇叭形顶 3 种形式，如图 3 - 2 - 9 所示。

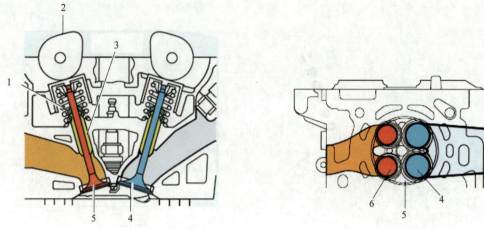

图 3 - 2 - 8　进、排气门表面积

1—油封；2—凸轮；3—气门导管；4—进气门；5—排气门

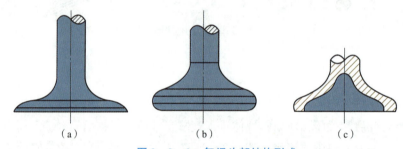

图 3 - 2 - 9　气门头部结构形式

（a）平顶；（b）球面顶；（c）喇叭形顶

　　气门头部与气门座圈接触的工作面，是与杆部同心的锥面，为保持气门和气门接触面的密封性，通常将这一锥面与气门顶部平面的夹角称为气门锥角，如图 3 - 2 - 10 所示。大部分车辆的气门锥角为 45°，部分车辆的进气门锥角为 30°，排气门锥角为 45°。

图 3 - 2 - 10　气门锥角

采用锥形工作面的目的：

（1）获得较大的气门座合压力，提高密封性和导热性。

（2）气门落座时有较好的对中、定位作用。

（3）避免气流拐弯过大而降低流速。

（4）能挤掉接触面的沉淀物，起到自洁的作用。

　　气门杆是圆柱形，在气门导管中不断进行上、下往复运动。气门杆部应具有较高的加工精度和较小的表面粗糙度值，与气门导管保持正确的配合间隙，以减小磨损及起到良好的导向、散热作用。气门杆尾部结构取决于气门弹簧座的固定方式，如图 3 – 2 – 11 所示。其常用的结构是用剖分或两半的锥形锁片 4 来固定气门弹簧座，此时气门杆 1 的尾部可切出环形槽来安装锁片；也可以用锁销 5 来固定气门弹簧座，对应的气门杆尾部应有一个用来安装锁销的径向孔。

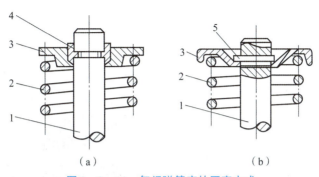

（a）　　　　　　　　（b）

图 3 – 2 – 11　气门弹簧座的固定方式
1—气门杆；2—气门弹簧；3—气门弹簧座；4—锥形锁片；5—锁销

为了改善气门的导热性能，在气门内部充注金属钠，如图 3 – 2 – 12 所示。钠在 970 ℃ 时为液态，液态钠可将气门头部的热量传给气门杆，冷却效果十分明显。气门充钠技术一般应用在排气门上，这是因为排气门不仅在做功冲程会接触火焰，在排气冲程整个排气门头部都会被大量高温尾气包裹加热，所以排气门温度上升非常快，如果不能很好地降温，排气门就会因为过热而出现强度降低甚至损坏的现象。气门充钠的技术可以实现高达 150° 的显著温度降低，如图 3 – 2 – 13 所示。

气门充钠动画

图 3 – 3 – 12　充钠排气门
1，3—镶装硬合金；2—充钠

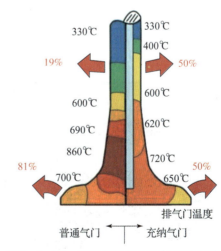

图 3 – 2 – 13　普通气门与充钠气门温度对比

3. 气门座

气缸盖上的进、排气道与气门锥面相接合的部位称为气门座，它也有相应的锥面。气门座的作用是靠其内锥面与气门锥面的紧密贴合密封气缸，并接收气门传来的热量，使气门冷却。因为气门座在高温下工作，磨损严重，

气门座圈安装

所以制造气门座的材料必须具有极好的耐高温和耐磨损的性能，不少发动机的气门座是用耐热钢材或合金铸铁单独制成气门座圈，如图3-2-14所示。气门座圈镶嵌入气缸盖上的气门座圈孔中，可以提高其使用寿命。若气门座圈出现磨损，则可以使用硬质合金刀具研磨或更换，如图3-2-15所示。有些发动机气门座与气缸盖做成一体，不能单独更换，维修时只能整体更换气缸盖。

图3-2-14　气门座圈

图3-2-15　气门座圈安装位置

4. 气门导管

　　气门导管一般由铸铁制成，压嵌入气缸盖，如图3-2-16所示。气门导管的功用是给气门的运动导向，以使气门工作面与气门紧密接触，并为气门杆散热，其结构如图3-2-17所示。为便于调换或修理，气门导管内、外圆柱面经加工后压入气缸盖导管孔中，然后再精铰内孔。为了防止气门导管在使用过程中松落，有的发动机对气门导管用卡环定位，使气门弹簧下座将卡环压住，导管就有了可靠的轴向定位。气门杆与气门导管之间一般留有0.05～0.12 mm的间隙，使气门杆能在导管中自由运动。气门导管的工作温度较高，润滑比较困难，一般用含石墨较多的铸铁或铁基粉末冶金制成，以提高自润滑性能。

图3-2-16　气门导管安装位置

图3-2-17　气门导管

5. 气门油封

　　气门油封的作用是防止机油进入燃烧室而产生烧机油的现象。气门油封一般由外骨架和氟橡胶共同硫化而成，安装在气门导管的上面，如图3-2-18所示。部分发动机进、排气门的油封颜色是不同的，如红旗hs7进气门油封是红色、排气门油封是灰色，不同车型要按照维修手册的要求进行安装。

6. 气门弹簧

气门弹簧是螺旋弹簧，气门弹簧的作用是克服气门关闭过程中气门及传动件所产生的惯性力，保证气门及时落座并与气门座或气门座圈紧密贴合，同时也可防止气门在发动机振动时因跳动而破坏密封。因此要求气门弹簧具有足够的刚度和安装预紧力。

图 3 – 2 – 18 气门油封

气门弹簧多用中碳铬钒钢丝或硅铬钢丝制成圆柱形螺旋弹簧，如图 3 – 2 – 19 所示。气门弹簧在工作时承受频繁的交变载荷，为保证其可靠工作，气门弹簧应有合适的弹力、足够的刚度和抗疲劳强度。部分汽车采用双气门弹簧，双弹簧的设计是为了避免出现共振的现象。汽车发动机在运转的过程中不断振动，而各个气缸的振动又有重叠，有时会发生共振，所以设置两个弹簧来改变这种振动频率，消除共振的可能；双气门弹簧还可以提高气门弹簧工作的可靠性，当一个弹簧折断时，另一个弹簧还可维持工作，并有效地防止气门跌落，如图 3 – 2 – 20 所示。

图 3 – 2 – 19 气门弹簧

图 3 – 2 – 20 双气门弹簧

安装时，气门弹簧的一端支承在气缸盖上，而另一端则压靠在气门杆尾端的弹簧座上，弹簧座用锁片固定在气门杆的末端。为了防止气门锁片滑落，在气门锁片的内部涂上薄薄的一层油脂，然后将其安装在气门内。双气门弹簧在安装时，要注意两者的旋向必须是相反的。

任务 3.2.2 更换气门

工作表 1 拆卸气门

1. 制定拆卸气门的工作计划，见表 3 – 2 – 3。

表 3 – 2 – 3 拆卸气门的工作计划

工作步骤	具体操作内容	注意事项
准备专用工具		

续表

工作步骤	具体操作内容	注意事项
对发动机气缸盖进行拆卸		
对气门组进行拆卸	利用气门弹簧压缩工具压下气门弹簧并拆卸锁片； 拆卸气门弹簧座； 拆卸气门弹簧； 拆卸气门； 拆卸气门油封	拆卸下的零件要按顺序摆放整齐； 旧气门油封要进行拆卸

2. 按照工作计划拆卸气门。

工作表2 对气门进行检查

1. 对气门进行目视检查。

2. 对气门进行测量，见表3-2-4。

表3-2-4 气门的测量

项目	气门长度		气门杆外径		气门头部边缘厚度	
	测量值	测量值分析	测量值	测量值分析	测量值	测量值分析
1缸进气门						
1缸排气门						
2缸进气门						
2缸排气门						
3缸进气门						
3缸排气门						
4缸进气门						
4缸排气门						

1. 制订更换气门的工作计划，见表 3 – 2 – 5。

表 3 – 2 – 5　气门的更换

工作步骤	具体操作内容	注意事项
对新气门进行研磨		
检查气门和气门座之间的接触面		
对气门组进行安装		
对发动机进行安装		安装前，在所有的滑动和旋转部件表面涂抹一层新的机油，按照维修手册的步骤进行操作，并注意螺栓的拧紧顺序和拧紧力矩
进行 5S		

2. 按照工作计划更换气门。

参考信息

请参考具体实训车型维修手册。下面以《丰田高级技术员》为例介绍更换气门的方法。

1. 拆卸气门

（1）设置气门弹簧压缩器，使其与气门和弹簧座底部在同一直线上。

（2）上紧气门弹簧压缩器，使其压缩弹簧并拆卸两块气门锁片，如图 3 – 2 – 21 所示。

（3）松开气门弹簧压缩器，拆卸弹簧座和弹簧，然后将气门朝燃烧室的方向往外拉，拆卸气门。

拆卸气门

（4）拆卸气门挺杆和其他相应部件，按安装位置放于纸上，如图 3 – 2 – 22 所示。

2. 拆卸气门杆油封

使用尖嘴钳钳住油封底部的金属部分，然后拆卸气门油封，如图 3 – 2 – 23 所示。

3. 对气门进行目测检查

4. 使用测量工具对气门进行检查

使用游标卡尺和测微计对气门长度、气门杆外径和气门头边缘厚度进行检查，如图 3 – 2 – 24 所示。

模块三　检查、诊断和维修发动机配气机构

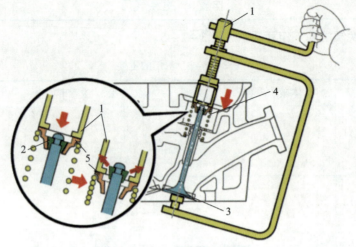

图 3 – 2 – 21　拆卸气门锁片

1—气门弹簧压缩器；2—气门锁片；3—气门；4—气门弹簧；5—气门弹簧座

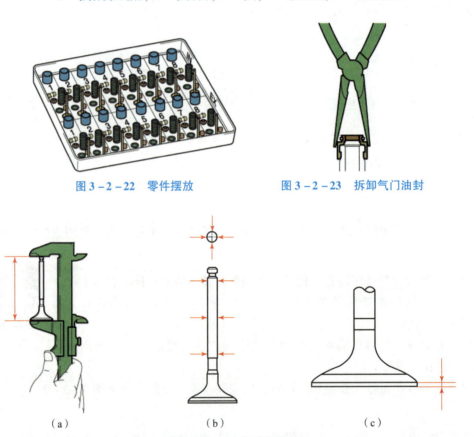

图 3 – 2 – 22　零件摆放　　　　图 3 – 2 – 23　拆卸气门油封

（a）　　　　　　　（b）　　　　　　　（c）

图 3 – 2 – 24　气门测量

（a）气门长度；（b）气门杆外径；（c）气门头边缘厚度

提示：如果测量值低于规定值，则更换气门。

5. 气门研磨

1）使用气门座修整刀具并完成气门校正后，在气门座上涂研磨膏。

2）将气门固定于一个手工研磨棒上，然后使气门与气门座接触，如图 3 – 2 – 25 所示。

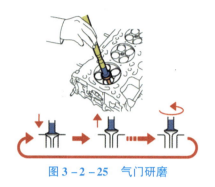

气门研磨

图 3 – 2 – 25　气门研磨

3）在步骤 2）中的工作完成后，去除气门和气门座上的除研磨膏。

6. 检查气门和气门座之间的接触面

（1）在气门表面周围薄薄地涂成普鲁士蓝（或铅白），将气门推入气门座，如图 3 – 2 – 26 所示。

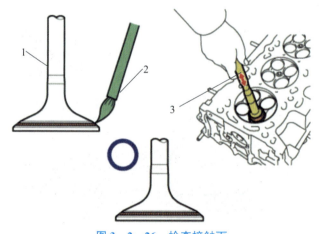

检查气门与
气门座的接触面

图 3 – 2 – 26　检查接触面
1—气门；2—普鲁士蓝（或铅白）；3—手工研磨

（2）检查气门表面的普鲁士蓝（或铅白）。检查接触宽度和接触位置：如果气门座上的接触宽度太大，积炭将很容易黏附在气门上并降低密封性；相反，如果气门座上的接触宽度太小，将会导致不均匀的磨损，从而在气门周围形成一个坡度。

7. 安装气门油封

注意：进气侧和排气侧的气门油封颜色不一样，反向安装可能导致故障。气门油封拆卸

模块三　检查、诊断和维修发动机配气机构

139

后不能再次使用，需要安装新的气门油封。

8. 安装气门

气门安装

1）将适量的机油涂在气门杆上，然后将杆从燃烧室插入气门导管衬套中。

2）确保气门能够平滑移动。

3）安装弹簧和弹簧座。

4）设置气门弹簧压缩器，使其与气门位于同一条直线上。

5）上紧气门弹簧压缩器，直到气门锁片安装好。

6）为防止气门锁片滑落，在气门锁片内部涂上薄薄一层油脂，然后将其安装在气门内，如图 3-3-27 所示。

7）拆卸气门弹簧压缩器。

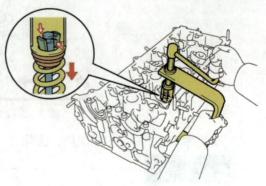
图 3-3-27　安装气门锁片

三、任务拓展

常规更换气门油封的方式需要拆卸发动机气缸盖，对发动机进行大修。这种方法需要较长的维修时间，维修工时费也较高。现在一些维修企业可以提供免拆气缸盖更换气门油封的维修方法，此时只需要拆卸气缸罩盖、凸轮轴和一些零部件即可进行气门油封的更换。这种方法需要把专用气管拧到火花塞螺纹上，往缸体里打压缩空气，向缸内施压，以避免油封的掉落，如图 3-2-28 所示。

免拆气缸盖
更换气门油封

图 3-2-28　专用仪器使用

课程思政

汽车技术的发展一直在不断进步，要树立终身学习的意识，善用维修手册和网络资源，不断地充实自己。

以迈腾 B8L 为例，介绍气缸盖未拆卸时，拆卸和安装进气门油封的步骤。

1. 准备专用工具

火花塞扳手 3122B、气门杆密封件起拔器 3364、气门杆密封件推杆 3365、适配接头 T40012、扭矩扳手 V. A. G1331、拆卸和装配工具 VAS 5161，如图 3 − 2 −29 所示。

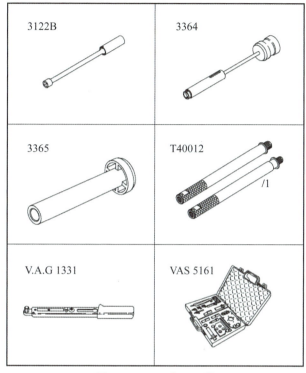

图 3 − 2 −29　专用工具

2. 拆卸气门杆密封件

1）拆卸凸轮轴。

2）取出滚子摇臂并将其放到一块干净的垫板上。同时注意，不要混淆滚子摇臂。

3）用火花塞扳手 3122B 旋出火花塞。

4）将导向板 VAS 5161/19A 用滚花螺栓 VAS 5161/12 按图 3 − 2 −30 所示拧紧在气缸盖上。

5）将相应气缸的活塞置于"下止点"。

6）将适配接头 T40012 旋入火花塞螺纹中，并用至少 6 bar 的高压空气将其连接。

7）将固定的气门锥形锁夹用锤芯 VAS 5161/3 和一个塑料锤敲松。

8）将棘爪分度机构 VAS 5161/6 和挂入叉 VAS 5161/5 拧入导向板 VAS 5161/19A 的中间螺纹中，将

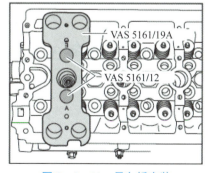

图 3 − 2 −30　导向板安装

装配套筒 VAS 5161/8 插入导向板 VAS 5161/19A 中，将压叉 VAS 5161/2 挂在棘爪分度机构 VAS 5161/6 上，如图 3 − 2 −31 所示。

9）用气门杆密封件起拔器 3364 沿箭头方向拔出气门杆密封件，如图 3 − 2 −32 所示。

模块三　检查、诊断和维修发动机配气机构

141

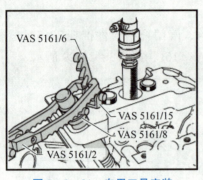

图 3 - 2 - 31　专用工具安装

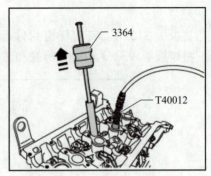

图 3 - 2 - 32　气门杆密封件拆卸

3. 安装气门油封

1）为了避免损坏新的气门油封（B），将塑料套筒 A 套到气门杆上。

2）给气门油封（B）的密封唇涂上油，将其装入气门杆密封件推杆 3365 中，并小心地推到气门导管上，如图 3 - 2 - 33 所示。

3）取出塑料套筒 A。

4）将气门弹簧和气门弹簧座安装上。

5）将拆卸和装配工具 VAS 5161 按图 3 - 2 - 34 所示进行安装。

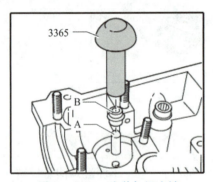

图 3 - 2 - 33　安装气门油封

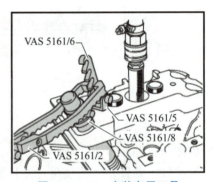

图 3 - 2 - 34　安装专用工具

任务3.3　诊断排除发动机异响故障

一、任务信息

任务难度	"1 + X" 汽车运用与维修职业技能等级　中级/高级	
学时	班级	
成绩	日期	
姓名	教师签名	

案例导入	某车型在怠速时能听到规律的"哒哒"声异响，行驶过程中随着转速升高，"哒哒"声的频率变快，4S店的维修技师通过对故障进行排查，确定故障原因是气门间隙过大，需要对气门间隙进行调整 **发动机异响**		
能力目标	知识	1. 能够描述气门传动组的作用和组成； 2. 能够区分气门传动组的类型； 3. 能够掌握气门间隙的作用和常见故障	
	技能	1. 能够测量气门间隙； 2. 能够调整气门间隙	
	素养	1. 能够具备资料信息查询的能力； 2. 能够与团队成员协作完成任务； 3. 能够弘扬精益求精的工匠精神	

二、任务流程

（一）任务准备

了解发动机气门间隙测量调整的注意事项，以及测量调整气门间隙所用的工具准备等。

气门间隙测量

（二）任务实施

任务 3.3.1　认识发动机的配气机构

学习表 1　气门传动组的作用、组成

1. 在表 3-3-1 中，把各零部件对应的序号填到正确的位置，并判断配气机构的类型，写出力从凸轮到气门杆的传递顺序。

①气门　②气门弹簧　③挺柱　④凸轮轴　⑤摇臂　⑥推杆　⑦气门导管　⑧活塞

表 3-3-1　气门传动组的组成

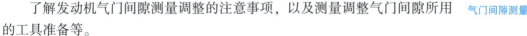

图片（填序号）	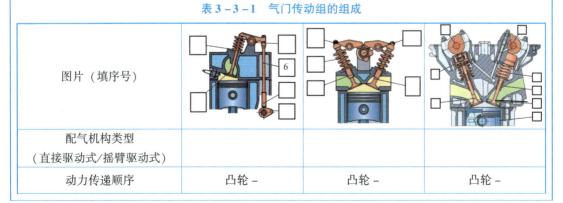		
配气机构类型 （直接驱动式/摇臂驱动式）			
动力传递顺序	凸轮-	凸轮-	凸轮-

2. 表 3 – 3 – 2 所示两种凸轮形状不一样并且配气相位控制时间也不一样，请在图 3 – 3 – 1 中画出两种凸轮的气门开度升程曲线（两个凸轮的最大气门升程均为 8 mm）。

表 3 – 3 – 2　不同形状凸轮对比

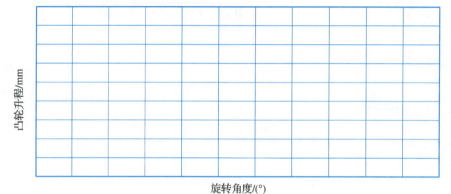

凸轮类型	15°	30°	45°	60°	75°	90°
尖角凸轮						
钝角凸轮						

图 3 – 3 – 1　升程曲线

（纵轴：凸轮升程/mm；横轴：旋转角度/(°)）

3. 根据同名凸轮的个数和凸轮轴的旋转方向，补充表 3 – 3 – 3。

表 3 – 3 – 3　凸轮参数

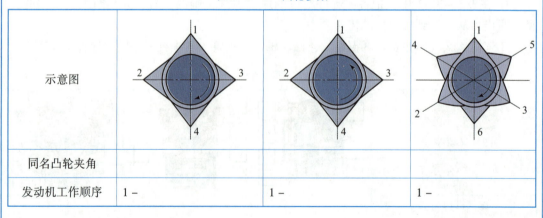

示意图			
同名凸轮夹角			
发动机工作顺序	1 –	1 –	1 –

4. 根据零部件的实物图补充表 3 – 3 – 4。

表 3 - 3 - 4　挺柱类型

实物图			
挺柱类型 （普通挺柱/液压挺柱）			
冷态下是否需要 预留气门间隙			

5. 学习液压挺柱的工作原理，完成下列各题。

1）把液压挺柱零部件的标号补充在图 3 - 3 - 2 中。

①低压室　②柱塞　③单向阀　④单向阀弹簧　⑤柱塞弹簧

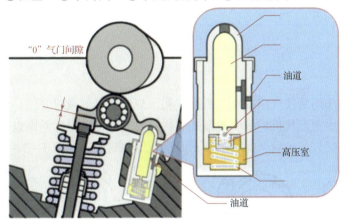

图 3 - 3 - 2　液压挺柱的组成

2）总结液压挺柱的工作原理，并补充表 3 - 3 - 5。

表 3 - 3 - 5　液压挺柱的工作原理

凸轮状态	单向阀状态	低压油腔与高压 油腔连通状态	挺柱长度
凸轮处于基圆时			□挺柱是一个刚体，长度不可调 □挺柱长度可变，可以补偿气门间隙

续表

凸轮状态	单向阀状态	低压油腔与高压油腔连通状态	挺柱长度
凸轮的升程段摇臂接触时			☐挺柱是一个刚体，长度不可调 ☐挺柱长度可变，可以补偿气门间隙

3）液压挺柱的优点是 ＿＿＿＿＿＿＿＿＿＿＿＿＿＿＿＿＿＿＿＿＿＿＿＿＿＿＿＿。

参考信息

1. 气门传动组

气门传动组的作用是使气门按发动机配气相位规定的时刻及时开闭，并保证规定的开启时间和开启高度。由于配气机构的布置型式多样，故气门传动组的差别也很大。气门传动组通常是由凸轮轴、挺柱、摇臂、摇臂轴和正时齿轮等组成的，如图 3-3-3 所示。

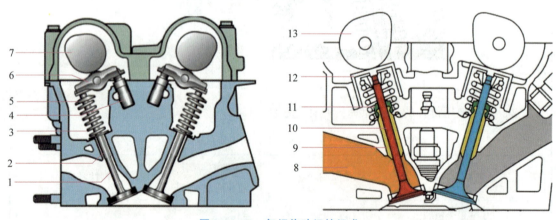

图 3-3-3　气门传动组的组成
1，10—气门杆；2，9—气门导管；3—气门弹簧；4，12—液压挺柱；5—气门弹簧上座；
6—摇臂；7，13—凸轮轴；8—进气道；11—气门油封

2. 凸轮轴

凸轮轴上有进气凸轮、排气凸轮、前端轴、凸轮轴轴颈以及凸轮轴位置传感器信号盘等，如图 3-3-4 所示。现代发动机多采用凸轮轴顶置式配气机构，即凸轮轴安装在气缸盖上。凸轮轴的作用是驱动与控制各缸气门的开启和关闭，使其符合发动机的工作顺序、配气

相位和气门开度的变化规律等要求。凸轮轴通过轴颈固定在气缸体或气缸盖上。凸轮受到气门间歇性开启的周期性冲击载荷，因此要求凸轮表面要耐磨，且凸轮轴要有足够的韧性和刚度。凸轮轴一般用优质钢模锻而成，也有的用合金铸铁或球墨铸铁铸造而成。

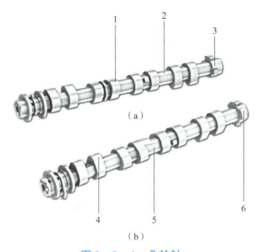

图 3 – 3 – 4　凸轮轴

（a）排气凸轮轴；（b）进气凸轮轴

1—排气凸轮；2、5—凸轮轴轴颈；3—排气凸轮轴位置传感器信号盘；4—进气凸轮；
6—进气凸轮轴位置传感器信号盘

对于两气门发动机，配气机构采用单凸轮轴的驱动方式，如图 3 – 3 – 5 所示；对于多气门发动机，配气机构常采用双凸轮轴的驱动方式，一根为进气凸轮轴，另一根为排气凸轮轴，如图 3 – 3 – 6 所示。

图 3 – 3 – 5　单凸轮轴驱动方式

图 3 – 3 – 6　双凸轮轴驱动方式

凸轮是凸轮轴的重要组成部分。凸轮的轮廓决定了气门升程、气门开闭的持续时间和运动规律。凸轮的轮廓形状如图 3 – 3 – 7 所示，O 点为凸轮轴的旋转中心，圆弧 AE 为凸轮的基圆，当凸轮按图 3 – 3 – 7 所示方向转过 AE 圆弧时，挺柱处于最低位置不动，气门处于关闭状态。对于普通挺柱而言，凸轮转过 A 点后，挺柱开始上移，但由于气门间隙的存在，气门并没有开启；凸轮转至 B 点与挺柱接触时，气门间隙消除，气门开始开启；凸轮转到 C 点与挺柱接触时，气门开度达到最大；凸轮轴继续转动，挺柱开始下移，气门在气门弹簧的作用下开始关闭，当凸轮转到 D 点与挺柱接触时，气门完全关闭。此后，挺柱继续下落，出现气门间隙，至 E 点挺柱又处于最低位置。凸轮轮廓 BCD 弧段为凸轮的工作段，其形状决定了气门的升程及其升降过程的运动规律。

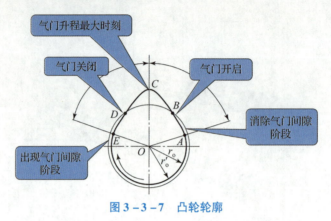

图 3 – 3 – 7　凸轮轮廓

凸轮轴上各同名凸轮（各进气凸轮或各排气凸轮）的相对角位置与凸轮轴旋转方向、发动机工作顺序及气缸数或做功间隔角有关。发动机每完成一个工作循环，每缸进、排气门各开启和关闭一次，凸轮轴转一圈。同名凸轮的夹角应为 360°/气缸数，如图 3 – 3 – 8 所示。根据图 3 – 3 – 8 中凸轮轴的旋转方向，可以判断四缸发动机的工作顺序为 1 – 2 – 4 – 3，其各同名凸轮间的夹角为 360°/4 = 90°；六缸发动机的工作顺序为 1 – 4 – 2 – 6 – 3 – 5，其同名凸轮间的夹角为 360°/6 = 60°，如图 3 – 3 – 9 所示。

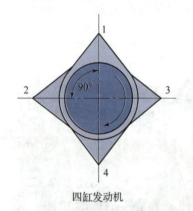

四缸发动机

图 3 – 3 – 8　四缸发动机同名凸轮

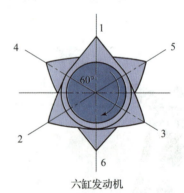

六缸发动机

图 3 – 3 – 9　六缸发动机同名凸轮

3. 挺柱

挺柱的作用是将凸轮的推力传递给推杆或气门杆，并承受凸轮轴旋转时所施加的侧向力。挺柱可分为普通挺柱和液力挺柱两种。

（1）普通挺柱

普通挺柱一般为空心柱结构，如图 3 – 3 – 10 所示。挺柱中间为空心，其质量可减轻。挺柱工作时，由于受凸轮侧向推力的作用，会稍有倾斜，并且由于侧向推力方向是一定的，故将引起挺柱与导管之间的单面磨损，同时挺柱与凸轮固定不变地在一处接触，也会造成磨损不均匀。

图 3 - 3 - 10　普通挺柱

（2）液力挺柱

液力挺柱常见的类型有两种，一种应用于直接驱动式的配气机构，如图 3 - 3 - 11 所示；另一种应用于摇臂驱动式的配气机构，如图 3 - 3 - 12 所示。

图 3 - 3 - 11　液力挺柱（直接驱动式）

图 3 - 3 - 12　液力挺柱（摇臂驱动式）

1）直接驱动式。

液力挺柱由挺柱体、油缸、柱塞、单向阀、单向阀弹簧和柱塞弹簧等部件组成，如图 3 - 3 - 13 所示。挺柱体是液压挺柱的基础件，外圆柱面上加工有环形油槽，顶部内侧加工有键形油槽，中部内圆柱面与油缸配合。油缸内装有柱塞，两者存在着相对运动。单向阀弹簧将单向阀压靠在柱塞的阀座上，该弹簧还可以使挺柱顶面与凸轮轮廓线保持紧密接触，从而消除气门间隙。油缸与柱塞、单向阀与单向阀弹簧装配在一起，构成了气门间隙补偿偶件。球阀将油缸下部和柱塞上部分隔成两个油腔，当球阀关闭时，上部为低压油腔，下部为高压油腔；当球阀打开时，上、下油腔连通。发动机工作时，机油可以通过缸盖上的主油道及专门设计的量孔、斜油孔进入挺柱体环形油槽，再经键形油孔进入柱塞上部的低压油腔，这样缸盖上主油道与液压挺柱的低压油腔之间便形成了一个通路。

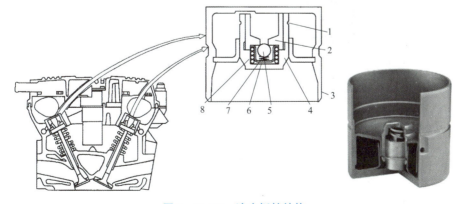

图 3 - 3 - 13　液力挺柱结构

1—卡夹；2—柱塞；3—挺柱体；4—油缸；5—单向阀；6—单向阀罩；7—单向阀弹簧；8—柱塞弹簧

液压挺柱装在气缸盖上的挺柱孔内，挺柱顶面与凸轮接触，油缸底面则与气门杆端接触。当凸轮轴转动，凸轮的升程段与挺柱顶面接触时，挺柱在凸轮推动力和气门弹簧力的作用下下移，高压腔内的机油被压缩，单向阀在压力差和单向阀弹簧的作用下关闭，高、低压油腔被分隔开。由于液体的不可压缩性，整个挺柱如同一个刚体一样下移推开气门并保证了气门升程。此时挺柱体上的环形油槽已离开了气缸盖上的进油位置，停止进油。当挺柱开始上行返回时，在弹簧向上顶压和凸轮下压的作用下，高压油腔继续封闭，液压挺柱仍可认为是一个刚体，直至上行到凸轮处于基圆即气门关闭时为止。此时，气缸盖主油道中的机油经量孔、斜油孔和挺柱体上的环形油槽再次进入挺柱的低压油腔，由于挺柱不再受凸轮推动力和气门弹簧力的作用，高压油腔中的机油与回位弹簧推动柱塞上行，高压油腔的油压下降，单向阀打开，低压油腔中的机油流入高压油腔，使两腔连通充满机油。这时，液压挺柱的顶面仍然和凸轮表面紧贴，从而起到了补偿气门间隙的作用。当气门受热膨胀时，柱塞和油缸做轴向相对运动，高压油腔中的机油可经过油缸与柱塞间缝隙被挤入低压油腔。所以在使用液力挺柱时，可以不预留气门间隙。

2）摇臂驱动式。

滚轮摇臂一端卡在间隙调节器之上，另一端贴在气门之上，当气门及其传动件因温度升高而膨胀，或者因为磨损而缩短时，液压挺柱进行自动调整和补偿。液压挺柱的安装位置和内部结构如图 3-3-14 所示。机油从缸盖油道进入液压挺柱的柱塞，在机油压力的作用下，单向阀弹簧和回位弹簧被压缩，单向球阀被打开，机油立即充满柱塞下的高压油腔；单向球阀回位关闭，柱塞上升，消除气门间隙。当配气机构中的运动件磨损后，例如滚轮摇臂和液压挺杆之间、滚轮摇臂和气门之间，由于机油压力保持一定，此时在机油压力的作用下，单向阀打开，机油立即充满柱塞下的高压油腔，柱塞上升，气门间隙自动补偿。

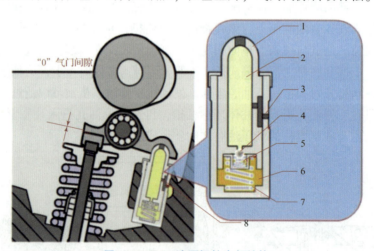

图 3-3-14　液压挺柱内部结构

1—柱塞；2—低压室；3，8—轴道；4—单向球；5—单向阀弹簧；6—高压室；7—柱塞弹簧

4. 摇臂

摇臂是一个中间带有圆孔的不等长双臂杠杆，其作用是利用杠杆力压动气门杆尾部使其推开气门。摇臂主要由摇臂支架、衬套、滚轮、滚针、滚轮轴组成，如图 3-3-15 所示。这种结构运动部件之间摩擦力小，后期使用时的噪声有所减轻。

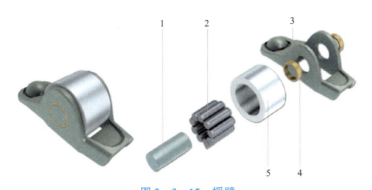

图 3 – 3 – 15　摇臂

1—滚轮轴；2—滚杆；3—摇臂支架；4—衬套；5—磨轮

　　摇臂的实质是杠杆，摇臂的长臂端部以圆弧形的工作面与气门尾端接触，用以推动气门；短臂端部有螺孔，用来安装调整螺钉及锁紧螺母，以调整气门间隙。螺钉的球头与推杆顶端的凹球座相连接。由于摇臂靠气门一端的臂长，所以在一定的气门升程下，可减小推杆、挺柱等运动件的运动距离和加速度，从而减小了工作中的惯性力。

任务 3.3.2　诊断排除发动机异响

学习表 2　气门间隙

1. 为什么要设置气门间隙？

_____

_____

2. 测量气门间隙用到的工具是 _____。

A. 　　B. 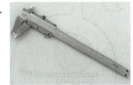　　C.

3. 在表 3 – 3 – 6 中标出气门间隙的测量位置，并说明调整气门间隙的方法。

表 3 – 3 – 6　气门间隙的调整及测量

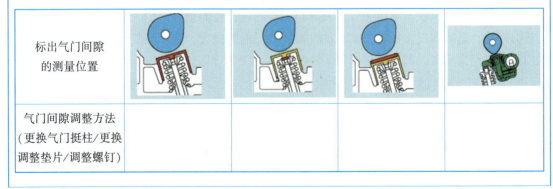

标出气门间隙的测量位置				
气门间隙调整方法（更换气门挺柱/更换调整垫片/调整螺钉）				

4. 分析气门间隙过大、过小对发动机的影响。

A. 气门关闭不严，漏气，发动机功率下降   B. 加速零部件磨损   C. 发动机工作时发出有规律的撞击声

D. 进、排气门开启时间变短，发动机动力下降

气门间隙过大的危害：_____

气门间隙过小的危害：_____

参考信息

1. 气门间隙测量

发动机工作时，气门及其传动件，如挺柱、推杆等都将因温度升高而膨胀伸长。如果气门及其传动件之间，在冷态时无间隙，则在热态下气门及其传动件的受热膨胀势必会引起气门关闭不严，造成发动机在压缩和做功行程中漏气，从而使功率下降，严重时甚至不易起动。为此，发动机在冷态下，当气门处于关闭状态时，在气门与传动件之间应留有适当的间隙，以补偿气门受热后的膨胀量，此间隙称为气门间隙。图 3 - 3 - 16 所示为两种常见气门间隙的测量位置。

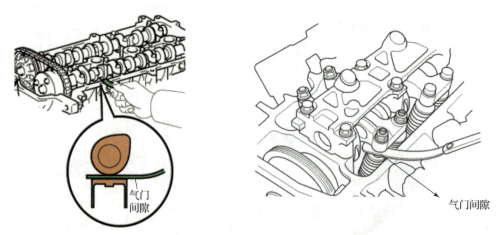

图 3 - 3 - 16   气门间隙的测量位置

气门间隙的大小由发动机制造厂根据试验确定，一般在冷态时，进气门的间隙为 0.25 ～ 0.30 mm，排气门的间隙为 0.30 ～ 0.35 mm，具体预留的气门间隙应以维修手册为准。气门间隙过小，会导致热状态下由于气门及其传动件膨胀伸长而顶开气门，破坏气门和气门座圈之间的密封，造成漏气，影响发动机的性能；气门间隙过大，将影响气门的开启量，同时在气门开启时产生撞击，加速零件磨损。

2. 气门间隙的调整

有摇臂的配气机构，其气门间隙是用摇臂推杆一端的调节螺钉进行调整的，如图 3 - 3 - 17 所示。调整时，先松开锁紧螺母和调整螺钉，将与气门间隙规定值相同厚度的厚薄规插入所调气门脚与摇臂之间的间隙中，通过旋转调整螺钉调整气门间隙，并来回拉动厚薄规，当感觉厚薄规有轻微阻力时即可。拧紧锁紧螺母后还要复查，如间隙有变化均需重新进行调整。

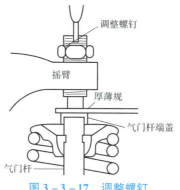

气门间隙调整

图 3 − 3 − 17　调整螺钉

1—气门杆；2—摇臂；3—调整螺钉；4—厚薄规；5—气门杆端盖

　　没有摇臂的上置凸轮轴式发动机，气门间隙的调整方式主要分为两种，一种是整体更换不同厚度的气门挺柱；一种是更换不同厚度的调整垫片，调整垫片一般位于气门挺柱的里面或上面，如图 3 − 3 − 18 所示。

图 3 − 3 − 18　调整垫片

　　德国车的发动机普遍采用液力挺柱，液力挺柱的长度能自动调整，故不需要预留气门间隙，也没有气门间隙调整装置。

工作表 1　排除诊断发动机异响故障

　　1. 确认故障，见表 3 − 3 − 7。

表 3 − 3 − 7　故障确认

故障码信息	无
使用听诊器确认异响位置	气缸盖
异响的频率与发动机的转速是否存在关系	在怠速时能听到规律的"哒哒"声异响，行驶过程中随着转速升高，"哒哒"声的频率变快

　　2. 拆卸发动机罩盖等零部件。

　　3. 测量气门间隙并进行调整，见表 3 − 3 − 8。

表 3 − 3 − 8　气门间隙的测量及调整

计划事项	具体计划内容
需要的工具	

计划事项	具体计划内容
操作安全 注意事项	
操作步骤	1. 查找维修手册，确定气门间隙标准值。 进气门标准气门间隙： 排气门标准气门间隙： 2. 测量气门间隙。 气门间隙的测量顺序：

项目	气门间隙/mm	测量值分析
1 缸进气门		
1 缸排气门		
2 缸进气门		
2 缸排气门		
3 缸进气门		
3 缸排气门		
4 缸进气门		
4 缸排气门		

3. 对气门间隙进行调整，并简述调整方法。

4. 重新起动发动机，确认故障已经被排除。

参考信息

气门间隙的测量调整顺序主要有逐缸调整法和两次调整法两种。

1. 逐缸调整法

逐缸调整法只要求将所需调整的各缸摇转到该缸压缩行程上止点（此时进、排气门完全处于关闭状态）即可对该缸气门间隙进行调整。这种方法要求找到各缸压缩行程上止点，并记住各种车型发动机的做功次序，但缺点是需要多次转动曲轴，检修所用的时间较多。

2. 两次调整法

两次调整法就是把发动机上所有气门分两次调整完毕，此法操作简单，工作效率高，在实际维修中有着广泛的应用。气门间隙的检查与调整必须在气门完全关闭的状态下进行。在检查和调整气门间隙之前，必须分析判断各气缸所处的工作行程，以确定可调气门。根据四行程发动机的工作原理可知：处于压缩行程上止点的气缸，进气门和排气门均可调；处于排气行程上止点的气缸，进气门和排气门均不可调；处于进气行程和压缩行程的气缸，排气门可调；处于做功行程和排气行程的气缸，进气门可调。

以工作顺序为 1 – 3 – 4 – 2 的直列 4 缸发动机为例，顺时针转动曲轴，使 1 缸位于压缩行程上止点的位置，此时可以进行测量和调整的气门为 1 缸的进排气门、2 缸的进气门和 3 缸的排气门（口诀为：双排不进）；顺时针转动曲轴 360°，此时 4 缸位于压缩上止点的位置，可以对剩下的气门进行测量和调整，见表 3 – 3 – 9。

表 3 – 3 – 9　直列 4 缸发动机气门间隙调整和测量

项目	1 缸	3 缸	4 缸	2 缸
一缸位于压缩上止点时的测量和调整	进气门、排气门（双）	排气门（排）	不测量（不）	进气门（进）
4 缸位于压缩上止点时的测量和调整	不测量	进气门	进气门、排气门	排气门

三、任务拓展

液压挺柱在运输和存放过程中要注意方向性，否则若倒立放置，则挺柱高压腔内的油会从进油孔渗漏出来，导致空气进入，进而造成车辆运转过程中产生异响。可扫描二维码学习相关内容。

液压挺柱的运输和存放

任务 3.4　排除发动机故障灯点亮并伴有异响故障

一、任务信息

任务难度	"1 + X" 中级		
学时		班级	
成绩		日期	
姓名		教师签名	
案例导入	一辆装有 EA888 发动机的轿车，用户反映该车起动时故障灯点亮，同时能听到发动机有"咔啦咔啦"响声，并伴有加速无力的现象		

案例导入

能力目标	知识	1. 能够描述可变气门的意义及区分可变气门的类型； 2. 能区分可变配气相位机构的类型和结构； 3. 能够描述各组成部件的功能； 4. 能够理解可变配气相位的控制逻辑； 5. 能够理解可变配气相位的工作原理； 6. 能够理解可变气门升程的工作原理； 7. 能够区分可变气门升程机构的结构； 8. 能理解可变气门升程的工作原理
	技能	1. 能够利用诊断仪读取数据流和故障码； 2. 能够利用诊断仪做执行元件诊断； 3. 能够进行电磁阀检测； 4. 能够总结故障诊断的流程
	素养	1. 培养信息收集和使用的能力； 2. 培养缜密的逻辑思维能力； 3. 培养安全意识

二、任务流程

（一）任务准备

了解大众早期的可变配气相位机构的结构、调整依据、工作原理，能够使用诊断仪读取故障码、数据流并进行执行元件的诊断。扫描二维码学习。

大众早期可变配气相位

诊断仪的使用

（二）任务实施

任务 3. 4. 1 认识可变气门机构

学习表1 可变气门机构

1. 可变气门可以分为 _____ 和 _____ 两类。
2. 可变配气相位有哪些优点？
□可以优化扭矩
□可以提高功率
□可以提高发动机转速
□可以减小废气排放量

3. 理解配气相位和可变配气相位的概念，完成以下题目。

1）图 3 – 4 – 1 所示为配气相位不可变的配气相位曲线图，完成表 3 – 4 – 1 中的内容。

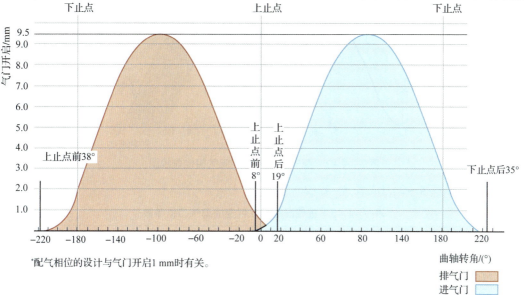

*配气相位的设计与气门开启1 mm时有关。

图 3 – 4 – 1　配气相位不可变的配气相位曲线图

表 3 – 4 – 1　配气相位不可变配气相位参数

项目	进气门		排气门	
	开启点（用曲轴转度表示）	关闭点（用曲轴转度表示）	开启点（用曲轴转度表示）	关闭角度（用曲轴转度表示）
基本位置				
气门开启角度/(°)	_____		_____	
气门开启角度变化	□变大　□变小　□不变		□变大　□变小　□不变	
气门开启时间/s（转速为 4 500 r/min）	_____		_____	
气门开启时间变化	□提前　□迟后　□不变		□提前　□迟后　□不变	
气门重叠角/(°)	_____　□增大　□减小　□不变			
气门升程/mm				

2）图 3 – 4 – 2 所示进气配气相位可变的配气相位曲线图，请完成以下各题。

①在图 3 – 4 – 2 中用不同颜色画出排气行程下止点、排气行程上止点、进气行程下止点及调整后的气门重叠区域。

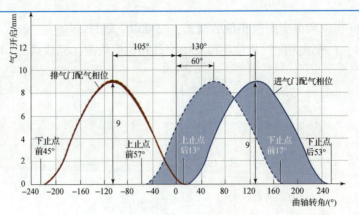

图 3 - 4 - 2　配气相位可变的配气相位曲线图

②根据图 3 - 4 - 2 完成表 3 - 4 - 2。

表 3 - 4 - 2　进气配气相位可变的配气相位参数

项目	基本位置		最大调整位置	
	进气门	排气门	进气门	排气门
气门开启角度/(°)				
气门开启角度变化（最大调整位置与基本位置比较）	进气门：□变大　□变小　□不变 排气门：□变大　□变小　□不变			
气门重叠角/(°)	——		——	
气门重叠角变化（最大调整位置与基本位置比较）	□增大　□减小　□不变 □提前　□迟后　□不变			
气门开启时间/s（转速为 4 500r/min）	——		——	
气门开启时间（最大调整位置与基本位置比较）	进气门：□变大　□变小　□不变 排气门：□变大　□变小　□不变			
气门升程/mm				

3）图 3 - 4 - 3 所示为进、排气相位均可变的配气相位曲线图，根据配气相位图完成表 3 - 4 - 3 中内容。

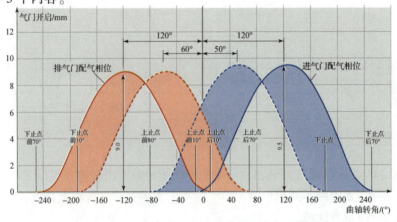

图 3 - 4 - 3　进、排气相位均可变的配气相位曲线图

表 3 – 4 – 3　进、排气相位均可变的配气相位参数

项目	基本位置		最大调整位置	
	进气门	排气门	进气门	排气门
气门开启角度/(°)				
气门开启角度变化 （最大调整位置与基本位置比较）	进气门：□变大　　□变小　　□不变 排气门：□变大　　□变小　　□不变			
气门重叠角/(°)	_____		_____	
气门重叠角变化 （最大调整位置与基本位置比较）	□增大　　□减小　　□不变 □提前　　□迟后　　□不变			
气门开启时间/s （转速为 4 500 r/min）	_____		_____	
气门开启时间（最大调整 位置与基本位置比较）	进气门：□变大　　□变小　　□不变 排气门：□变大　　□变小　　□不变			
气门升程/mm				

4）通过以上对配气相位不可变、配气相位进气可变、配气相位进排气均可变的理解，完成表 3 – 4 – 4 中内容的汇总及对比。

表 3 – 4 – 4　配气相位不可变、进气可变及进、排气均可变的汇总、对比

项目		固定配气相位	配气相位进气可变		配气相位 进、排气都可变		调整结果对比
		无调整	调整前	调整后	调整前	调整后	调整后与调整前
气门开启 角度/(°)							
气门开 启时间/s	进气门						
	排气门						
气门重叠角/(°)							
气门 升程/mm	进气门						
	排气门						

通过以上对比，可以总结出：配气相位调节对_____、_____、_____没有影响，对_____有影响。配气相位的调节从配气相位曲线上看，就是排气门配气相位曲线向右平移，进气门配气相位曲线向左平移。实际上可变配气相位就是让气门提前或延迟一定角度开启，同时也提前或延迟同样的角度关闭。

4. 凸轮轴的调节可通过哪些途径实现？

_____。

5. 实训车辆的可变气门机构是气门配气相位可变（□进、排气都可变　□进气可变）、□气门升程可变。

参考信息

1. 可变气门技术概述

传统发动机的配气相位是固定不变的，它与发动机曲轴的相位保持同步，其配气相位曲线近似于图 3-4-4 所示。从图 3-4-4 中可以看出气门重叠角很小而且是固定不变的，气门升程也是固定不变的。因此，最佳的低转速配气相位难以同时获得最佳的高转速性能。为了解决发动机在高转速和低转速区间对于配气相位的不同需求，越来越多的发动机采用了可变气门技术。

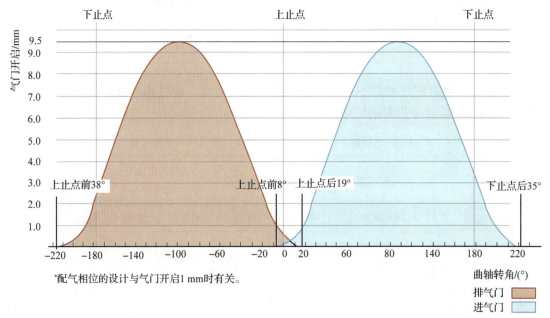

*配气相位的设计与气门开启1 mm时有关。

图 3-4-4　传统发动机配气相位曲线图

2. 可变气门技术的类型

可变气门技术是通过调节凸轮轴使配气相位或气门升程随发动机工况的变化而随时改变的技术，也就是通过改变气门配气相位和气门升程，使其适应不同转速并在整个转速范围内改善充气效率。可变气门技术实现了发动机换气过程的动态调节，使发动机的动力性和经济性都有了较大幅度的提高。

可变气门技术分为可变配气相位和可变气门升程两大类。有的发动机采用可变配气相位（见图 3-4-5），有的发动机采用可变气门升程（见图 3-4-6），还可以两者结合（见图 3-4-7）。

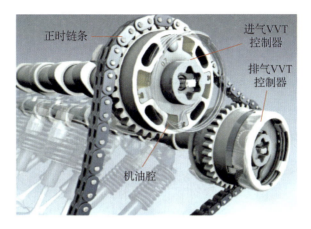

图 3 - 4 - 5　可变配气相位

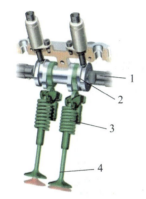

图 3 - 4 - 6　可变气门升程

1—凸轮轴；2—凸轮；
3—气门弹簧；4—气门

图 3 - 4 - 7　可变配气相位 + 可变气门升程

1—大升程；2—小升程；3—可变正时控制器；
4—凸轮轴；5—液压挺柱；6—气门

1）可变配气相位技术

可变配气相位是通过调节凸轮轴转动的角度进而调节气门重叠角而改变配气相位，从而使配气相位与发动机的转速和负荷相匹配。

设计可变配气相位的目的是使发动机在中低转速时，提高发动机的动力性；高转速时，保持发动机的最大功率，以及良好的燃油经济性，改善发动机的排放，减少尾气污染。相对于不带可变配气相位的发动机，最多可节省燃油 10%。

早期的可变配气相位就是单独采用液压调节，并且只控制进气凸轮轴，控制方式也是分段调节，如图 3 - 4 - 8 所示，具体调节原理见"任务准备"。随着可变配气相位技术的发展，在此基础上加装了智能控制系统，从分段调节变成了连续调节，结构如图 3 - 4 - 9 所示，调节曲线如图 3 - 4 - 10 所示；后来在排气凸轮轴上也安装了此机构，变成了进、排气门都可以调节的双可变配气相位，如图 3 - 4 - 5 所示，调节曲线如图 3 - 4 - 11 所示。这方面的技术各个品牌区别不大，都是通过发动机控制单元控制电磁阀进而控制压力油的走向来改变凸轮轴转角的。

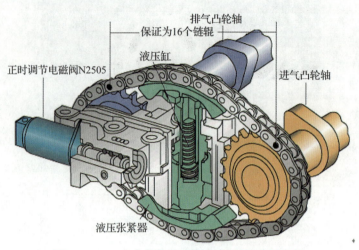

正时调节电磁阀N2505
保证为16个链辊
排气凸轮轴
液压缸
进气凸轮轴
液压张紧器

图 3 – 4 – 8　大众公司早期可变配气相位调节机构

图 3 – 4 – 9　进气凸轮轴连续可变配气相位调节机构

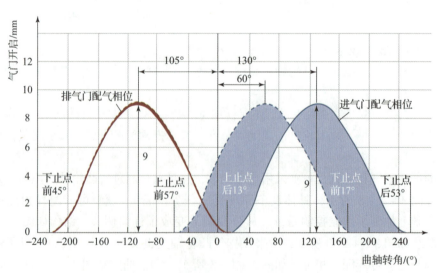

图 3 – 4 – 10　进气凸轮轴调节曲线

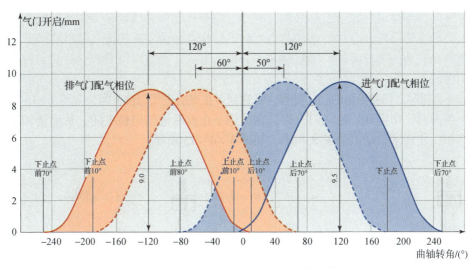

图 3 – 4 – 11 进气凸轮轴和排气凸轮轴调节曲线

2）可变气门升程

早期的可变气门升程就是本田的 VTEC（Variable Valve Timing and Valve Lift Electronic Controlsystem）系统，如图 3 – 4 – 12 所示，它是在配气机构中加入了第三根凸轮和摇臂，从而实现了进气门升程的两段或三段式调节。与本田 VTEC 系统类似的，是奥迪的 AVS（Audi Valvelift System）系统，如图 3 – 4 – 13 所示。

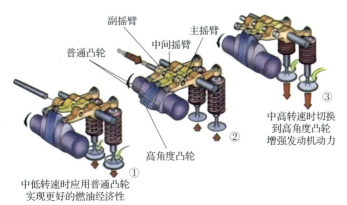

图 3 – 4 – 12 本田 VTEC 系统

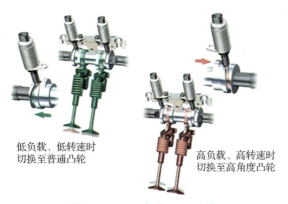

图 3 – 4 – 13 奥迪 AVS 系统

可变气门升程是通过调节凸轮升程来改变气门升程，通过凸轮轴上的凸轮切换装置，根据发动机负荷在短凸轮升程和长凸轮升程之间进行切换，使气缸的充气量能够同时满足发动机低转速和高转速的不同需要。在怠速和部分负荷时采用短的气门升程，在大负荷时切换到长的气门升程。

在部分负荷时，切换到短的气门升程，在达到下止点前进气门被关闭，如图 3 – 4 – 14 所示。

在大负荷时，切换到长的气门升程，在达到下止点后进气门被关闭，从而增加了燃烧室的真空容积，实现了发动机的最大功率，如图 3 – 4 – 15 所示。

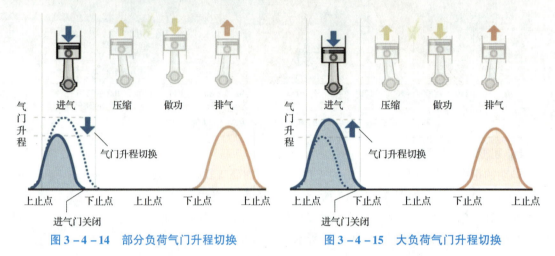

图 3 – 4 – 14　部分负荷气门升程切换　　　　图 3 – 4 – 15　大负荷气门升程切换

任务 3.4.2　排除可变配气相位调节机构故障

任务 3.4.2.1　认识可变配气相位调节机构

学习表 2　叶片式可变配气相位调节机构

发动机可变配气相位调节机构都采用叶片式调节机构，认识叶片式调节机构。

1. 补全图 3 – 4 – 16 所示叶片式调节机构上带有数字编号的零部件的名称，并在正确位置写出对应数字。

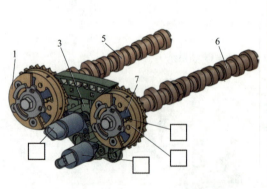

1	
3	
5	
6	
7	
—	用于对进气凸轮轴进行控制调节的阀
—	用于对排气凸轮轴进行控制调节的阀
—	外转子
—	润滑油室

图 3 – 4 – 16　叶片式调节机构

2. 哪些凸轮轴能在图 3 – 4 – 16 所示的系统中进行控制调节？

3. 叶片式调节机构对进气凸轮轴的最大调节角度是_____°曲轴转角；对排气凸轮轴的最大调节角度是_____°曲轴转角。

参考信息

1. 叶片式可变配气相位调节机构

发动机控制单元根据转速、负荷等输入信号，依据实验标定好的调节曲线，无级调节进、排气凸轮轴的配气相位。

（1）叶片式可变配气相位调节机构

叶片式可变配气相位调节机构如图3-3-17和图3-4-18所示，由控制外壳、可变配气相位调节阀、叶片调节器、凸轮轴位置传感器、曲轴位置传感器、空气流量计、发动机控制单元等组成。

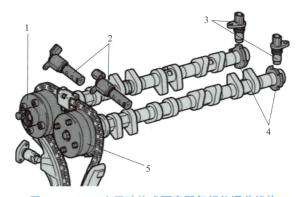

图3-4-17 丰田叶片式可变配气相位调节机构

1—进气凸轮轴可变配气相位调节阀；2—排气凸轮轴可变配气相位调节阀；3—凸轮轴位置传感器；

4—凸轮轴位置传感器信号轮；5—进气凸轮轴叶片调节器

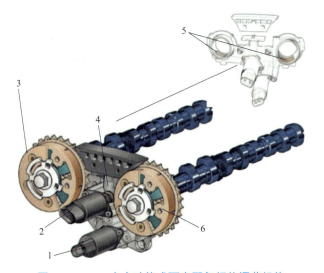

图3-4-18 大众叶片式可变配气相位调节机构

1—进气凸轮轴可变配气相位调节阀；2—排气凸轮轴可变配气相位调节阀；3—进气凸轮轴叶片调节器；

4—控制外壳；5—至凸轮轴的机油通道；6—排气凸轮轴叶片调节器

1）控制外壳。

控制外壳被安装在气缸盖上，如图3-4-19所示。通向两个叶片调节器的机油通道都位于控制外壳内。

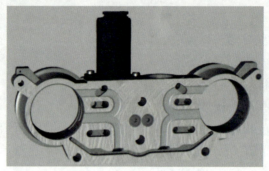

图3-4-19　控制外壳

2）叶片调节器。

两个叶片调节器分别被直接安装在进、排气凸轮轴上，它们都是液压操控，并且通过控制外壳与发动机的主油道连接。叶片调节器的装配关系如图3-4-20所示。

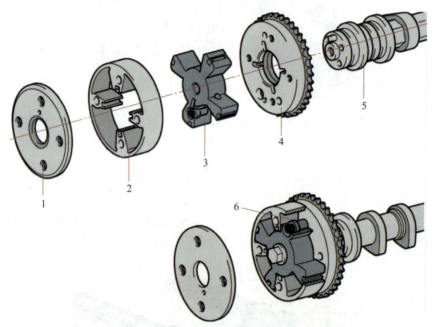

图3-4-20　叶片调节器的装配关系

1—外壳前盖；2—外壳；3—叶片（安装在凸轮轴上）；4—链轮；5—进气凸轮轴；6—锁销

①进气凸轮轴叶片调节器的结构。

进气凸轮轴叶片调节器如图3-4-21所示，主要包含下列部件：

a. 带外转子的外壳（直接与正时链条连接）。

b. 内转子（直接与凸轮轴连接）。

在整个发动机转速范围内，进气凸轮轴都由发动机控制单元调节，最大调节值为52°曲轴转角（不同机型略有不同），调节值取决于存储在发动机控制单元中的调节曲线图。

②排气凸轮轴叶片调节器。

排气凸轮轴叶片调节器如图3－4－22所示，与进气凸轮轴叶片调节器在结构上是完全相同的，但是内转子的宽度较大，它的最大调节值为22°的曲轴转角（不同机型略有不同）。

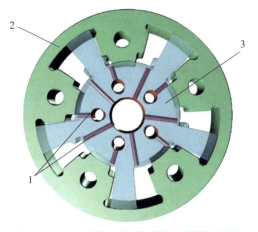

图3－4－21 进气凸轮轴叶片调节器的结构

1—机油通道；2—外转子；3—内转子

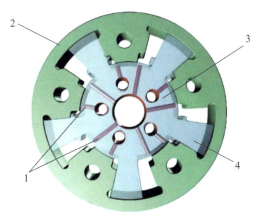

图3－4－22 排气凸轮轴叶片调节器的结构

1—机油通道；2—外转子；3—内转子；4—更宽的叶片

3）可变配气相位调节阀。

控制外壳内安装有两个可变配气相位调节阀，如图3－4－23所示。调节阀的结构如图3－4－24所示。

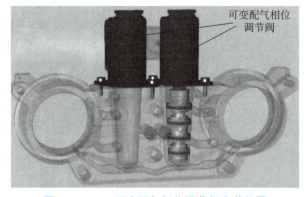

图3－4－23 可变配气相位调节阀安装位置

图3－4－24 可变配气相位调节阀

可变配气相位调节阀的作用是根据发动机控制单元发出的占空比信号将压力机油传导至叶片调节器内，从而调节叶片调节器内液压腔之间的间隙，实现对配气相位提前、保持或者滞后的调节。

任务3.4.2.2 理解可变配气相位调节策略

学习表3 可变配气相位调节策略

阅读参考信息的相关内容，理解发动机可变配气相位的调节策略，并了解在表3－4－5中给出的工作运行状况会对进气凸轮轴的调节产生哪些影响。

表 3 – 4 – 5　不同工作运行状况对进气凸轮轴调节产生的影响

工作运行状况	无负荷怠速运转		中低速工况范围		高速工况	
进气凸轮轴调节方向	□提前　□延迟		□提前　□延迟		□提前　□延迟	
气门重叠角	□大　□小		□大　□小		□大　□小	
尾气中 CO 和 NO$_x$	CO（□上升　□下降）		NO$_x$（□上升　□下降）		——	
转矩升高	□是　□否		□是　□否		□是　□否	

参考信息

1. 叶片式可变配气相位调节策略

1）怠速工况调节策略。

在怠速工况时，向延迟方向调整进气凸轮轴，使进气门晚开晚关，排气门在上止点之前完全关闭，气门重叠角尽可能小，如图 3 – 4 – 25 所示。由于只有最少量的残余气体被燃烧，所以怠速工况很稳定，转矩也得到了改善，而且 CO 的排放量也会降低。

2）高速工况调节策略。

为了在发动机高转速时获得较高的输出功率，排气门必须较晚打开，向延迟方向调整进气凸轮轴。只有这样，被燃烧气体的爆发力才能长时间地作用在活塞上。进气门在上止点后打开并在下止点后完全关闭，这样进气流相互叠加，形成动态自增压效应，被用来增加输出功率，提高转矩，如图 3 – 4 – 26 所示。

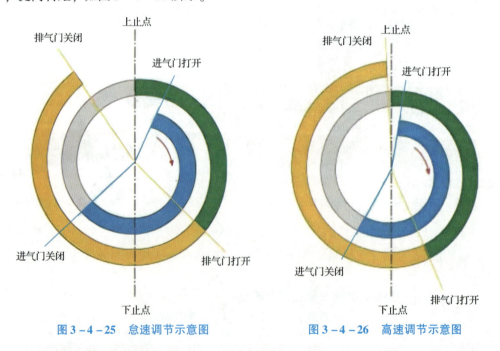

图 3 – 4 – 25　怠速调节示意图　　　图 3 – 4 – 26　高速调节示意图

3）中、低速工况调节策略。

要获得最高的输出转矩，气缸必须具有很高的充气效率，这需要进气门早开早关。因此，调节装置向"提前"方向调节进气凸轮轴，排气凸轮轴在上止点之前关闭，如图 3 – 4 – 27 所示。这样就避免了新鲜空气的损失。通过提前调节扩大了气门重叠角度，发动机转矩得到改善。

4）内部废气再循环调节策略。

在排气行程上止点附近，进、排气门同时开启，在燃烧室中一部分燃烧过的气体又被吸入进气道内，并在进气行程被吸入燃烧室再次燃烧，这就是内部废气再循环。通过调节进、排气凸轮轴，增大气门重叠角，可以实现内部废气再循环。在此过程中，当气门叠开时，废气就从废气口流入进气口，气门叠开的程度决定了再循环的废气量。进气凸轮轴被设置成在上止点之前完全打开并且排气凸轮轴在上止点之前才关闭，如图 3 - 4 - 28 所示。内部废气再循环可以降低 NO_x 的生成量。将废气引入到可燃混合气中，就会导致氧气稍稍不足的状态，这里的燃烧过程就不会像氧气过剩时那么热了，也就满足不了 NO_x 高温富氧的生成条件。与外部废气再循环相比，内部废气再循环的优点：降低了换气量；扩大了部分负荷范围；运行更稳定；发动机冷态时就可以进行废气再循环；系统的反应更快，并且再循环的废气分布更加均匀，减少了发动机的排放污染。

废气再循环

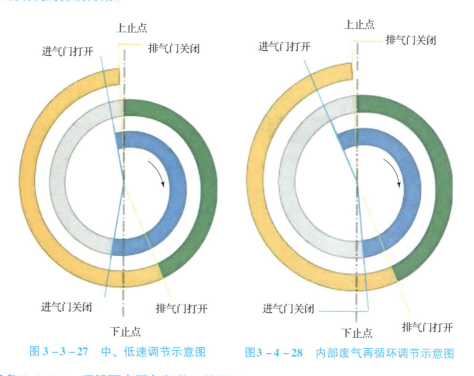

图 3 - 3 - 27　中、低速调节示意图　　图 3 - 4 - 28　内部废气再循环调节示意图

任务 3.4.2.3　理解可变配气相位工作原理

学习表 4　可变配气相位工作原理

理解叶片式可变配气相位的工作原理，完成以下各题。

1. 根据凸轮轴调节的实际情况，完成表 3 - 4 - 6。

表 3 - 4 - 6　凸轮轴调节情况对比

项目	进气凸轮轴			排气凸轮轴	
	提前	保持	滞后	基本位置	提前
机油压力 （提前腔与 滞后腔相比）	□ > □ < □	□ > □ < □	□ > □ < □	□ > □ < □	□ > □ < □
凸轮轴 旋转方向	□顺时针 □逆时针 □保持不变	□顺时针 □逆时针 □保持不变	□顺时针 □逆时针 □保持不变	□顺时针 □逆时针 □保持不变	□顺时针 □逆时针 □保持不变

1.2　结合表 3 - 4 - 6 中内容和图 3 - 4 - 29，简单说明进气凸轮轴提前调节的工作过程。

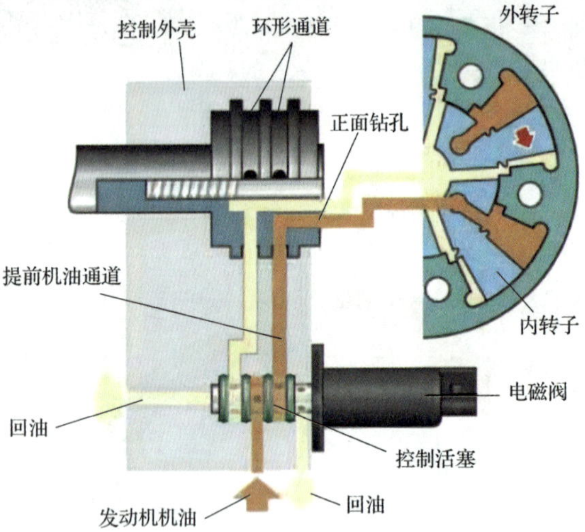

图 3 - 4 - 29　进气凸轮轴提前调节机构及其工作过程

参考信息

叶片式可变配气相位的工作原理。

每个需要调节的凸轮轴上都安装一个调节器，每个调节器通过一个可变配气相位调节阀进行控制，如图 3 - 4 - 30 所示。

1. 进气凸轮轴的调节过程

（1）凸轮轴提前调节的工作原理

凸轮轴提前调节机构如图 3 - 4 - 31 所示。发动机控制单元给可变配气相位调节阀里的电磁阀发出占空比信号，当电磁阀被驱动后，它就带动控制活塞运动。在控制外壳中，提前调节的机油通道根据调节的程度被打开，发动机机油就经控制外壳流入凸轮轴的环形通道中。之后，机油又经凸轮轴的 5 个钻孔流入叶片调节器的 5 个提前储油室中。在提前储油室中，机油推动内转子，内转子带动凸轮轴做相对于外转子（通过链轮和曲轴相连）的顺时针旋转。结果，进气凸轮轴沿着曲轴旋转的方向继续旋转并使进气门较早打开。如果可变配气相位调节机构发生故障，则机油压力会将叶片调节器压至上止点之后 25° 曲轴转角这一基本位置（不同发动机基本位置会有不同）。

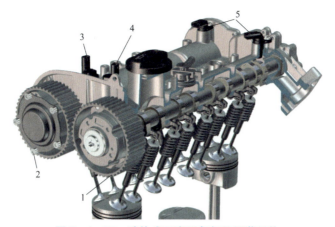

图 3 – 4 – 30　叶片式可变配气相位调节机构

1—进气凸轮轴调节器；2—排气凸轮轴调节器；3—可变配气相位调节阀（排气侧）；
4—可变配气相位调节阀（进气侧）；5—凸轮轴位置传感器

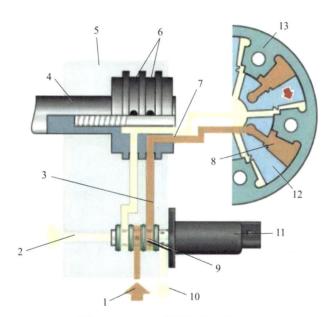

图 3 – 4 – 31　凸轮轴提前调节机构

1—发动机机油；2，10—回油；3—提前机油通道；4—凸轮轴；5—控制外壳；6—环形通道；
7—正面钻孔；8—提前储油室；9—控制活塞；11—电磁阀；12—内转子；13—外转子

　　注意：内转子（凸轮轴）相对于外转子（链轮壳体）顺时针转动即为提前，内转子相对于外转子逆时针转动即为滞后。

　　（2）凸轮轴滞后调节的工作原理

　　凸轮轴滞后调节的工作过程如图 3 – 4 – 32 所示。发动机控制单元给可变配气相位调节阀里的电磁阀发出占空比信号，电磁阀再驱动控制活塞打开配气相位滞后调节的机油通道。机油经控制外壳流入凸轮轴的环形通道后，通过凸轮轴中的钻孔流入叶片调节器的袋式钻孔中，再流经凸轮轴调节器的 5 个钻孔后流入内转子叶片背后的滞后储油室中推动内转子和凸轮轴逆时针方向旋转，使进气门延迟打开。同时，随着配气相位滞后机油通道的打开，控制活塞打开提前机油通道，机油开始回流，释放了压力。

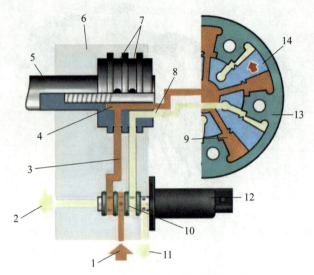

图3-4-32 进气凸轮轴滞后调节

1—发动机机油；2，11—回油；3—滞后机油通道；4—袋式钻孔；5—凸轮轴；6—控制外壳；
7—环形通道；8—正面钻孔；9—滞后储油室；10—控制活塞；12—电磁阀；13—外转子；14—内转子

（3）凸轮轴保持调节的工作原理

凸轮轴保持调节的工作过程如图3-4-33所示。调节使得进气凸轮轴在提前和滞后之间连续不断变化，其调节角度因机型而不同。当调节至需要的角度时，电磁阀就将控制活塞推至一个能使调节器的两个储油室压力保持恒定的位置。

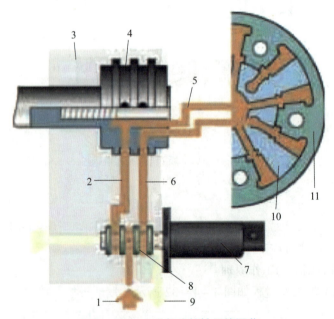

图3-4-33 进气凸轮轴保持调节

1—发动机机油；2—提前机油通道；3—控制外壳；4—环形通道；5—正面钻孔；
6—滞后机油通道；7—电磁阀；8—控制活塞；9—回油；10—内转子；11—外转子

2. 排气凸轮轴的调节过程

进气凸轮轴由发动机控制单元控制，进行配气相位大范围的调节。与之相比，排气凸轮轴只需进行小范围的控制，两者配合就能发挥出足够的作用。所以在进气凸轮轴大范围调节的基础上，发动机控制单元只将排气调节器设置在基本位置或怠速位置上。

（1）基本位置调节的工作原理

当发动机起动和转速高于怠速时，排气凸轮轴处于基本位置；在高速和内部废气再循环操作模式中，排气凸轮轴也处于基本位置。

如图3-4-34所示，调节器处于基本位置时，排气凸轮轴使得排气门恰好在上止点之前关闭，此时发动机控制单元不驱动可变配气相位调节阀。在此位置上，滞后调节的机油油道处于打开状态，压力机油通过机油油道抵达环形通道后流入调节器的液压腔中推动内转子的叶片旋转至停止位，凸轮轴与叶片也一起旋转，只要电磁阀不动作，排气凸轮轴就保持在基本位置。

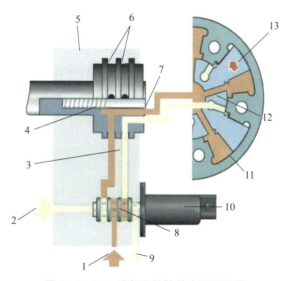

图3-4-34　排气凸轮轴基本位置调节

1—发动机机油；2—回油；3—基本位置机油通道；4—袋式钻孔；5—控制外壳；6—环形通道；
7—正面钻孔；8—控制活塞；9—回油；10—电磁阀；11—外转子；12—内转子；13—叶片

（2）怠速调节的工作原理

在怠速时，排气凸轮轴被设置在"提前"位置上，如图3-4-35所示。

发动机控制单元驱动排气凸轮轴调节阀，电磁阀推动控制活塞并打开控制外壳中的另一条机油通道，发动机机油由此流入环形通道并流入叶片调节器。在叶片调节器里，机油推动内转子带动凸轮轴沿顺时针方向旋转，使排气门提前打开和关闭。储油室中叶片前部的机油流经凸轮轴调节器的钻孔、袋式钻孔和凸轮轴的环形通道后流回电磁阀。在电磁阀中，机油流经回油通道后流入控制外壳的罩盖中。

叶片式可变配气相位就是通过控制活塞的移动，将来自主油道的压力机油以及泄油通道中的机油分配给凸轮轴可变配气相位调节机构的提前腔、保持腔及滞后腔，使调节器的叶片在机油压力差的作用下，相对凸轮轴旋转方向提前、保持或滞后转动。

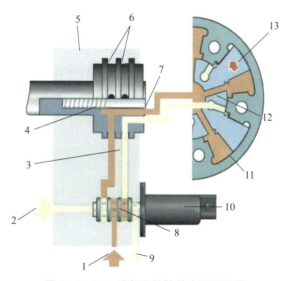

模块三　检查、诊断和维修发动机配气机构

173

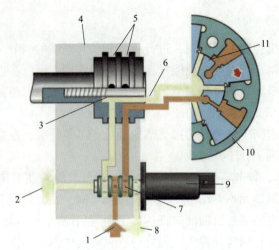

图 3 – 4 – 35 排气凸轮轴急速位置调节

1—发动机机油；2，8—回油；3—袋式钻孔；4—控制外壳；5—环形油道；6—正面钻孔；
7—控制活塞；9—电磁阀；10—外转子；11—内转子

任务 3.4.2.4 排除可变配气相位调节机构故障
工作表 1 问询客户及车辆检查

结合客户所诉，检查车辆，收集有助于解决故障的线索，在表 3 – 4 – 7 中准确地记录故障现象。

1. 发动机型号： 行驶里程： □其他

2. 问询客户，并在表 3 – 4 – 7 中记录检查结果。

表 3 – 4 – 7 可变配气相位调节机构故障现象

前提条件	现象（从噪声、仪表指示灯、机油液位等方面视听检查车辆是否正常）
发动机静态	
发动机动态	
试车	故障灯亮、缸盖部位有异响、踩加速踏板加速无力

工作表 2 检查可变配气相位电子控制系统

1. 读取发动机控制单元故障信息和数据流，完成表 3 – 4 – 8。

表 3 – 4 – 8 可变配气相位电子控制系统数据分析

故障码信息 删除后是否再次出现 （□是 □否）	故障车辆故障码		
数据组	当前值/单位	标准值	是否正常
发动机转速			

数据组	当前值/单位	标准值	是否正常
发动机水温			
发动机进气量			
气缸列1排气凸轮轴调节阀，实际值			
气缸列1排气凸轮轴调节阀，标准值			
气缸列1进气凸轮轴调节阀，实际值			
气缸列1进气凸轮轴调节阀，标准值			

注：1）在分析读取的数据流信息时，如果不清楚检测的数据是否正常，则可以与其他正常的同款车辆数据流进行比对。

2）如果受实训条件的限制，则可以参考二维码信息填写表格。

正常车辆数据流

2. 根据数据流分析，初步判断是凸轮轴的可变配气相位调节机构出现了故障。接下来，检查可变配气相位调节阀（N205）。

学习表5　可变配气相位调节阀

1. 认识可变配气相位调节阀的结构，将序号与名称连线并在图3-4-36的框中填写各部位名称。

滤网　控制活塞　电磁阀

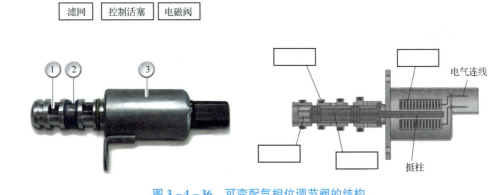

图3-4-36　可变配气相位调节阀的结构

2. 可变配气相位调节阀是由发动机控制单元提供的_____信号控制的，当信号较小时，三位四通阀芯处于_____位置；当信号较大时，三位四通阀芯处于_____位置。

3. 可变配气相位调节阀的工作原理见表3－4－9。

表3－4－9　可变配气相位调节阀的工作原理

原理图	占空比信号	与主油道相通的油腔	A、B腔油压情况
滞后调节	□大 □小 □中等	□A腔 □B腔 □A、B两腔	□A＞B □A＜B □相等
保持调节	□大 □小 □中等	□A腔 □B腔 □A、B两腔	□A＞B □A＜B □相等

原理图	占空比信号	与主油道相通的油腔	A、B腔油压情况
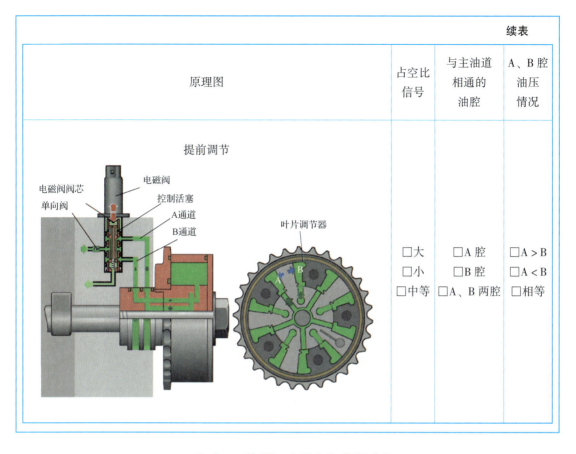 提前调节 电磁阀阀芯　电磁阀 单向阀　控制活塞 A通道　B通道　叶片调节器	□大 □小 □中等	□A腔 □B腔 □A、B两腔	□A>B □A<B □相等

工作表3　检测可变配气相位调节阀

1. 断开 N205 的线束，目视检查线束根部是否有断裂、老化及机油渗出等情况。

结论：□是　　□否　正常

2. 对故障元件——可变配气相位调节阀进行检测。

（1）绘制实训车辆电路图。

（2）图 3-4-37 所示为迈腾 B8 可变配气相位调节阀电路图，使用诊断仪进行执行元件的诊断，初步判断电磁阀是否正常工作。

结论：□是　□否　听到电磁阀吸合的声音

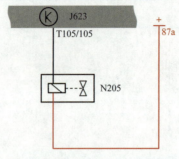

图 3 – 4 – 37　迈腾 **B8** 可变配气相位调节阀电路图（一）

　　诊断结果分析：若能听到电磁阀吸合的声音，则故障可能是：1. 电脑内部没问题，能控制电磁阀工作；2. 线路连通没问题，但有无虚接不确定；3. 可变配气相位调节阀的电磁阀部位有无问题不确定。接下来需要进一步检查可变配气相位调节阀供电电压和控制信号。

　　若不能听到电磁阀吸合的声音，故障可能是：1. 电脑内部控制的问题；2. 电磁阀线路问题；3. 电磁阀的问题；4. 电磁阀来电问题。接下来需要进一步检查可变配气相位调节阀供电电压和控制信号。

　　（3）根据迈腾 B8 可变配气相位调节阀电路图（见图 3 – 4 – 38）进行测量，并完成下面问题。

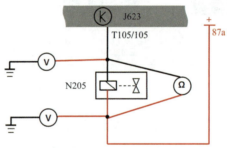

图 3 – 4 – 38　迈腾 **B8** 可变配气相位调节阀电路图（二）

　　（4）测量可变配气相位电磁阀的电阻值＿＿＿＿＿＿＿＿＿＿（标准值 7.3 Ω 左右）。

　　结论：通过以上的检查，结果有两种可能：

　　①找到了实训车辆的故障点是＿＿＿＿＿＿＿＿＿＿，对故障点进行修复，试车，故障排除。

　　②未发现异常，因此推断故障可能出现在可变配气相位调节阀的机械部位，故需要对调节阀的控制活塞进一步检查。

　　（5）拆检可变配气相位调节阀（见图 3 – 4 – 39），拆检结果分析：发现阀体里的机械阀芯卡住了，不能按发动机控制单元的要求控制机油流入相应的油腔，导致可变配气相位调节失败。

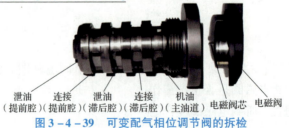

故障元件故障现象

泄油（提前腔）　连接（提前腔）　泄油（滞后腔）　连接（滞后腔）　机油（主油道）　电磁阀芯　电磁阀

图 3 – 4 – 39　可变配气相位调节阀的拆检

工作表4　按照制订的工作计划更换损坏部件后进行功能检测，检查维修结果

1. 更换可变配气相位调节阀的控制活塞，安装可变配气相位调节阀。
2. 如何对更换的部件进行功能检测？
□读故障码、清除故障码　　　□检查故障是否消失　　　□检查其他项目
3. 描述你对部件进行功能检测的过程。
(1) 读码：_____
(2) 清码：_____
(3) 试车：_____
4. 检查故障排除结果，在表3-4-10中的相应位置打"√"。

表3-4-10　故障排除结果的检查

检查内容	发动机静态检查		发动机动态检查		试车
			起动发动机	发动机怠速运转	
	故障现象是否消失？	清完故障码后，发动机ECU是否还有故障码？	仪表上故障灯是否熄灭？	缸盖部位是否还有"嘎啦嘎啦"异响？	是否加速无力？
是					
否					

5. 根据以上故障排除步骤，总结此故障的排除流程。

参考信息

1. 可变配气相位调节阀工作原理

凸轮轴可变配气相位调节阀主要由电磁阀、机械阀（控制活塞、回位弹簧）等组成，如图3-4-40所示。丰田1ZR发动机可变配气相位调节阀的结构如图3-4-41所示。

图3-4-40　凸轮轴可变配气相位调节阀
1—滤网；2—控制活塞；3—电磁阀

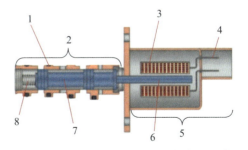

图3-4-41　丰田1ZR发动机可变配气相位调节阀结构
1—外壳；2—机械阀；3—电磁线圈；4—电气接口；
5—电磁阀；6—电磁阀芯；7—控制活塞；8—回位弹簧

模块三

检查、诊断和维修发动机配气机构

调节阀中的电磁阀采用负控电路（控制元件在被控制元件的负极）方式控制。发动机控制单元通过向电磁阀发出占空比信号控制电磁阀接地，从而控制电磁阀的位置。电磁阀与发动机控制单元之间的关系如图 3 - 4 - 42 所示。

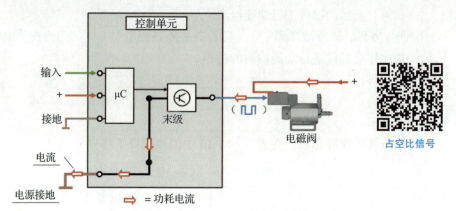

图 3 - 4 - 42　电磁阀与发动机控制单元之间的关系

大众 EA888 发动机的可变配气相位调节阀安装在凸轮轴的轴端，是个三位四通阀。三位四通阀是指电磁阀有三个工作位置，这三个位置分别对应着提前控制、保持控制、滞后控制功能区；机械阀有四个油路通道，分别是压力机油通道、泄油通道、通往提前腔通道、通往滞后腔通道，如图 3 - 4 - 43 所示。在三个不同位置上，这四个油道有不同的切换方案。发动机控制单元通过控制电磁阀的占空比来改变电磁阀的通电电流大小，进而使电磁阀的阀芯触动控制活塞，控制活塞在弹簧力和电磁力的作用下可处于三个不同位置。

图 3 - 4 - 43　可变配气相位调节阀的位置及油路

1—泄油提前腔；2—连接提前腔；3—泄油滞后腔；4—连接滞后腔；5—机油主油道；6—电磁阀芯；7—电磁阀

（1）"滞后"位置：三位四通阀初始位置是凸轮轴滞后调节状态，如图 3 - 4 - 44 所示。当 ECU 控制电磁阀的占空比信号较小时（电磁阀通电电流较小），电磁阀芯向下移动，使通道 B 与主油道接通，叶片调节器的 B 液压腔建立起压力。

（2）"保持"位置：如图 3 - 4 - 45 所示，当 ECU 控制电磁阀的占空比信号大约在 50% 时（电磁阀通电电流中等），电磁阀向下移动，使通道 A、B 分别与主油道接通，叶片调节器的 A、B 液压腔压力相等。

（3）"提前"位置：如图 3 - 4 - 46 所示，当电磁阀的占空比信号逐渐加大时，电磁阀断电，阀芯回缩，通过控制活塞的移动使通道 A 与主油道接通，叶片调节器的 A 液压腔建立起压力。

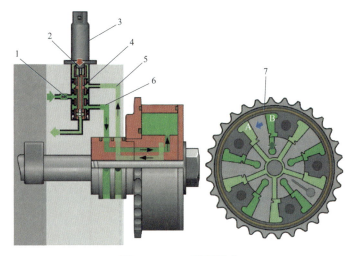

图 3 - 4 - 44　滞后调节

1—单向阀；2—电磁阀芯；3—电磁阀；4—控制活塞；5—A 通道；6—B 通道；7—叶片调节器

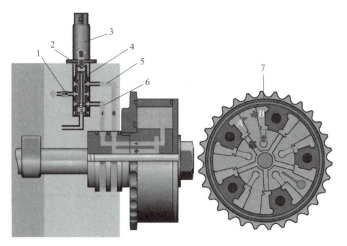

图 3 - 4 - 45　保持调节

1—单向阀；2—电磁阀芯；3—电磁阀；4—控制活塞；5—A 通道；6—B 通道；7—叶片式调节器

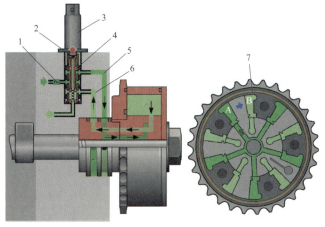

图 3 - 4 - 46　提前调节

1—单向阀；2—电磁阀芯；3—电磁阀；4—控制活塞；5—A 通道；6—B 通道；7—叶片调节器

模块三　检查、诊断和维修发动机配气机构

2. 可变配气相位调节阀的功能监测

迈腾 B8 可变配气相位调节阀的电路图如图 3－4－47 所示，供电电流从蓄电池正极出发，通过主继电器 J217 的开关侧，经过熔断器 SB9，可变配气相位调节阀 N205 的 T2as/1 引脚获得供电，通过发动机控制单元来实现接地，发动机控制单元利用一个 PWM 信号使阀门通电。

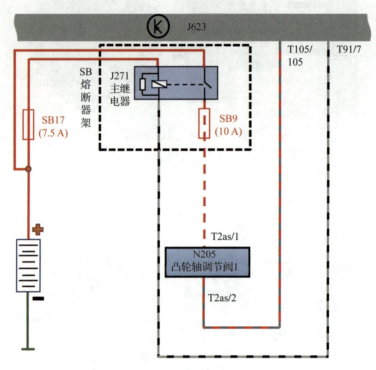

图 3－4－47　可变配气相位调节阀电路图

任务 3.4.2.5　理解可变配气相位的控制逻辑
学习表 6　可变配气相位的控制逻辑

1. 理解发动机是如何实现可变配气相位控制的，完成以下各题。

1）完成表 3－4－11 所示可变配气相位调节装置各部件位置、作用一览表。

表 3－4－11　可变配气相位调节装置各部件位置、作用一览表

实物图	部件名称	位置	作用
VW	发动机 ECU		接收传感器信号，给电磁阀发出占空比信号
	曲轴位置传感器	缸体侧面与曲轴平行的位置处	给 ECU 提供发动机转速信号

实物图	部件名称	位置	作用
	凸轮轴位置传感器	凸轮轴附近，气缸盖侧面或者气缸盖罩盖上	给 ECU 提供凸轮轴的位置信号
	空气流量计	空气滤清器后进气软管处	
	冷却液温度传感器	缸盖出水口处	给 ECU 提供水温信号，用于_____
	可变配气相位调节阀		

2）在实训车上找到以上各件。

2. 补全图 3 - 4 - 48 所示控制逻辑原理图上带数字编号的零件名称，并在正确位置写出对应数字。

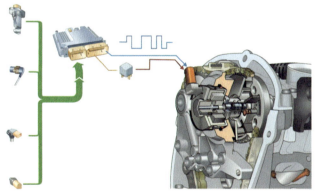

1. _____
2. _____
3. _____
4. _____
用于对凸轮轴进行调节的电磁阀。
用于接收传感器信号，向电磁阀发出占空比信号。
用于调节凸轮轴提前或滞后旋转。

图 3 - 4 - 48　控制逻辑原理图

3. 根据控制逻辑原理图完成实施可变配气相位控制框图，如图3-4-49所示。

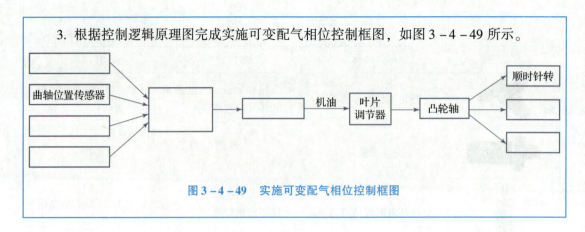

图3-4-49　实施可变配气相位控制框图

参考信息

叶片式可变配气相位调节的控制逻辑。

大众的3.2TSI和1.4TSI发动机可变配气相位的控制系统如图3-4-50所示，1.8TSI和2.0TSI发动机可变配气相位的控制系统如图3-4-51所示，它们都是由发动机控制单元、两个凸轮轴位置传感器、两个电磁阀、转速传感器、空气流量计、冷却液温度传感器和叶片调节器等组成的。

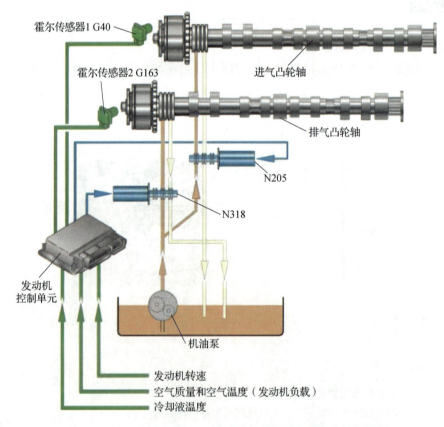

图3-4-50　3.2TSI和1.4TSI发动机的可变配气相位控制逻辑

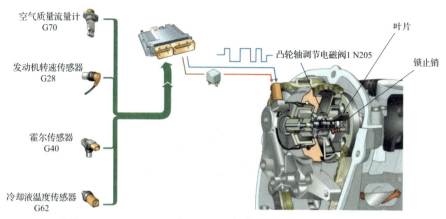

図3-4-51 1.8TSI和2.0TSI发动机可变配气相位控制逻辑

凸轮轴的调节值是根据存储在发动机控制单元内的、与转速和负荷相关的特性曲线进行调节的。发动机控制单元采用空气流量计和发动机转速传感器的信号作为主信号，用于计算所需的调节；采用冷却液温度传感器的信号作为修正信号；采用凸轮轴位置传感器的信号作为反馈信号，以识别凸轮轴的位置。在温度非常低（发动机机油黏度大）和温度非常高（发动机机油黏度小）时，不激活调节功能。

车辆停驶后，调节装置被锁定在滞后位置，此功能通过弹簧加载的锁止销实现。当发动机的机油压力超过0.5 bar时，该调节装置将解锁。

怠速运行，或当转速低于1 800 r/min且处于低负荷运行时，发动机控制单元不会给可变配气相位调节阀通电，而是使调节装置保持静止位置。若发动机转速超过1 800 r/min且处于负荷条件下，控制单元将会改变进气凸轮轴的位置，提前开启和关闭进气门，以改善气缸充气。

当系统出现故障时，凸轮轴保持在滞后位置，以减小扭矩的输出。

任务3.4.3　理解可变气门升程工作原理

学习表7　可变气门升程机构

1. 认识凸轮轴结构，将名称填入图3-4-52所示的方框中。

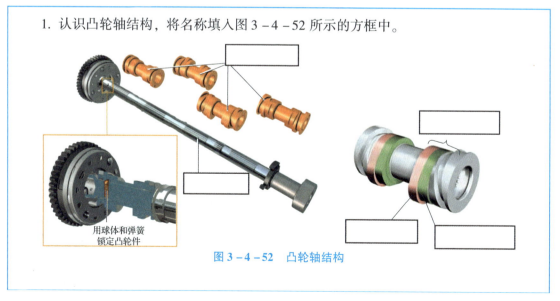

用球体和弹簧锁定凸轮件

图3-4-52　凸轮轴结构

2. 认识大众可变升程式气门调节机构 AVS，完成下题。

1）在缸盖上圈出执行器并在图 3 - 4 - 53 所示方框中标出零件名称。

进气凸轮轴

进气凸轮轴调节器

冷却液
温度传感器

排气歧管

气缸盖外壳

排气凸轮轴调节器

图 3 - 4 - 53　装配 AVS 调节机构的缸盖

2）把各部件的字母序号填入图 3 - 4 - 54 所示框内。

a. 复位斜面　　b. 可移动凸轮节　　c. 金属销　　d. 执行器

排气
凸轮轴

图 3 - 4 - 54　AVS 调节机构

参考信息

1. 可变气门升程调节机构

可变气门升程调节可以在可变配气相位调节的基础上，实现气门开启时间到空间上的调节升级，即通过切换不同的凸轮，实现改变气门开启高度的变化，以改变进气或排气流通截面积，并能在发动机动力性、经济性和驾驶舒适性之间动态调整，如图 3 - 4 - 55 所示。如果将凸轮切换成没有凸起只有基圆的光轴，则可以实现发动机闭缸技术。

德国大众发动机上采用的 AVS 技术就是调节可变气门升程。此调节装置也衍生出不同的变形，如调节装置有的装在进气凸轮轴上，有的装在排气凸轮轴上。下面我们以装在排气凸轮轴上的 AVS 加以介绍。

（1）AVS 的结构

AVS 可变气门升程机构由装在凸轮轴上的凸轮块、凸轮块锁止器、凸轮

AVS 结构

调整驱动器及凸轮轴组成，如图 3 - 4 - 56 所示。

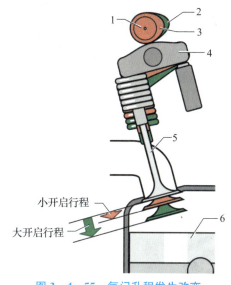

图 3 - 4 - 55 气门升程发生改变
1—排气凸轮轴；2—大凸轮轮廓；3—小凸轮轮廓；
4—滚轮摇臂棘爪；5—排气门；6—活塞

小开启行程

大开启行程

用球体和弹簧锁定凸轮块

图 3 - 4 - 56 AVS 可变气门升程机构
1—可移动凸轮块；2—带外花键的排气凸轮轴

1）凸轮轴。

为了在排气凸轮轴两个不同升程的凸轮之间相互切换，此凸轮轴上装有 4 个可轴向移动的凸轮块（带有内花键）。

凸轮轴上有花键，凸轮块就装在花键上，如图 3 - 4 - 56 所示，这些凸轮块可轴向移动约 7 mm。

2）凸轮块。

每个凸轮块上有两个凸轮节，每个凸轮节上有两个不同轮廓的凸轮，一个升程小，一个升程大，如图 3 - 4 - 57 所示。小凸轮转动获得气门升程为 6.35 mm（图中以绿色显示），打开角度为 180°曲轴转角，在排气上止点后 2°关闭；大凸轮转动获得最大气门升程为 10 mm，打开角度为 215°曲轴转角，在排气上止点前 8°关闭。

3）凸轮块锁止器。

为确保在调整时凸轮块不会过多移动，常使用凸轮轴轴承来充当挡块。另外在调整后，通过凸轮轴上带弹簧球的定位装置固定凸轮块，如图 3 - 4 - 58 所示。

4）执行器（电磁阀）。

执行器是一个电磁阀，每个执行器用一个螺栓安装到气缸盖外壳上，用一个 O 形圈来密封，其安装位置如图 3 - 4 - 59 所示。

执行器是用于大、小凸轮切换的元件。每个气缸使用两个执行器，在两个执行器的相互配合下，排气凸轮轴上的每个凸轮节在两个凸轮之间来回切换。气缸中的一个执行器用于移动凸轮轴上的凸轮块，以获得大气门升程；另一个执行器用于切换到小凸轮，以获得小气门升程。

图 3 – 4 – 57　凸轮块结构

1—大凸轮；2—小凸轮；3—凸轮节

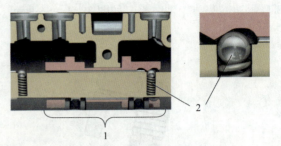

图 3 – 4 – 58　凸轮块锁止器

1—凸轮块；2—弹簧球

图 3 – 4 – 59　执行器安装位置

1—排气歧管；2—具有气门行程切换功能的排气凸轮轴；3—冷却液温度传感器；4—用于气门行程切换的执行器；
5—进气凸轮轴；6—进气凸轮轴调节器；7—排气凸轮轴调节器；8—气缸盖外壳

学习表8　执行器工作原理

1. 认识执行器结构，并将执行器的各部位序号填入图 3 – 4 – 60 所示框内。

a. 壳体　b. 导管　c. 电磁线圈　d. 金属销　e. 永磁铁

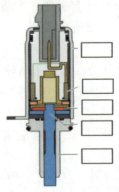

图 3 – 4 – 60　执行器结构

2. 理解执行器的工作原理，完成表 3 – 4 – 12。

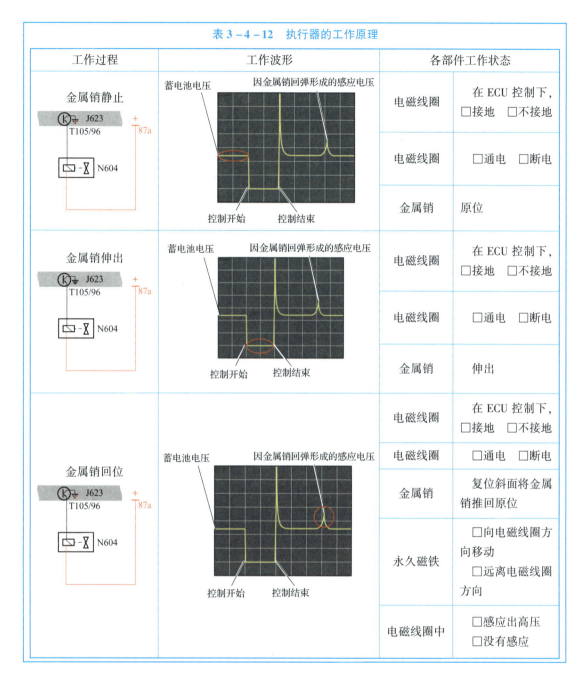

表 3 – 4 – 12　执行器的工作原理

工作过程	工作波形	各部件工作状态	
金属销静止 K⊥ J623 T105/96　+　87a ☐-⋉ N604	蓄电池电压　因金属销回弹形成的感应电压 控制开始　控制结束	电磁线圈	在 ECU 控制下， ☐接地　☐不接地
		电磁线圈	☐通电　☐断电
		金属销	原位
金属销伸出 K⊥ J623 T105/96　+　87a ☐-⋉ N604	蓄电池电压　因金属销回弹形成的感应电压 控制开始　控制结束	电磁线圈	在 ECU 控制下， ☐接地　☐不接地
		电磁线圈	☐通电　☐断电
		金属销	伸出
金属销回位 K⊥ J623 T105/96　+　87a ☐-⋉ N604	蓄电池电压　因金属销回弹形成的感应电压 控制开始　控制结束	电磁线圈	在 ECU 控制下， ☐接地　☐不接地
		电磁线圈	☐通电　☐断电
		金属销	复位斜面将金属销推回原位
		永久磁铁	☐向电磁线圈方向移动 ☐远离电磁线圈方向
		电磁线圈中	☐感应出高压 ☐没有感应

参考信息

1. 执行器结构

执行器由外壳、电磁线圈、永久磁铁、金属销、导管组成，如图 3 – 4 – 61 所示。

2. 执行器的工作原理

执行器中的金属销可以在电磁线圈的作用下沿导管被向下伸展推出，在机械作用下收缩回位。在收缩位置和伸展位置，金属销通过一个永磁铁被固定在执行器壳体中的相应位置。执行器的工作过程主要分为以下三个阶段。

（1）金属销处于静止位置

在未进行大小凸轮切换时，在电气接口上通过主继电器 J271 持续为执行器加载蓄电池电压，永磁铁将金属销固定在静止位置，如图 3 - 4 - 62 所示。

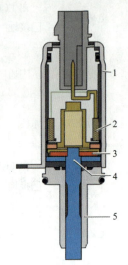

图 3 - 4 - 61　执行器的结构

1—壳体；2—电磁线圈；3—永磁铁；
4—金属销；5—导管

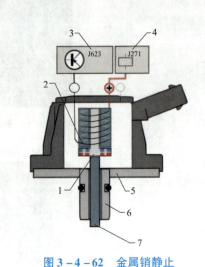

图 3 - 4 - 62　金属销静止

1—永磁铁；2—电磁线圈；3—发动机控制单元；
4—主继电器；5—底板；6—导管；7—金属销

（2）金属销弹出

执行器上集成有一个电磁线圈，当发动机控制单元激活该执行器时，发动机控制单元短时接地。主继电器 J271 供电电流通过执行器上的电磁线圈，电磁线圈在执行器中形成一个磁场，电磁铁和永磁铁上的 N 极相互排斥，通过永磁铁的排斥使金属销弹出 18 ~ 22 mm，如图 3 - 4 - 63 所示。金属销弹出后，通过执行器壳体上的永磁铁保持在该位置，伸出的金属销接合到凸轮块上的螺旋沟槽中，并通过凸轮轴的旋转推动螺旋沟槽到相应的切换位置，轴向移动凸轮块，实现大小凸轮的切换，如图 3 - 4 - 64 所示。

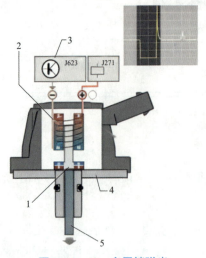

图 3 - 4 - 63　金属销弹出

1—永磁铁；2—电磁线圈；3—发动机控制单元；4—底板；5—金属销

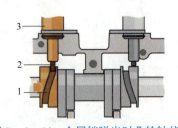

图 3 - 4 - 64　金属销弹出时凸轮轴状态

1—螺旋沟槽；2—金属销；3—执行器

（3）金属销回位

金属销通过机械方式在螺旋沟槽（相当于一个复位斜面）的作用下缩回原位，如图 3 - 4 - 65 所示。螺旋沟槽的轮廓设计成在凸轮轴旋转一周后可将金属销机械推回到伸出前的位置，如图 3 - 4 - 66 所示。

在凸轮块被移动之后，只有螺旋沟槽推回金属销时，在电磁铁的电磁线圈中才能形成一个感应电压，也称为反馈信号，如图 3 - 4 - 66 所示，发动机控制单元根据反馈信号识别到凸轮部件已经移动，且金属销已复位，依此来判断调整成功。

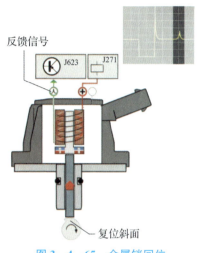
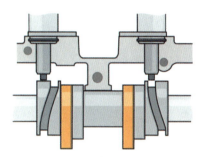

图 3 - 4 - 65　金属销回位　　　　　图 3 - 4 - 66　金属销回位时凸轮轴状态

为了控制执行器，发动机控制单元短时切换为接地，金属销弹出且大小凸轮开始切换。切换结束时，金属销通过复位斜面缩回到执行器中。执行器的工作波形如图 3 - 4 - 67 所示。

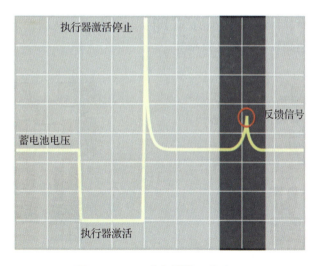

图 3 - 4 - 67　执行器的工作波形

当冷却液温度大于 - 10 ℃时该系统准备运行，发动机起动时启用基本型凸轮，也就是大凸轮，之后系统切换到小凸轮。当发动机停止工作后，系统切换回基本型凸轮。每个执行器的最大输入电流为 3 A。

（4）故障的影响

如果一个执行器发生故障，则无法再执行气门升程切换功能。在这种情况下，发动机管理系统会尝试将所有的气缸切换为最近成功的一次气门升程位置。如果不成功，则所有气缸会被切换至更小的气门升程位置。此时，发动机转速通常被限制在 4 000 r/min，故障存储器记录下故障，EPC 警告灯亮起。

如果可切换到较大的气门升程位置，则故障存储器中也会存储故障，在这种情况下不限制发动机转速，且 EPC 灯不亮起。

学习表 9　可变气门升程工作原理

1. 观看 AVS 视频，描述 AVS 调整的过程。
（1）两个执行器都处于静止状态：＿＿＿＿＿＿＿＿＿＿＿＿＿＿＿＿＿
（2）左侧执行器工作：＿＿＿＿＿＿＿＿＿＿＿＿＿＿＿＿＿＿＿＿＿＿＿
（3）左侧执行器回位：＿＿＿＿＿＿＿＿＿＿＿＿＿＿＿＿＿＿＿＿＿＿＿
（4）右侧执行器工作：＿＿＿＿＿＿＿＿＿＿＿＿＿＿＿＿＿＿＿＿＿＿＿
（5）右侧执行器回位：＿＿＿＿＿＿＿＿＿＿＿＿＿＿＿＿＿＿＿＿＿＿＿

参考信息

AVS 的调整过程

1. 中、低转速范围下的调节

为了使这种工况下的发动机充气效率更高，需要将气门升程切换至更小的排气凸轮轮廓，而且右侧执行器金属销伸出，如图 3 – 4 – 68 所示；金属销接合滑动槽，并将凸轮块向左移动，致使小凸轮轮廓对准排气门，如图 3 – 4 – 69 所示；排气门将按着较小的气门升程上下移动，从而保证发动机在中、低转速范围达到较高的充气效率。

AVS 调整过程

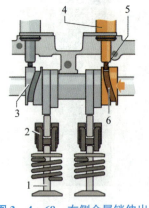

图 3 – 4 – 68　右侧金属销伸出
1—气门；2—滚轮摇臂棘爪；3—凸轮块；
4—执行器；5—金属销；6—滑动槽

滚轮摇臂棘爪在小凸轮上运行

小开启行程

图 3 – 4 – 69　小凸轮开启气门

2. 高转速范围下的调节

发动机从中、低速改为高速时，气缸内的气体交换必须适应更高的性能需求，而为达到最佳的充气效率，排气门需要最大的气门升程。为了实现此目的，左侧执行器被激活，凸轮块被向右移动（见图 3 - 4 - 70），切换成大凸轮打开排气门的状态（见图 3 - 4 - 71），也就是排气门将按着较大的气门升程上下移动，从而保证发动机在高转速范围达到较高的充气效率。

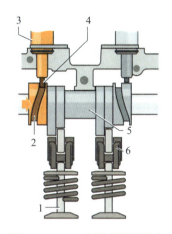

图 3 - 4 - 70　左侧金属销伸出
1—气门；2—滑动槽；3—执行器；4—金属销；5—凸轮块；6—滚轮摇臂棘爪

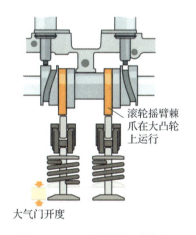

图 3 - 4 - 71　大凸轮开启气门

当发动机需要由小气门升程切换到大气门升程时，左侧执行器被激活，将小凸轮切换到大凸轮，此时右侧气门所对应的凸轮也从小凸轮切换到大凸轮；当发动机需要由大气门升程切换回小气门升程时，左侧执行器的金属销缩回，右侧执行器被激活，金属销伸出，此时右侧执行器将大凸轮切换回小凸轮。

三、任务拓展

闭缸技术也称为可变缸技术，即通过关闭部分气缸达到改变缸数的目的，此方法可以兼顾不同工况下的动力和油耗。目前主流的闭缸技术都是由气门控制来实现的。可变气门升程

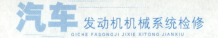

技术大家都不陌生了，而闭缸技术也可以称为可变气门技术的超级进化状态。下面我们通过二维码了解下闭缸技术吧。

发动机闭缸技术

四、参考书目

序列	书名，材料名称	说明
1	汽车机电技术 学习领域 5～8	机械工业出版社
2	迈腾 B8 发动机维修手册、自学手册	
3	丰田－发动机大修	丰田高级技术员
4	丰田维修手册	

模块四

检查、诊断和维修发动机冷却系统

任务 4.1　冷却系统的冬季检查

一、任务信息

任务难度	"1＋X"汽车运用与维修职业技能等级证书　初级	
学时		班级
成绩		日期
姓名		教师签名
案例导入	张先生在哈尔滨工作，每年的 11 月初，张先生都会把他的迈腾车送到 4S 店进行保养检查，尤其是冷却系统的冬季检查，确保在长达 6 个月的寒冷冬季，他的爱车能正常使用。作为张先生爱车的维修技师，你需要做哪些检查呢？	
能力目标	知识	1. 能够区分风冷、水冷系统的结构和功能； 2. 能够说明冷却液的标准名称、种类和特点
	技能	1. 能够检查冷却液液位及冰点； 2. 能够按照制造商规定更换冷却液； 3. 能够对冷却系统进行排气
	素养	1. 能够展示学习成果； 2. 能够与团队成员协作完成任务； 3. 培养安全环保意识

二、任务流程

（一）任务准备

发动机为什么要有冷却系统？冷却系统是怎么变成今天的模样的？如果操作冷却系统时

不小心烫伤了该如何处置呢？请查看二维码进行学习。

冷却系统发展　　　　　　　　烫伤应急措施

（二）任务实施

任务 4.1.1　区分冷却系统的类型、结构和功能

学习表 1　发动机冷却系统的类型和结构

1. 查阅资料，了解发动机有哪些冷却方式（见图 4 – 1 – 1），并完成表 4 – 1 – 1。

A　　　　　　　　　　　　　　　　B

图 4 – 1 – 1　发动机冷却方式

表 4 – 1 – 1　发动机冷却方式对比

冷却方式	A	B	优点（1~3 个）	缺点（1~3 个）	你见过的车型
风冷					
水冷					

2. 图 4 – 1 – 2 所示为水冷发动机的结构示意图，查阅资料完成表 4 – 1 – 2。

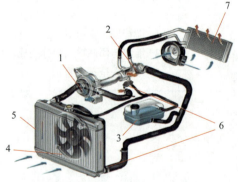

图 4 – 1 – 2　水冷发动机的结构示意图

表 4 – 1 – 2　发动机各构件名称、安装位置及作用

序号	实物图	零部件名称	安装位置	作用
1				
2				
3				
4				
5				
6		冷却液温度传感器	（1）气缸盖出水口处；（2）散热器出水口处	实时检测发动机冷却液的温度，把信号传送给发动机 ECU 和仪表显示
7		暖风水箱	仪表台后面（拆开仪表台就能看到）	发动机中的水流经暖风水箱时，鼓风机吹过暖风水箱，出风口出来的就是暖风

3. 经过前面内容的学习，我们发现：

发动机冷却系统的作用是：_____。

4. 分析过热或者过冷对发动机的影响，见表 4 - 1 - 3。

表 4 - 1 - 3　过热或过冷对发动机的影响

发动机冷却强度	对混合气的影响	对润滑的影响	对发动机动力性的影响
冷却不足（过热）			
冷却过度（过冷）			

参考信息

1. 冷却系统的作用

发动机工作时，气缸内燃烧气体的温度可高达 2 200 ~ 2 800 K（汽油机），如图 4 - 1 - 3 所示。如果不对发动机采取必要的冷却措施，将不能保证其正常工作。发动机冷却系统的任务就是使发动机得到适度的冷却，从而保持在最适宜的温度范围内工作，这样做的目的如下：

1）使活塞和气缸等发动机部件的热负荷保持在限值范围内，从而使得这些部件不发生材料损坏。

2）润滑油不被炽热的发动机部件蒸发掉或烧毁，而且不会因为温度过高而丧失润滑性能。

3）燃油不会因炽热的部件而自燃。为了保持发动机的正常工作能力，必须将大约 30% 的燃烧热量散发出去。这些热量大部分通过外部冷却、小部分通过内部冷却散发出去。

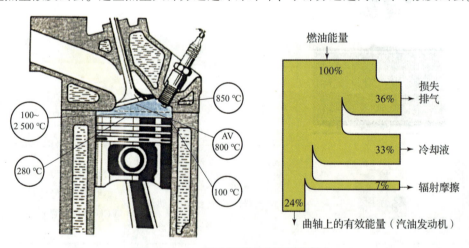

图 4 - 1 - 3　发动机热量分布及热效率

外部冷却	内部冷却
外部冷却时多余的热量散发到环境空气中，外部冷却通过空气冷却或水冷却实现。	燃油从液态转变成气态需要热量（蒸发热），这些热量取自气缸壁。

在发动机运行过程中，过热和过冷都会导致部件损坏。因此，对发动机的冷却要适度。

若冷却不足，会使发动机过热，从而造成：充气效率下降，早燃和爆燃的倾向加大，致使发动机功率下降；运动机件间正常的间隙受到破坏，使零件不能正常运动，甚至卡死、损坏；零件因力学性能下降而导致变形和损坏；因润滑油黏度减小、润滑油膜易破裂而加剧零件的磨损。

若冷却过度，会使发动机过冷，从而导致：进入气缸的可燃混合气（或空气）因温度过低而使点燃困难或燃烧延迟，造成发动机功率下降及油耗上升；润滑油黏度增大，造成润滑不良而加剧零件的磨损；因温度低而使未汽化的燃油冲刷摩擦表面（气缸壁、活塞等）上的油膜；同时因混合气与温度较低的气缸壁接触，使其中原已汽化的燃油重新凝结而流入曲轴箱内，不仅增加油耗，且使机油变稀而影响润滑，从而导致发动机功率下降、磨损增加。

2. 冷却系统的分类

发动机冷却系按冷却介质的不同，可分为水冷系统和风冷系统。

（1）水冷系统

水冷系统是通过冷却水在发动机水套中循环流动而吸收多余的热量，再将此热量散入大气而进行冷却的一系列装置。水冷系统因冷却强度大、易调节，便于冬季起动而广泛用于汽车发动机上。

目前汽车发动机上普通采用的是强制循环式水冷系统，如图 4 - 1 - 4 所示。它利用水泵提高冷却水的压力，使其在发动机冷却系统中循环流动。

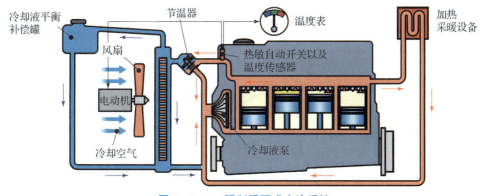

图 4 - 1 - 4　强制循环式水冷系统

水冷发动机的气缸盖和气缸体中都铸有相互连通的水套。冷却水在水泵的作用下，流经气缸体及气缸盖的冷却水套而吸收热量，然后沿水管流入散热器，利用汽车行驶的速度及风扇的强力抽吸，而使空气流由前向后高速通过散热器，不断地将流经散热器的高温冷却水的热量散到大气中去而使冷却水温度下降。冷却后的水流至散热器的底部后，被水泵再次压入发动机的水套中，如此循环而将发动机工作时产生的大量热量不断带走，保证发动机正常工作。

（2）风冷系统

风冷发动机是以空气作为冷却介质的发动机，它在气缸及缸盖的外壁铸造出一些散热片，并用冷却风扇使空气高速吹过散热片表面，带走发动机散出的热量，使发动机冷却，如

图 4 -1 -5 所示。因此，风冷系统是将发动机中高温零件的热量，通过装在气缸体和气缸盖表面的散热片直接散入大气中而进行冷却的一系列装置。

图 4 -1 -5　风冷发动机

风冷发动机的特点是结构简单，质量轻，维护使用方便，对气候变化适应性强，起动快，不需要散热器。因此它被一些军用汽车和小排量发动机采用。风冷发动机大量用于摩托车，使摩托车不必安装散热器。风冷发动机还用于缺水地区，因为它不用水作冷却介质。它的缺点是，缸体和缸盖刚度差，振动大，噪声大，容易过热。

3. 冷却系统的组成

发动机冷却系统主要包括水泵、冷却液、散热器、冷却风扇、节温器、膨胀箱、发动机机体和气缸盖中的水套及其他附加装置，如图 4 -1 -6 所示。

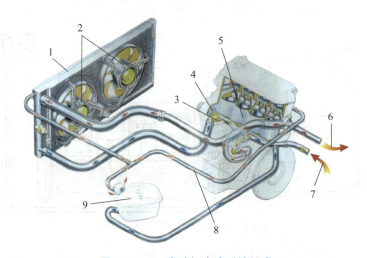

水冷系统基本组成

图 4 -1 -6　发动机水冷系统组成

1—散热器；2—电动风扇；3—节温器；4—水泵；5—气缸体水套；6—接热交换器；
7—接暖风装置回水；8—发动机水套排气管；9—冷却液膨胀罐

（1）冷却液膨胀箱

汽车冷却系统上的冷却液膨胀箱也叫补偿水箱，可确保始终有充足的冷却液在冷却循环回路内运行。补偿水箱一般使用透明塑料制作而成，因为透明材质可以更加方便地从外部观察液体的使用情况，如图 4 -1 -7 所示。补偿水箱上部有一根很细的软管和散热器的进水管连接，底部在高于散热器的位置上有水管与水泵的进水侧相连接。

图 4 - 1 - 7   补偿水箱

补偿水箱的作用如下：

1）把冷却系统变成永久性封闭系统，减少了冷却液的损失。

2）避免空气不断进入，减少了机件的氧化腐蚀。

3）减少了穴蚀。

4）使冷却系统中水、汽分离，保持系统内的压力稳定，提高了水泵的泵水量。

（2）水泵

水泵的作用是对冷却液加压，保证其在冷却系统中循环流动。汽车发动机广泛采用离心式水泵，发动机通过皮带轮带动水泵轴承及叶轮转动，水泵中的冷却液被叶轮带动一起旋转，在离心力的作用下被甩向水泵壳体的边缘，同时产生一定的压力，然后从出水道或水管流出。叶轮的中心处由于冷却液被甩出而压力降低，散热器中的冷却液在水泵进口与叶轮中心压差的作用下经水管被吸入叶轮中，实现冷却液的往复循环。如图 4 - 1 - 8 所示。

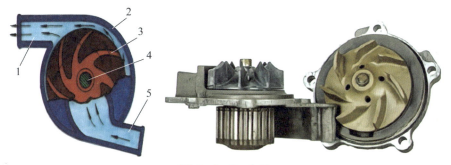

图 4 - 1 - 8   水泵

1—出水管；2—壳体；3—叶轮；4—泵轴；5—进水管

（3）散热器

散热器是汽车水冷发动机冷却系统中不可缺少的重要部件。散热器又称水箱，安装在发动机前的车架横梁上，其作用是将冷却水在水套中所吸收的热量传给外界大气，使水温下降。散热器要用导热性能良好的材料制造，并应保证足够的散热面积。

常见的汽车散热器的结构形式可分为直流型（冷却水从顶部流向底部）和横流型［冷却水从右侧（左侧）流向左侧（右侧）］两类，如图 4 - 1 - 9 所示。为降低汽车发动机罩轮廓的高度，轿车采用了横流型散热器，即冷却水从一侧的进水口进入水箱，然后水平横向流动到另一侧的出水口，如图 4 - 1 - 10 所示。

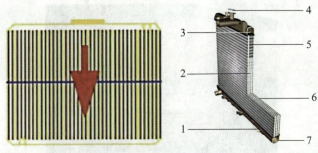

图 4 - 1 - 9　直流式散热器

1—放水开关；2—散热器芯；3—上储水箱；4—散热器盖；5—散热器片；6—冷却管；7—下储水箱

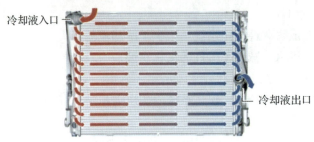

冷却液入口

冷却液出口

图 4 - 1 - 10　横流式散热器

（4）节温器

节温器的作用是调节冷却系统的散热能力，以保证发动机在适宜的温度范围内运转。它是控制冷却液流动路线的阀门，是一种自动调温装置，通常含有感温组件，依靠感温组件的热胀或冷缩来开启、关掉冷却液的流动路线。当发动机冷起动时，冷却液温度低，此时节温器将冷却液流向散热器的通道关闭，使冷却液经水泵入口直接流入发动机机体或气缸盖水套，以便使冷却液能迅速升温，发动机快速达到正常的温度；当发动机的温度过高时，节温器完全打开流向散热器的通道，使发动机内全部的冷却液都流向散热器进行散热，以便使冷却液快速降温，发动机能保持在正常的温度范围内。节温器一般安装在水泵的入水口处，有的发动机安装在气缸盖的出水口处，如图 4 - 1 - 11 所示。

水泵

图 4 - 1 - 11　节温器及其安装位置

（5）冷却风扇

冷却风扇通常安装在散热器的后面，用来提高流经散热器的空气流速和流量，增强散热器的散热能力，同时对发动机其他附件也有一定的冷却作用。

目前车用水冷发动机大多采用轴流式风扇，如图 4 - 1 - 12 所示，即风扇转动时，把空气从散热器前面吸到散热器后面，使空气沿轴向流动，以达到为散热器降温的目的。

图 4 – 1 – 12　散热器冷却风扇

注意：维修冷却系统时，手要离开电动风扇，以防止切伤！

学习表 2　发动机冷却液的种类

1. 为了使发动机能正常工作，冷却液应该具备哪些特性，填写在图 4 – 1 – 13 中。

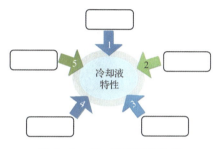

图 4 – 1 – 13　冷却液的特性

2. 查阅资料，区分冷却液的类型，完成下面的问题。

1）补充表 4 – 1 – 4 中常见冷却液的类型及特点。

表 4 – 1 – 4　常见冷却液的类型及特点

冷却液类型	特点
乙二醇—水	
酒精—水	
甘油—水	

2）图 4 – 1 – 14 所示为某品牌冷却液的混合比例表，参照此表，回答问题。

根据你所在地区冬季的最低温情况，选择你认为合适的原液与水的配比，并填入表 4 – 1 – 5 中。

混合比例表（体积比）		
防冻液	水	冰点
1	2	−16 ℃
1	1.5	−25 ℃
1	1	−36 ℃

图 4 – 1 – 14　某品牌冷却液混合比例

表 4 – 1 – 5　不同地区原液与水配比

地区名称	最低气温	冷却液配比（防冻液∶水）
长春	−28 ℃	1∶1

3）查看维修手册关于 G13 的说明，回答以下问题。

G13 的冰点：_____

G13 的沸点：_____

参考信息

1. 冷却液作用

冷却液是发动机冷却系统的主要介质，在冷却系统中循环流动，带走发动机的热量，如图 4-1-15 所示。在冷却液中含有水泵润滑剂、防尘剂、防腐剂和酸度中和剂等，使冷却液具有防冻、防高温、防腐蚀、防锈、防结垢和防穴蚀的作用，以减少保养维修工作量，延长发动机的使用寿命，如图 4-1-16 所示。

冷却液认识

图 4-1-15　常见车用冷却液

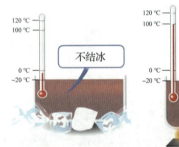

图 4-1-16　冷却液的作用

冷却液又称防冻液，意为有防冻功能的冷却液。水在冻结时会剧烈膨胀，在冬季寒冷地区，往往因冷却水结冰而发生散热器、气缸体、气缸盖变形和胀裂的现象。为适应冬季行车的需要，可在冷却液中加入一定量的防冻剂，以达到降低冰点、提高沸点的目的。现代汽车使用的冷却液通常由一定比例的乙二醇和蒸馏水混合而成，如图 4-1-17 所示，其冰点可达 -25 ~ -45 ℃，沸点则高达 135 ℃左右。冷却液不仅仅是冬天用的，它应该全年使用，在汽车正常的保养项目中，需更换发动机冷却液。

图 4 – 1 – 17　不同配比的冷却液冰点

注意： 根据每个地区的气温来决定冷却液的浓度，并且冷却液必须定期更换。

2. 冷却液种类

冷却液是保证水冷式发动机正常工作必不可少的工作介质。冷却液由水、防冻剂和添加剂三部分组成。

（1）按防冻剂成分分类

按照防冻剂成分不同，冷却液可分为酒精型、甘油型、乙二醇型等类型的冷却液。

1）乙二醇—水冷却液。

乙二醇型冷却液是用乙二醇作防冻剂，并添加少量抗泡沫、防腐蚀等综合添加剂配制而成。由于乙二醇易溶于水，故可以任意配成各种冰点的冷却液，其最低冰点可达 – 68 ℃，这种冷却液具有沸点高、泡沫倾向低、黏温性能好、防腐和防垢等特点，是一种较为理想的冷却液。目前国内外发动机所使用的和市场上所出售的冷却液几乎都是这种乙二醇型冷却液。

由于水的沸点比乙二醇低，故使用中被蒸发的是水，当缺少冷却液时，只要加入纯净水就行了。

2）酒精—水冷却液。

酒精的沸点是 78.3 ℃，冰点是 – 114 ℃。酒精与水可任意比例混合，组成不同冰点的冷却液。酒精的含量越多，冰点越低。但酒精是易燃品，当冷却液中的酒精含量达到 40%以上时，就容易产生酒精蒸气而着火。因此，冷却液中的酒精含量不宜超过 40%，冰点应限制在 – 30 ℃左右。酒精型冷却液价格便宜，流动性好，配制工艺简单，但由于沸点较低、易蒸发损失、冰点易升高、易燃等，现已逐渐被淘汰。

3）甘油—水冷却液。

甘油—水冷却液的特点是不宜挥发和着火，对金属腐蚀性也小，但甘油降低冰点的效率低，配制同一冰点的冷却液时，比乙二醇、酒精的用量大，而且甘油型冷却液成本高、价格昂贵，用户难以接受，因此，这种冷却液用得较少。

（2）按冷却液含有保护成分分类

按照冷却液成分形成保护层不同，冷却液可分为含有硅酸盐的冷却液和含有氨基酸的冷却液。含有硅酸盐的冷却液颜色为蓝色/绿色，含有氨基酸的冷却液颜色为粉红色。如图 4 – 1 – 18 所示。

（3）按是否需要稀释分类

目前市面上的冷却液大致有两类，一类为 浓缩液，需要兑水使用；第二类为 即买即用型，冷却液在使用时无须兑水，现在很多发动机使用

图 4 – 1 – 18　不同保护成分的冷却液颜色

的冷却液 G12、G13 就属于这种类型。如图 4 − 1 − 19 所示。

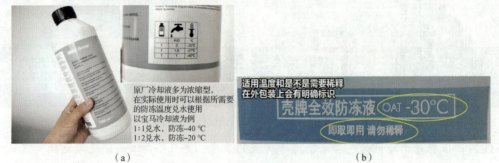

（a）   （b）

图 4 − 1 − 19　浓缩型和即用型冷却液
(a) 浓缩型；(b) 即用型

G12/G12 + 是 OAT 有机酸型，不含硅酸盐，G12 ++ 含有少量硅酸盐。G13 的冷却液，主体还是乙二醇基型冷却液，不过配方里面添加了丙三醇，也就是常称的甘油。除此之外，G13 型号的冷却液比 G12 冷却液在原料上增加了防渗漏的化学制剂，冷却系统如果有轻微的渗漏，冷却液自己就可以修复泄漏点，其他的原料基本上相同。在使用上，G13 和 G12 + 和 G12 ++ 是可以混用的。如果完全更换的话，浓缩型原液仍然建议按比例兑水使用，如图 4 − 1 − 20 所示。

图 4 − 1 − 20　G12 和 G13 冷却液

任务 4.1.3　检查冷却液

工作表 1　检查冷却液液位

1. 请观察冷却液储液罐上的标识，结合用户手册，对表 4 − 1 − 6 中所示标识进行解释说明。

表 4 − 1 − 6　冷却液储液罐上的标识说明

标识			
对标识解释说明			

2. 在日常生活中，我们如何检查车辆冷却液是否足够呢？查阅资料，完成图 4-1-21。

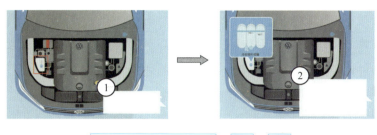

打开发动机舱盖 → ① → ②

图 4-1-21　车辆冷却液的检查

工作表 2　检查冷却液冰点

1. 查阅资料，了解冷却液加注盖，回答问题。

1）请对冷却液加注盖上的标识进行说明。

2）为什么在冷却系统中存在超压？

3）观看二维码视频，观察在冷却系统热态的情况下打开加注盖要注意些什么。

2. 图 4-1-22 所示为对车辆的冷却液 G13 使用冰点测试仪测试的结果，请读取冰点数值：_____。

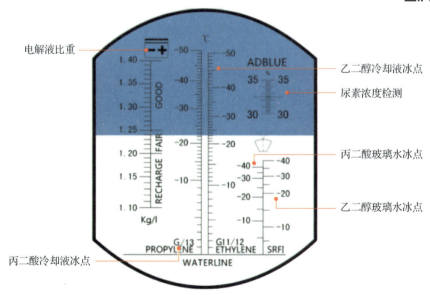

图 4-1-22　使用冰点仪对冷却液 G13 的测试结果

3. 使用冰点测试仪测试检测车辆冷却液冰点，记录检测过程，并填入表 4 – 1 – 7 中。

表 4 – 1 – 7　用冰点测试仪检测车辆冷却液冰点的过程

工作步骤	具体操作内容	注意事项
所需要的专用工具和维修设备		
校准冰点折射仪		
用冰点折射仪测量冷却液冰点		
现场 5S		

参考信息

1. 冷却液的检查

目前，一般都采用乙二醇作为防冻剂。无论是乙二醇还是水，对金属都有一定的腐蚀性，故需要在防冻液中加入防腐剂。有的冷却液在出厂时防冻和防腐指标就不合格，有的冷却液随着使用时间的延长，乙二醇会逐渐被氧化衰变，防腐剂不断被消耗掉；当冷却液质量下降到一定程度后，冷却系统就会出现腐蚀或达不到防冻要求。因此，发动机冷却液是我们日常保养中必不可少的检查项目。那么，作为汽车用户我们要检查什么？怎么检查？如果要添加冷却液的话，有什么需要注意的吗？

（1）日常检查

在日常使用车辆的过程中，我们也可以自己对冷却液进行检查，主要检查冷却液的液位是否在正常范围内，防止因为冷却液量不足，导致发动机"开锅"。

冷却液的液位检查，可以通过观察发动机舱内的冷却液补偿罐来进行。如图 4 – 1 – 23 所示，补偿罐里冷却液的液位在最小标记"min"和最大标记"max"之间就是正常的液位。如果冷却液液位低于最小标记，则需要补充添加冷却液至正常液位。

冷却液液位检查

（2）专业检查

1）防冻性能测试。

当冷却液防冻效果不足时，会使冷却液结冰，导致体积剧烈膨胀，多出的体积会将散热器、气缸体或气缸盖部件顶开裂。冰点测试是对冷却液能否在寒冷天气里使用的一种防冻性能测试，可采用冰点测试仪来检测，用比重原理来指示冰点的高低，应用非常方便。

冰点测试步骤：

①将折光棱镜对准光亮方向，调节目镜视度环，直到标线清晰为止。

②调整基准：测定前首先使标准液（纯净水）、仪器及待测液体基于同一温度；掀开盖板，然后取 2～3 滴标准液滴于折光棱镜上，并用手轻轻按压平盖板，通过目镜看到一条蓝白分界线；旋转校正螺钉，使目镜视场中的蓝白分界线与基准线重合（0%）。

冷却液冰点测试

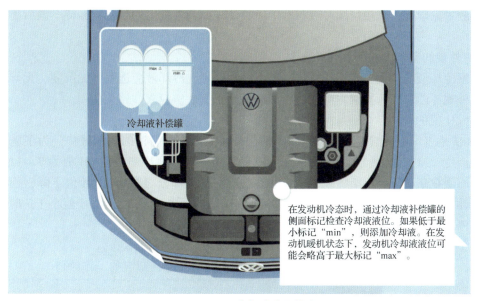

在发动机冷态时，通过冷却液补偿罐的侧面标记检查冷却液位。如果低于最小标记"min"，则添加冷却液。在发动机暖机状态下，发动机冷却液位可能会略高于最大标记"max"。

图 4 – 1 – 23　冷却液液位检查

③测量：用柔软绒布擦净棱镜表面及盖板，掀开盖板，取 2 ~ 3 滴被测溶液滴于折光棱镜上，盖上盖板轻轻按压平，里面不要有气泡，然后通过目镜读取蓝白分界线的相对刻度，即为被测液体的测量值。如图 4 – 1 – 24 所示。

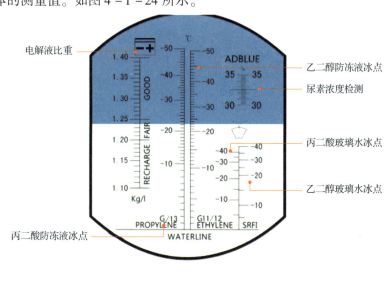

图 4 – 1 – 24　冷却液冰点测试

1—目镜；2—视觉调节手轮；3—镜筒和手柄；4—基准校正螺钉；5—折光棱镜；6—进光板

④测量完毕后，直接用潮湿绒布擦干净棱镜表面及盖板上的附着物，待干燥后妥善保存起来。

2）外观的鉴别。

观察冷却液的外观，辨别其气味，进行直观判别。冷却液应透明、无沉淀、无异味，如果发现外观浑浊、气味异常，则说明冷却液已严重变质，应立即停止使用。

3）pH 值的检测。

pH 值是表示溶液酸碱度的指标。金属在酸性溶液中受腐蚀的速度很快，为了防止这种腐蚀的产生，冷却液中加入的添加剂均为碱性物质，以保证冷却液的 pH 值为 7 ~ 11，使用中的冷却液在高温下会不断氧化，生成酸性物质，消耗部分防腐剂使 pH 值下降，使液体逐渐呈酸性。可采用 pH 试纸检测法对冷却液的 pH 值进行现场测试，当 pH 值小于 7 时，此冷却液应停止使用。

任务 4.1.4　更换发动机冷却液

工作表 3　根据实训车辆维修手册，制订更换冷却液的工作计划。

你的实训车辆车型是（　　　　　　　　），发动机型号是（　　　　　　　　）。

冷却液更换的操作过程见表 4 – 1 – 8。

表 4 – 1 – 8　冷却液更换的操作过程

工作步骤	具体操作内容	注意事项
所需要的专用工具和维修设备		
排放旧的冷却液		
混合配比冷却液（根据所加冷却液类型）		
加注新的冷却液		
对冷却系统进行排气		

工作表 4　按照工作计划，更换发动机冷却液并进行排气，并检查维修结果

1. 更换完发动机冷却液，为什么要对发动机冷却系统进行排气？

2. 观看发动机冷却系统排气视频，描述你对冷却系统进行排气的过程。

参考信息

请参考具体实训车型维修手册。下面以 B8 发动机第三代为例介绍更换冷却液的过程。

1. 所需要的专用工具和维修设备（见图4-1-25）

1）冷却系统检测仪的转接头 V. A. G 1274/8。

2）软管夹钳 VAS 6340。

3）冷却系统加注装置 VAS 6096。

4）车间起重机收集盘 VAS 6208。

5）折射计 T10007 A。

6）车辆诊断测试器。

更换冷却液
操作视频

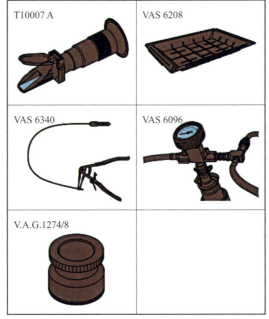

图4-1-25　更换冷却液工具

2. 排放旧的冷却液

1）打开冷却液膨胀罐的加注盖，如图4-1-26箭头所示。

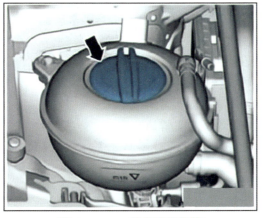

图4-1-26　冷却液膨胀罐

注意：

在发动机处于暖机状态时，冷却系统中存在过压，有被高温蒸汽和高温冷却液烫伤的危险，可能会烫伤手和身体其他部位。

①戴上防护手套。

②戴上防护眼镜。

③消除过压：将冷却液膨胀罐的密封盖用抹布盖住并小心地打开。

2）拆卸隔声垫 1，如图 4 - 1 - 27 所示。在下面放置车间起重机收集盘 VAS 6208，将右下冷却软管 2 从散热器上拆下并排出冷却液。

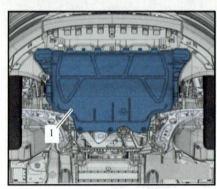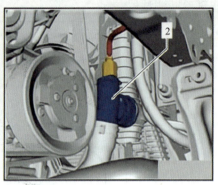

图 4 - 1 - 27　拆卸隔声垫和冷却软管
1—隔声垫；2—冷却软管

3）做好冷却系统的加注准备工作。

注意： 只能用蒸馏水与冷却液添加剂混合。蒸馏水的使用确保了最佳的防腐蚀效果。

提示：

◆ 所有发动机都要加注冷却液 G13（淡紫色）。注意，只能加注特性优良的 G13，不得加注其他冷却液，否则 G13 无法发挥其独有的优势。

◆ 冷却液 G13 能够更好地保护整个冷却系统免受锈蚀，并且能够降低沉积和锈蚀的风险。

◆ 发动机适合一次性加注 G13，它能最好地保护发动机不结冻、不锈蚀、不结垢且不过热。

◆ G13 可将沸点提高到 135 ℃，并具有较好的散热性。

◆ 即使在暖季或温带国家，也不允许添加蒸馏水来降低冷却液的浓度，必须按汽车使用地区的当前最低环境温度选择相应类型的原装冷却液。

◆ 必须确保冷却液冰点在 -35 ℃ 以下。

◆ 如果汽车在严寒季节和地区使用，需提高冷却液的防冻能力，务必按轿车使用地区当前最低环境温度选择相应类型的原装冷却液。

◆ 必须用折射计 T10007 A 测定当前的防冻值，如图 4 - 1 - 28 所示。

◆ 即使在暖季或温带国家，也不允许添加过多的水来降低冷却液浓度，防冻温度必须至少达到 -25 ℃。

◆ 每次补充冷却液添加剂时都要读取刻度尺上的防冻值。

◆ 在折射计 T10007 A 上读出的温度与冰点相符。自这一温度起，冷却液可以自行达到首个冰点。

◆ 不得重复使用旧的冷却液。

◆ 只能用水/冷却液添加剂作为冷却液软管的润滑剂。

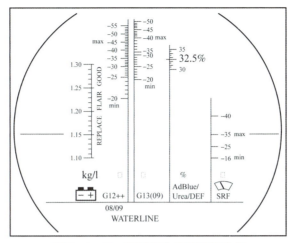

图 4 – 1 – 28　测试混合冷却液的冰点

3. 加注新的冷却液

1）将插入式连接插头连接到右下角散热器的接头上。

2）按照正确的混合比预先混合冷却液，接着往 VAS 6096 的冷却液罐中加注 10 L，如图 4 – 1 – 29 所示。

3）在冷却液膨胀罐上拧上冷却系统检测仪转接头 V. A. G 1274/8。

4）在转接头 V. A. G 1274/8 上安装冷却系统加注装置 VAS 6096。

5）将排气软管 1 插入小容器 2 中（排出的空气带有少量冷却液，应对其收集）。

6）将控制杆旋转至与流动方向垂直位置，关闭阀门 A 和 B。

7）连接软管 3，接通压缩空气（压力：6 ~ 10 bar 过压）。

8）沿流通方向旋转拉杆来打开阀门 B，如图 4 – 1 – 30 所示。

吸入式喷射泵在冷却系统内会产生真空；显示仪表的指针必须在绿色区域内。

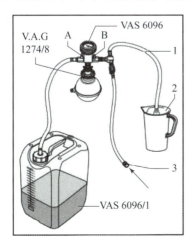

图 4 – 1 – 29　冷却液加注设备连接

1—排气软管；2—小容器；3—连接软管

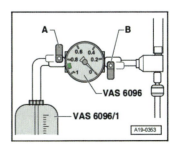

图 4 – 1 – 30　阀门及显示仪表指针指示

A，B—阀门

9）沿流通方向旋转拉杆来短暂打开阀门 A，以使 VAS 6096 的冷却液膨胀罐软管内充满冷却液。

10）重新关闭阀门 A。

11）让阀门 B 继续保持打开状态 2 min。

吸入式喷射泵在冷却系统内继续产生真空；显示仪表的指针必须仍位于绿色区域内。

12）关闭阀门 B。

显示仪表的指针必须保持在绿色区域内，这样冷却系统中的真空才能满足加注需要。

提示：

◆ 如果指针位于绿色区域以下，则重复该过程。

◆ 如果真空度下降，则应检查冷却系统是否密封不严。

13）拔下压缩空气软管，打开阀门 A。

由于在冷却系统中产生了真空，故冷却液会从 VAS 6096 的冷却液膨胀罐中被吸出并加注到冷却系统中。

14）加注冷却液直至达到 "max" 刻度标记处，如图 4 – 1 – 31 所示。

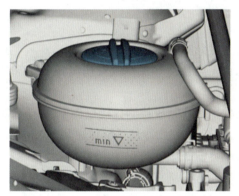

图 4 – 1 – 31　冷却液膨胀罐液位标记

15）从冷却液膨胀罐上拆下冷却系统加注装置 VAS 6096。

16）安装隔声板。

①当发动机处于冷态时，冷却液液位必须位于 "min" 刻度和 "max" 刻度标记之间。

②当发动机达到工作温度时，冷却液液位可能会接近或高于 "max" 刻度标记处。

4. 冷却系统排气过程

1）将冷却系统检测设备管件 V. A. G 1274/10 安装到冷却系统检测仪转接头 V. A. G 1274/8 上。

2）松开并取下排水槽盖板。

3）用软管夹钳 VAS 6340 松开连接暖风热交换器的冷却液软管，并将其拉出，直至连接套管不再挡住冷却液软管内的排气孔。

4）补充加注冷却液，直至冷却液从冷却液软管内的排气孔中溢出为止。

冷却系统排气

5）拧紧恢复连接暖风热交换器的冷却液软管。

6）将冷却液膨胀罐上的管件与转接头拆下，安装冷却液膨胀罐的加注盖。

7）起动发动机，将空调面板各区温度调至 "高"，关闭压缩机。

8）发动机以 2 000 r/min 的转速运转 3 min。

9）发动机怠速运转，直至散热器上的两条大冷却液软管变热。

10）发动机以 2 000 r/min 的转速运转 2 min。

11）关闭发动机并让其冷却。

12）检查冷却液液位是否处于最高刻度"max"标记处。

三、任务拓展

寒冷的冬季对车辆来说是易出故障的时期，尤其是对于北方的汽车用户，冬季的汽车保养显得尤为重要。对于爱车来说，如何顺利地度过冬天也是颇有学问的，下面我们就一起来了解一下冬季汽车的养护小知识吧。

汽车冬季保养
小知识

任务 4.2 排除冷却液报警灯亮起故障

一、任务信息

任务难度	"1 + X" 汽车运用与维修职业技能等级证书　中/高级		
学时		班级	
成绩		日期	
姓名		教师签名	
案例导入	刘先生是一名汽车设计师，有一天开车的途中，他发现仪表上的水温报警灯突然亮了，再一看水温表，指针已经快到120 ℃了，此时刘先生并没有继续驾驶车辆，而是打开双闪警报灯，把车缓缓地靠到马路边上，给4S店打救援电话将汽车拖至4S店。刘先生为什么要这样做呢？如果你是主修人员，接到刘先生的故障车接下来该怎么办呢？		
能力目标	知识	1. 能够描述冷却系统大循环、小循环水路； 2. 能够说明蜡式节温器工作原理； 3. 能够描述电子调节冷却系统的组成及工作原理； 4. 能够描述冷却风扇的控制过程； 5. 能够说明水温传感器的工作原理	
	技能	1. 能够检查冷却系统的密封性（泄漏）； 2. 能够拆卸和安装冷却系统的主要部件（水泵、节温器、风扇）； 3. 能够使用通用工具与专用诊断仪器检测和诊断冷却系统故障	
	素养	1. 养成一丝不苟的工匠精神； 2. 培养自主学习意识； 3. 培养安全环保意识	

二、任务流程

（一）任务准备

发动机"开锅"
应对措施

在行车的过程中遇到发动机"开锅"了该怎么办呢？发动机"开锅"又是怎么回事呢？请查看二维码进行学习。

（二）任务实施

任务4.2.1　检查冷却系统的密封性（泄漏）

工作表1　检查冷却系统密封性

1. 到实训车辆上确认故障现象，并在表4-2-1中记录。

表4-2-1　冷却系统密封性故障检查

检查结果	故障现象				
	仪表上水温报警灯是否报警	仪表上水温表指示值	冷却风扇是否转动	冷却风扇转速情况	发动机其他故障现象
是		____℃		高速/低速	
否					

2. 画出仪表台上水温表和水温报警灯的形状。

水温表	水温报警灯

3. 仪表台上水温报警灯点亮了，我们首先需要检查_____，检查结果有表4-2-2所示的两种情况。

表4-2-2　水温报警灯点亮检查结果

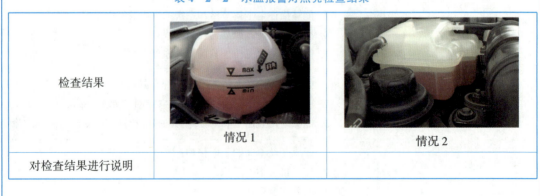

检查结果	情况1	情况2
对检查结果进行说明		

4. 根据冷却液的液位情况，判断发动机的密封性，并回答问题。

1）对于本表题 3 中"情况 1"的现象，我们接下来需要做什么呢？

添加 _____，然后让发动机运转一段时间，再观察 _____。

2）查阅资料，完成下面的问题。

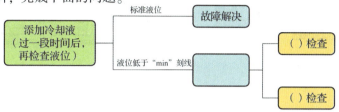

3）如果冷却系统发生了泄漏，该如何找到泄漏点呢？查阅资料，在表 4 - 2 - 3 所示相应的检查方法下画"√"。

表 4 - 2 - 3   冷却系统泄漏点检查

泄漏点	检查方法	
	目测检查	打压检查
水管连接处储液罐		
水泵		
气缸盖、缸体水套		
散热器		
散热器盖（补偿水箱盖）		

5. 目测检查实训车辆冷却系统的外观情况，（有/无）泄漏，若有冷却液泄漏痕迹，则泄漏点是 _____；若目测检查无泄漏点，接下来需要对冷却系统进行打压检测，检查冷却系统的密封性。

6. 查阅资料，学习冷却液加注盖的结构，完成下面的问题。

1）摇动冷却液加注盖，你会发现盖里藏着什么？

_____

2）图 4 - 2 - 1 所示为冷却液加注盖的内部结构，查阅资料，回答问题。

图 4 - 2 - 1（a）所示为密封盖中的 _____ 阀在工作，它的作用是 _____。

图 4 - 2 - 1（b）所示为密封盖中的 _____ 阀在工作，它的作用是 _____。

7. 查找维修手册，描述如何使用压力测试仪器检测冷却系统的密封性，并填写表 4 - 2 - 4。

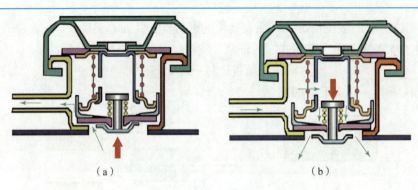

（a）　　　　　　　　　　　　　　（b）

图 4 - 2 - 1　冷却液加注盖的内部结构

表 4 - 2 - 4　使用压力测试仪器检测冷却系统的密封性

项目	具体内容	注意事项	标准数据
准备工具			—
检查冷却系统的密封性			
检查密封盖（冷却液加注盖）中的安全阀			

检查结果是：实训车辆冷却系统（有/无）泄漏。

（1）如果有，则泄漏点是＿＿＿＿＿＿＿＿＿＿＿＿＿＿＿＿＿＿＿＿＿＿＿。

（2）如果无，则接下来对冷却系统的电控部分进行检查与诊断。

参考信息

1. 冷却液加注盖（补偿水箱盖）

汽车上广泛采用封闭式水冷系统，所以冷却液加注盖用于确保产生压力，并使冷却循环回路内的压力不受环境压力影响，如图 4 - 2 - 2 所示。这样可以避免空气压力较低时（例如在山里）冷却液沸点较低。当发动机热状态正常时，两阀在弹簧力的作用下均关闭而使冷却系统与大气隔绝。因水蒸气的产生而使冷却系统内的压力稍高于大气压力，故提高了冷却水的沸点，改善了冷却效能。

图 4 - 2 - 2　冷却液加注盖标识

冷却液加注盖
工作原理

因此在冷却液加注盖内具有空气—蒸汽阀，如图4-2-3所示，可以自动调节冷却系统内的压力，提高冷却效果。当冷却系统内的压力达到126～137 kPa时（此压力下，水的沸点达381 K），蒸汽阀开启而使水蒸气从通气孔排出，以防散热器及芯管胀裂；当水的温度下降，冷却系统内的真空度低于1～20 kPa时，空气阀打开，空气从通气孔进入冷却系统，以防散热器及芯管被大气压瘪。

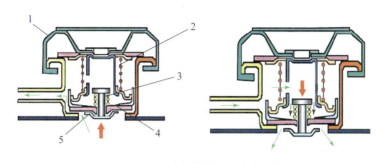

图4-2-3　冷却液加注盖内部结构

1—盖；2—蒸汽阀弹簧；3—空气阀弹簧；4—蒸汽阀；5—空气阀

2. 冷却系统密封性检查

配备与实训车辆相关车型的维修手册。

下面以大众车型为例，检查冷却系统密封性。

（1）所需要的专用工具和维修设备（见图4-2-4）

1）冷却系统检测仪的转接头 V. A. G 1274/8。

2）冷却系统检测仪的转接头 V. A. G 1274/9。

3）冷却系统检测仪 V. A. G 1274 B。

冷却系统密封性
检测操作视频

图4-2-4　检查冷却系统密封性工具

（2）工作步骤

注：发动机已达到工作温度。

1）打开冷却液膨胀罐的加注密封盖，如图4-2-5所示。

注意：

在发动机处于暖机状态时，冷却系统中存在过压，有被高温蒸汽和高温冷却液烫伤的危险，可能会烫伤手和身体其他部位。

◆ 戴上防护手套。

◆ 戴上防护眼镜。

◆ 消除过压：将冷却液膨胀罐的密封盖用抹布盖住并小心地打开。

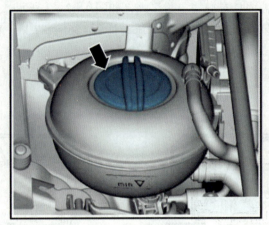

图 4 – 2 – 5　冷却液膨胀罐

2）将冷却系统检测仪 V. A. G 1274 B 和转接头 V. A. G 1274/8 安装到冷却液膨胀罐上，如图 4 – 2 – 6 所示。

3）用冷却系统检测仪的手动泵产生约 1.5 bar 的过压（不允许压力在 10 min 内下降 0.2 bar 以上）。

4）如果压力下降 0.2 bar 以上，则查明泄漏部位并排除故障。

提示：压力在 10 min 内下降 0.2 bar 是受冷却液降温的影响，发动机越冷，压降幅度越小。如有必要，在发动机冷态下重复检查。

（3）检查密封盖中的安全阀

1）将冷却系统检测仪 V. A. G 1274 B 用转接头 V. A. G 1274/9 安装到冷却液膨胀罐密封盖上，如图 4 – 2 – 7 所示。

2）用冷却系统检测仪的手动泵产生超压（当过压达到 1.6 ~ 1.8 bar 时，安全阀必须打开）。

3）如果安全阀没有打开，则更换密封盖。

3. 冷却系统密封性检查思维导图（见图 4 – 2 – 8）

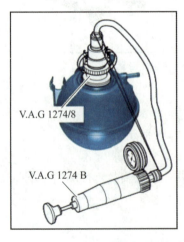

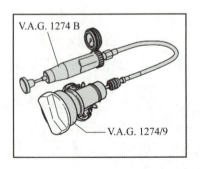

图 4 – 2 – 6　冷却系统检测仪连接膨胀罐　　　图 4 – 2 – 7　冷却系统检测仪连接密封盖

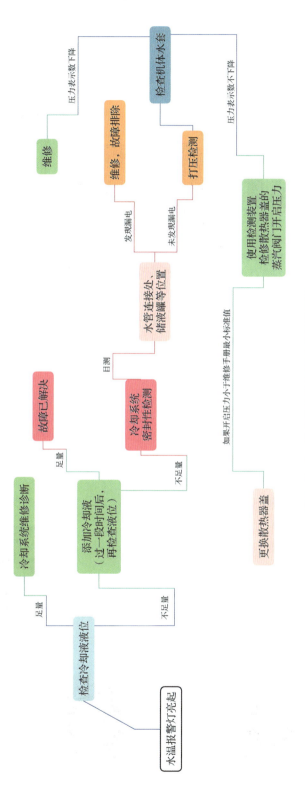

图 4 - 2 - 8　检查冷却系统密封性思维导图

任务 4.2.2　了解发动机冷却系统工作原理
学习表 1　发动机冷却系统基本工作原理

1. 查阅资料，学习发动机冷却系统的基本工作过程，完成下面的问题。

1）在图 4-2-9 中用红色箭头画出大循环路线，用蓝色或黑色箭头画出小循环路线，并用箭头标出冷却液的流动方向。

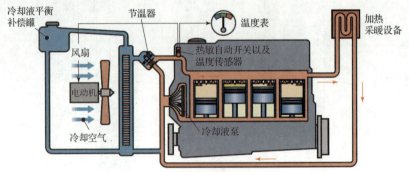

图 4-2-9　发动机冷却系统

2）从图 4-2-9 中可以看出，冷却液水路流经大循环、小循环的区别是：_____

3）写出发动机以下两种状态冷却液的循环过程。

（1）冷态发动机：

水泵 →　　　　　　　　　　　　　　　　　　　→ 水泵

冷却液这样循环的目的是：_____

（2）热态发动机：

水泵 →　　　　　　　　　　　　　　　　　　　→ 水泵

冷却液这样循环的目的是：_____

2. 图 4-2-10 所示为节温器的常见安装位置，写出图 4-2-10 中零部件所对应的编号。

_____水泵

_____节温器密封垫圈

_____节温器部件

_____节温器壳体

3. 请在表 4-2-5 中将与图 4-2-11 所示的节温器调节相对应的内容补充完整（需要找到节温器实物，并观察标注的温度数值）。

图 4-2-10　节温器的常见安装位置

图 4-2-11　节温器调节

表 4 – 2 – 5　节温器调节分析

节温器状态	接通管路	风扇的开关情况	温度范围	冷却循环（大/小）
	1. _____ 2. _____ 3. _____			

4. 查阅资料，学习双回路冷却系统，完成下面的问题。

1）在双回路冷却系统中，气缸体和气缸盖的控制温度是不同的。查阅资料，完成表 4 – 2 – 6。

表 4 – 2 – 6　双回路冷却系统中气缸体和气缸盖的数据分析

项目	气缸体	气缸盖
温度		
流经的冷却液量		
控制的节温器		

2）图 4 – 2 – 12 所示为双回路冷却系统循环示意图，请在图中用不同颜色画出冷却液的流经路线。（①水温 <87 ℃；②87 ℃ <水温 <105 ℃；③水温 >105 ℃）

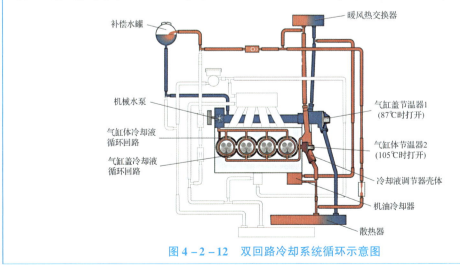

图 4 – 2 – 12　双回路冷却系统循环示意图

3）通过上面的学习，我们发现双回路冷却系统有自己独特的优点，请列举说明。

优点 1：_____。

优点 2：_____。

优点 3：_____。

参考信息

1. 冷却系统工作过程

目前汽车发动机上普通采用的是强制循环式水冷系统，它利用水泵给冷却水提高压力，使其在发动机冷却系统中循环流动。

水冷发动机的气缸盖和气缸体中都铸有相互连通的水套。冷却水在水泵的作用下流经气缸体及气缸盖的冷却水套而吸收热量，然后沿水管流入散热器，利用汽车行驶的速度及风扇的强力抽吸，而使空气流由前向后高速通过散热器，不断地将流经散热器的高温冷却水的热量散到大气中去而使冷却水温度下降，冷却后的水流至散热器的底部后，被水泵再次压入发动机的水套中。如此循环而将发动机工作时产生的大量热量不断带走，保证发动机正常工作。节温器安装在发动机水套的进水口处（即散热器的出水口，轿车发动机普遍采用这种安装方式），根据发动机的工作温度，它可以自动控制通向散热器和水泵的两个冷却水通路，即大循环和小循环，以调节冷却强度。如图 4 – 2 – 13 所示。

冷却系统工作原理

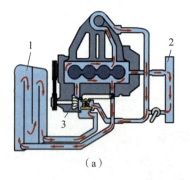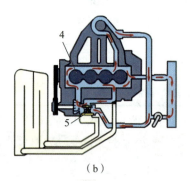

图 4 – 2 – 13　发动机冷却循环过程

（a）大循环；（b）小循环

1—散热器；2—暖水箱；3—水泵；4—气缸；5—节温器

小循环回路 发动机——水泵——发动机	大循环回路 发动机——散热器——水泵——发动机
只要发动机未达到其 85 ℃ 的运行温度，受节温器控制的阀门就会堵住连接散热器的通道，冷却液从发动机直接流向水泵并从该处再流回发动机。冷却液未经过冷却，因此发动机很快达到其运行温度。	温度超过 85 ℃ 时，阀门缓慢打开散热器循环回路，并将小循环回路关闭。105 ℃ 时阀门完全打开，冷却液只从散热器中流过。

目前汽车上多采用蜡式双阀门节温器，如图4-2-14所示，其核心部分为蜡质感温元件。发动机工作后，因温度升高而使石蜡逐渐变为液态，体积开始膨胀。在发动机冷却水温度低于85 ℃时，因石蜡产生的膨胀力小于主阀门弹簧的预紧力，主阀门在主阀门弹簧的作用下压在出水口上，从散热器来的低温冷却水不能进入发动机水套内。此时，从发动机气缸盖出水口流出的高温冷却水可以不经散热器而直接进入水泵，于是，未经散热的冷却水被水泵重新压入发动机水套内，因而减少了热量损失。此时冷却水的循环路线称为小循环。当发动机冷却水温度超过85 ℃时，石蜡产生的膨胀力克服了主阀门弹簧的预紧力，主阀门开始打开；当水温达到105 ℃时，主阀门完全打开，而副阀门则彻底关闭了小循环通路。此时来自气缸盖出水口的高温冷却水全部进入散热器进行冷却，之后再由水泵重新压入发动机的水套内。此时冷却水的循环路线称为大循环，如图4-2-15所示。当冷却水的温度在85～105 ℃时，主、副阀门都打开一定的程度，此时，冷却系统中的大、小循环同时进行。

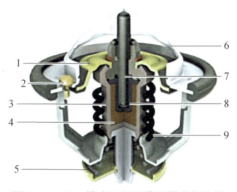

蜡式节温器
工作原理

图4-2-14 蜡式双阀门节温器内部结构

1—主阀门；2—空气孔摆锤；3—蜡管；4—石蜡；5—副阀门；6—支架；7—推杆；8—胶管；9—弹簧

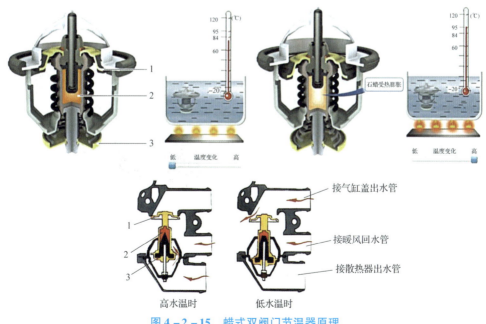

图4-2-15 蜡式双阀门节温器原理

1—主阀门；2—石蜡；3—副阀门

电动风扇安装在发动机与散热器之间，风扇转动产生强大的吸力，增大流经散热器的空气流量和流速，加强散热器的散热效果。在大多数发动机上，采用风扇离合器或电动机来控制风扇的工作状况，以便根据发动机的工作情况来调节散热器的冷却强度。

现代汽车都装有暖风系统。暖风机是一个热交换器，也可称作第二散热器。热的冷却液从气缸盖或气缸体水套经暖风机进入软管流入暖风机，然后经暖风机出水软管流回水泵。经过暖风机的空气被冷却液加热之后，一部分送到风窗玻璃除霜器上，一部分送入驾驶室或车厢。

为便于驾驶员能及时掌握冷却系统的工作情况，水冷系统中还设有水温表和水温报警灯等。

2. 双回路冷却系统工作过程

（1）双回路冷却系统

现在，发动机冷却系统朝着降低发动机摩擦和达到清洁排放的目标系统性地发展。有的发动机冷却系统采用双回路设计，该冷却系统是以气缸体迅速加热，气缸体的温度明显高于气缸盖这样的方式而设计的。为了实现此功能，使用了两个在不同温度时打开的节温器。

双回路冷却系统
工作原理

该系统有一个单独的冷却液通道，以不同的温度流经气缸体和气缸盖。冷却液由位于冷却液分配壳体中的两个节温器进行控制，一个用于气缸体，另一个用于气缸盖，如图 4-2-16 所示。冷却液在发动机里分为两个回路：1/3 的冷却液流向气缸，用于冷却气缸；2/3 的冷却液流向气缸盖内的燃烧室，用于冷却燃烧室。由于两个循环管路中不同的温度可能存在不同的压力状态，故在这种情况下，两个系统被两个节温器分离，如图 4-2-17 所示。

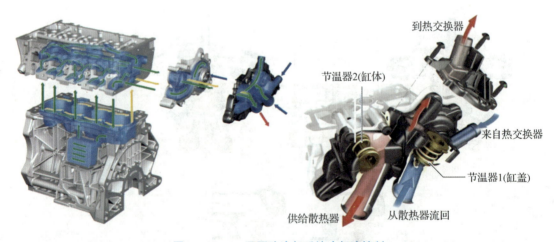

图 4-2-16　双回路冷却系统冷却液控制

双回路冷却系统有以下优点：

1）气缸体可以尽快升温，因为冷却液将停留在气缸体内直到达到 105 ℃。

2）因为气缸体内较高的温度，曲轴箱驱动系统的摩擦减少。

3）因为气缸盖的温度较低，故改进了燃烧室的冷却性能，这降低了发生爆燃的风险。

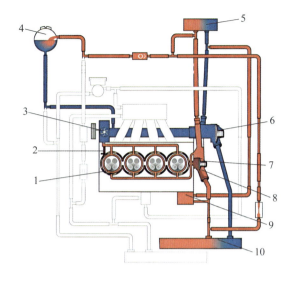

图 4 – 2 – 17 双回路冷却系统组成

1—气缸盖冷却液循环回路；2—气缸体冷却液循环回路；3—机械水泵；4—补偿水罐；5—暖风热交换器；
6—气缸盖节温器 1（87 ℃时打开）；7—气缸体节温器 2（105 ℃时打开）；8—冷却液调节器壳体；
9—机油冷却器；10—散热器

（2）双回路冷却系统工作过程

1）温度在 87 ℃以下时，两个节温器都处于关闭状态，如图 4 – 2 – 18 所示，发动机能够更快升温。此时冷却液从冷却液泵流向气缸盖（燃烧室）水套，再流向冷却液调节器壳体，之后分别经由暖风热交换器、机油冷却器流向冷却液泵。

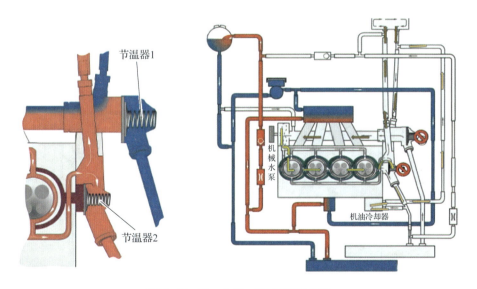

图 4 – 2 – 18 水温 <87 ℃循环水路

2）温度在 87～105 ℃时，节温器 1 打开，节温器 2 关闭，如图 4 – 2 – 19 所示。将气缸盖中的温度控制在 87 ℃，气缸体内的温度继续上升，此时冷却液从冷却液泵流向气缸盖

（燃烧室）水套，再流向冷却液调节器壳体，之后分别经由暖风热交换器、机油冷却器流向冷却液泵，同时散热器中的冷却液经打开的节温器 1 也流向冷却液泵。

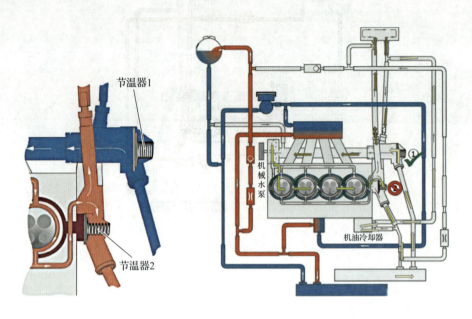

图 4 - 2 - 19　87 ℃ < 水温 < 105 ℃循环水路

3）当温度超过 105 ℃时，两个节温器都处于打开状态，如图 4 - 2 - 20 所示。将气缸盖中的温度控制在 87 ℃，将气缸体内的温度控制在 105 ℃，此时冷却液从冷却液泵流向气缸盖（燃烧室）水套，再流向冷却液调节器壳体，之后分别经由暖风热交换器、机油冷却器、气缸盖 + 散热器 + 冷却液调节器壳体流向冷却液泵。

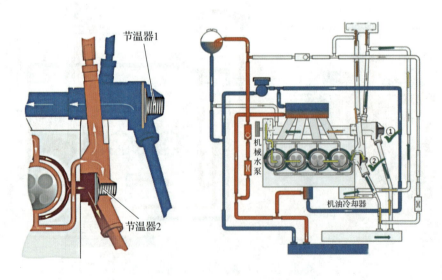

图 4 - 2 - 20　水温 > 105 ℃循环水路

任务4.2.3　理解电子控制冷却系统控制原理

学习表2　电子控制冷却系统控制原理

1. 图4－2－21所示为电子控制冷却系统的组成图，根据图4－2－21中标注完成表4－2－7。

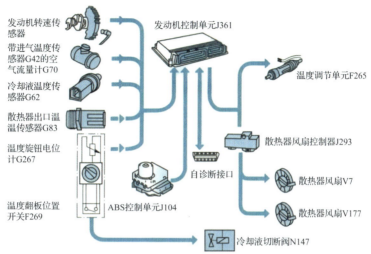

图4－2－21　电控冷却系统组成图

表4－2－7　电控冷却系统组成

传感器（开关）		发动机 ECU	执行器
名称	作用		

2. 图4－2－22所示为电控冷却系统中的水温传感器安装位置，查阅资料，回答问题。

冷却液温度的特征值存储于发动机控制单元中。

实际的冷却液温度值通过冷却循环系统中两个不同的位置识别，并且传输给发动机控制单元一个电压信号。

－冷却液温度实际值1：由安装于＿＿＿＿＿＿＿检测。

－冷却液温度实际值2：由安装于＿＿＿＿＿＿＿检测。

发动机ECU比较冷却液特征值与实际温度值1，会给执行元件发送一个脉冲信号，为电子节温器加载电压。

发动机ECU比较冷却液实际温度值1和2，调节＿＿＿＿＿进行工作。

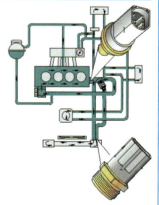

图4－2－22　电控冷却系统中水温传感器安装位置

模块四　检查、诊断和维修发动机冷却系统

3. 图 4-2-23 所示为电动冷却风扇和电子节温器的控制逻辑，读图并完成表 4-2-8。

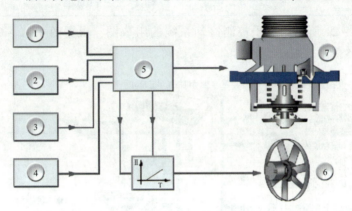

图 4-2-23　电动冷却风扇和电子节温器的控制逻辑

发动机 ECU 根据传感器输入的信号来判断发动机处于什么工作状态，然后根据发动机的热状态控制电子节温器的开启状态以及电子风扇的转速

表 4-2-8　发动机工作状态及控制内容

判断发动机工作状态			控制内容
传感器（开关）			
名称	作用		ECU 控制⑦_____
①_____	输入发动机温度信号	发动机 ECU⑤	
②_____	输入发动机负荷信号		
③_____	输入车辆速度信号		ECU 控制⑥_____
④_____	输入发动机空调/车内供暖设备信号		

5. 查阅资料，学习电控冷却系统失效保护模式，完成表 4-2-9。

表 4-2-9　电控冷却系统失效保护模式

失效零件	发动机保护模式
气缸盖出水口冷却液温度传感器损坏	冷却液温度控制以_____℃ 为替代值，并且风扇以_____挡常转
散热器出水口冷却液温度传感器损坏	发动机控制功能保持，风扇以_____挡常转
两处的水温传感器，其中一个温度超出极限	风扇_____挡被激活
两个传感器都损坏	最大的电压值被加载于_____，并且风扇以_____挡常转

5. 根据以上内容的学习，阅读图4-2-24所示电控冷却系统，总结电控冷却系统控制发动机温度的过程。

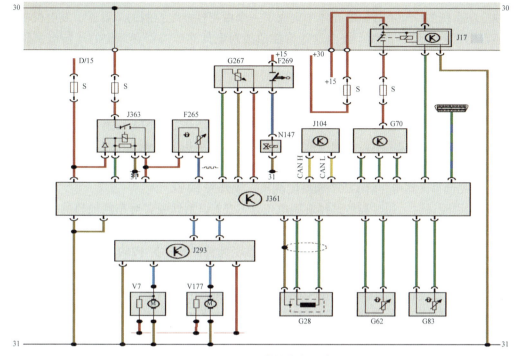

图4-2-24　电控冷却系统

D/15—点火起动开关，总线端15　　　　G70—空气质量流量计　　　　　　　J361—Simos控制单元
F265—特性曲线族控制式发动机　　　　G83—散热器出口冷却液温度传感器　　J363—Simos控制单元的电源
　　　 冷却系统节温器　　　　　　　　G267—温度设定旋钮电位器　　　　　　　　　继电器
F269—温度风门调节开关　　　　　　　　　　（不适用于Climatronic自动空调）　N147—冷却液截止阀的双通阀
　　　 （不适用于Climatronic自动空调）J17—燃油泵继电器　　　　　　　　　S—熔丝
G28—发动机转速传感器　　　　　　　　J104—ABS控制单元　　　　　　　　　V7—冷却液风扇
G62—冷却液温度传感器　　　　　　　　J293—冷却液风扇控制单元　　　　　　V177—冷却液风扇2

（1）识别发动机工作状态：（发动机ECU）J361需要接收到哪些传感器/开关的信号？

（2）（发动机ECU）J361要想正常工作，需要具备什么条件？

（3）控制执行元件工作状态：（发动机ECU）J361需要控制哪些执行元件？执行元件的工作状态有哪些？

参考信息

1. 电子控制冷却系统

（1）电子控制冷却系统的组成

常规冷却系统都是按照发动机最恶劣的工况条件设计的，也就是在携带挂车负荷时上山行驶或者在盛夏城市工况中不得超过允许的最高温度。这些工况条件出现的机会很少，多数

情况下发动机会在正常的环境温度以及部分负荷条件下运行。另一方面，由于冷却液温度的升高和由此发生的零部件温度的上升，也可以降低耗油量和有害物质的排放量。

电子控制冷却系统的任务是根据负荷状态将发动机的工作温度控制在一个额定值上。因此这种冷却系统的冷却液分配器壳体中集成了一个由特性曲线控制的节温器。发电机控制单元中还存储了附加特性曲线，按照这些特性曲线对电加热节温器和风扇的运转级别进行调整，以实现最佳的工作温度。如图 4 - 2 - 21 所示。

1）发动机控制单元 J361。

发动机控制单元中设有电子控制冷却系统的特性图，依据发动机的负荷为发动机在该状态下设定一个适宜的工作温度。通过激活温度调节单元的加热电阻，打开大循环，调节冷却液温度；通过激活冷却风扇，迅速降低冷却液温度。发动机电控单元中包含电控冷却系统的自诊断功能，可使用专用仪器进行检测。

2）温度选择旋钮电位计 G267 和温度翻板位置开关 F269。

车辆使用暖风时，通过温度选择旋钮电位计 G267 识别驾驶者对车辆加热的要求，调节冷却液的温度，使其处于合适的温度范围。

当温度旋钮开关处于"非关闭"位置时，温度翻板位置开关 F269 打开，激活冷却液切断阀（双向阀）N147，并通过真空执行元件打开热交换器的冷却液切断阀。

3）冷却液温度传感器 G62 和散热器出口温度传感器 G83。

冷却液温度的特征值存储于发动机控制单元中。实际的冷却液温度值通过安装于循环系统中两个不同位置的冷却液温度传感器 G62 和散热器出口温度传感器 G83 识别，并传输给发动机控制单元一个电压信号，如图 4 - 2 - 22 所示。冷却液温度实际值 1 由安装于缸盖冷却液出口处的温度传感器 G62 检测；冷却液温度实际值 2 由安装于散热器前出水口处的温度传感器 G83 检测。发动机控制单元根据特征值与温度值 1，发出一个脉冲信号，为节温器的加热电阻加载电压。根据温度值 1 和 2，调节散热器风扇的转速。如果冷却液温度传感器 G62 损坏，则冷却液温度控制以 95 ℃ 为替代值，并且风扇以 1 挡常转。

如果冷却液温度传感器 G83 损坏，则控制功能保持风扇 1 挡常转；如果两个冷却液温度传感器中的一个温度值超出极限，则风扇 2 挡将被激活；如果两个传感器都损坏，控制单元为节温器的加热电阻加载最大电压，并且控制散热器风扇以 2 挡常转。

4）温度调节单元 F265。

温度调节单元 F265 是电控节温器的重要组成部分，工作部件为位于膨胀式节温器石蜡中的加热电阻，如图 4 - 2 - 25 所示。发动机控制单元根据特性图发出脉冲信号作用于加热电阻上，从而加热石蜡，使膨胀单元发生位移，节温器通过此位移进行机械调节，控制大循环阀的开度。当车辆停止或处于起动工况时，发动机控制单元对温度调节单元 F265 无电压加载。

（2）电子控制冷却系统循环控制

1）发动机冷起动及部分负荷工作。

发动机冷起动时，冷却系统小循环工作，使发动机尽快热机。此时，控制单元未按发动机冷却特性图进行控制，小循环阀门打开，冷却液通过小循环阀门直接流回水泵，形成小循环，如图 4 - 2 - 26 所示。当发动机达到正常温度且部分负荷工作时，电控冷却系统进入工作状态，使冷却液温度保持在 95 ~ 110 ℃。

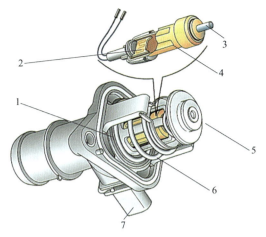

电子节温器原理

图 4-2-25　电子节温器

1—大阀盘（用于关闭冷却液大循环）；2—电阻加热器；3—行程销；4—膨胀式节温器；
5—小阀盘（用于关闭冷却液小循环）；6—压缩弹簧；7—膨胀式节温器加热接口

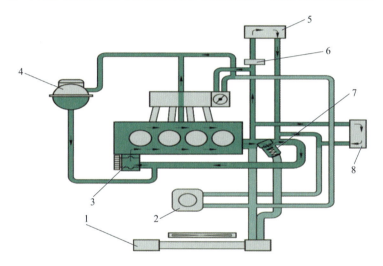

图 4-2-26　冷却液小循环水路

1—散热器；2—机油冷却器（发动机循环）；3—水泵；4—膨胀罐；5—暖风热交换器；
6—热交换器关闭阀；7—冷却液分配器壳体；8—自动变速器的机油冷却器

2）发动机全负荷工作。

发动机全负荷运转时，要求较高的冷却能力。控制单元根据传感器信号得出的计算值对温度调节单元加载电压，熔解石蜡，使大循环阀门打开，接通大循环。同时，机械关闭小循环通道，切断小循环，使冷却液温度保持在 85～95 ℃。冷却液大循环通路如图 4-2-27 所示。

（3）电子冷却风扇控制

发动机全负荷工作时，要求具有足够的冷却能力。为了提高冷却能力，两个风扇电动机都设置了两个转速挡，控制单元依靠发动机出水口与散热器出水口温度的差异来控制风扇的转速。发动机控制单元中储存有风扇介入或切断的两张特性图，它们的决定性因素是发动机转速和负荷（空气流量）。如果故障发生在第一风扇 V7 的输出端，则第二风扇 V177 将被激活；如果故障发生在第二风扇 V177 的输出端，则控制单元使节温器完全打开，进入安全模式。当车速超过 100 km/h 时，风扇不工作，因为高于此车速时风扇无法提供额外的冷却。当空调系统工作时，两个风扇均工作。

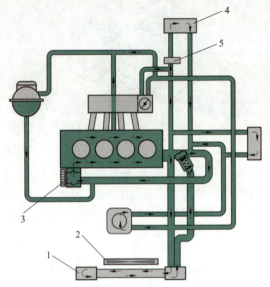

图 4 – 2 – 27　冷却液大循环通路

1—散热器；2—散热器风扇；3—水泵；4—暖风热交换器；5—热交换器关闭阀

任务 4.2.4　检查冷却系统电子控制系统
工作表 4　读取冷却系统控制数据

1. 读取发动机控制单元故障信息和数据，完成表 4 – 2 – 10。

表 4 – 2 – 10　发动机控制单元故障信息和数据

故障码信息 删除后是否再次出现（□是□否）			
数据组	当前值	标准值	是否正常
发动机转速	＿＿＿＿＿r/min		
发动机负荷	节气门开度：＿＿＿＿＿ 进气量：＿＿＿＿＿		
冷却液温度	缸盖出水口温度：＿＿＿＿＿℃ 散热器出水口：＿＿＿＿＿℃		
空调开关	□关闭　□打开		
空调系统压力	空调压力：＿＿＿＿＿		
冷却风扇控制电压	＿＿＿＿＿V 或占空比：＿＿＿＿＿		

注：在分析读取的数据流信息时，如果不清楚检测的数据是否正常，则可以和其他正常的同款车辆数据流进行比对。

注：车型和配置不同，可根据实训车辆选择相应的检测内容。

1. 执行元件诊断

1）根据读取实训车辆的故障现象和故障码信息，首先使用诊断仪进行执行元件诊断，初步判断冷却风扇是否正常工作。

若冷却风扇能够正常转动，则诊断结论是：_____；

若冷却风扇不能转动，则诊断结论是：_____。

接下来需要进一步检查_____。

2）检查冷却风扇。

①外观检查：目测检查冷却风扇扇叶_____。

②检查冷却风扇的控制。

a. 阅读如图4-2-28所示捷达两级风扇控制电路，完成下面问题，并在表4-2-11中记录检测数据。

B—起动机

T10b—10孔棕色插头，继电器支架上

F18—双温开关

T10o—10孔黑色插头，继电器支架上

G65—高低压传感器

T10y—10孔插头

J217—自动变速箱控制单元

T10z—10孔对接插头

J293—空调控制单元

②—正极连接（15），车身线束内

J361—Simos发动机控制单元

⑲—正极连接，车身线束内

N25—电磁离合器

⑱—螺栓连接（30），在继电器支架上

V7—散热器风扇

㊿—接地点，前流水槽左侧

T4z—4孔插头，插接空调控制单元

表4-2-11　记录检测数据

V7针脚	测量数据	标准值	是否正常
1（高速供电）			
2（低速供电）			
3（接地）			

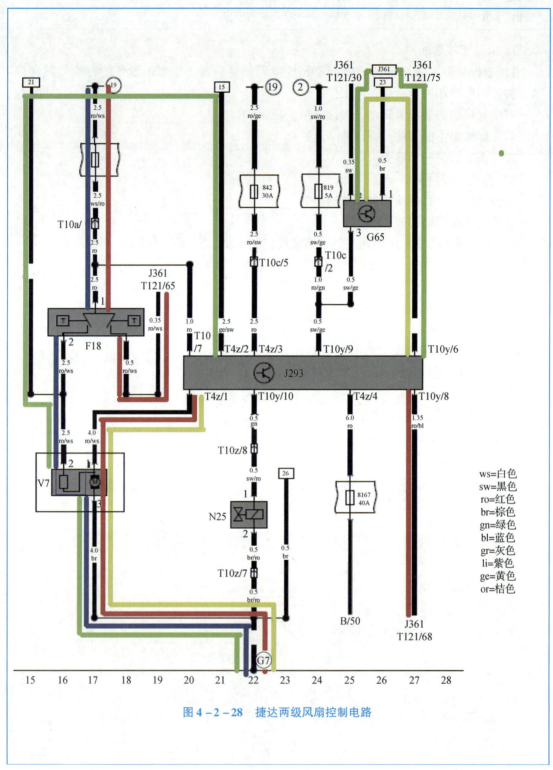

图 4-2-28 捷达两级风扇控制电路

根据捷达风扇电路图，画出以下各种情况下风扇转动的工作电路。
- 水温较高，风扇低速运转（蓝色电路）。

- 水温高，风扇高速运转（红色电路）。

- 空调打开，风扇低速运转（绿色电路）。

- 空调压力过高，风扇高速运转（黄色电路）。

b. 阅读图 4 − 2 − 29 所示迈腾 B7 发动机风扇无级调速控制电路，完成表 4 − 2 − 12。

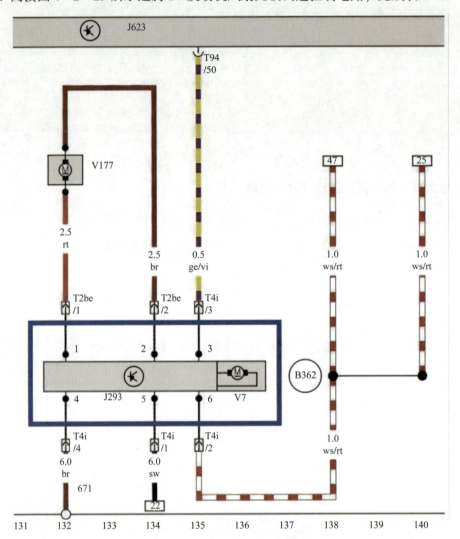

图 4 − 2 − 29　B7 风扇控制电路

表 4 − 2 − 12　记录检测数据

J293 针脚	测量数据	标准值	是否正常
1（V177 接地）			
2（V177 供电）			
3 发动机控制信号（占空比）		波形图	
4（接地）			
5（供电）			
6（供电）			

（3）对比捷达风扇电路图和 B7 风扇电路图，说明这两种风扇控制方式有什么不同。

捷达风扇控制特点：＿＿＿＿＿＿＿＿＿＿＿＿＿＿＿＿＿＿＿＿＿＿＿＿

B8 风扇控制特点：＿＿＿＿＿＿＿＿＿＿＿＿＿＿＿＿＿＿＿＿＿＿＿＿＿

参考信息

1. 冷却风扇的控制

汽车在行驶过程中，由于环境条件和运行工况的变化，发动机的热状况也在改变。因此，必须随时调节发动机的冷却强度。例如，在炎热的夏季，发动机在低速大负荷下工作冷却液的温度很高时，风扇应该高速旋转以增加冷却风量，增强散热器的散热能力；而在寒冷的冬天冷却液的温度较低，或在汽车高速行驶有强劲的迎面风吹过散热器时，风扇继续工作就变得毫无意义了，不仅白白消耗发动机功率而且还会产生很大的噪声。因此，根据发动机的热状况随时对其冷却强度加以调节就显得十分有必要了。而发动机冷却系统的控制技术中，冷却风扇的控制就是其中之一。目前发动机冷却风扇的控制主要有两种方式：硅油风扇离合器控制和电动风扇控制。

（1）电动风扇控制

很多轿车发动机的水冷系采用电动风扇。电动风扇由风扇电动机驱动并由蓄电池供电，所以风扇转速与发动机转速无关。采用电动风扇不需要检查、调整或更换风扇传动皮带，因而减少了维修的工作量。

在有些发动机上，电动风扇是由布置在冷却液中的温控热敏开关控制风扇电动机的接通和关闭，以实现冷却风扇低速或者高速转动的。如图 4－2－30 所示，温控开关安装在散热器上，它监测的是散热器中冷却液的温度，并把信号传递给发动机控制单元，以决定是否启动电动风扇。它的内部有两个挡位，分别控制电动风扇的低速和高速。当水温较低时，开关断开，电动风扇不启动；当温度超过 90 ℃时，低速开关接通，电动风扇低速转动；当温度超过 105 ℃时，高速开关接通，电动风扇高速转动。此外，开启空调时，由于空调冷凝器需要散热，故电动风扇也会高速转动。

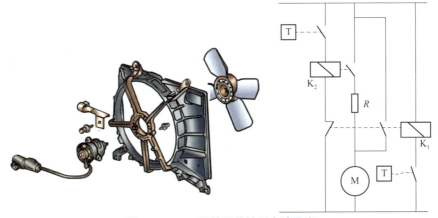

图 4－2－30 温控开关控制电动风扇

T—节温开关；K—继电器；M—电动机；R—电阻

还有的发动机 ECU 通过控制风扇继电器来控制电动风扇的速度。如图 4 – 2 – 31 所示，要使风扇低速运行，可以在电路中增加一个串联电阻，从而降低冷却风扇电动机两端的电压；同样的道理，要使风扇高速运行，在风扇电动机的电路里不串联电阻就行了。

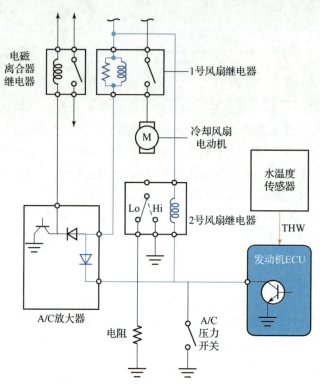

图 4 – 2 – 31　风扇继电器控制电动风扇

而在有些电控系统中，电动风扇由发动机电脑控制，如图 4 – 2 – 32 所示，冷却液温度传感器向电脑传输与冷却液温度相关的信号，当冷却液温度达到规定值时，电脑使风扇继电器搭铁，继电器触点闭合并向风扇电动机供电，风扇进入工作状态。由发动机 ECU 可以通过控制风扇电动机的有效电压，即控制风扇电动机的占空比来控制风扇的转速变化，从而根据发动机的温度变化实现风扇转速的无级调节。

（2）硅油风扇离合器控制

为减少发动机功率损失、减小风扇噪声、改善低温起动性能、节约燃料及降低排放，在有些汽车发动机上常采用硅油风扇离合器来控制风扇的转速，自动调节冷却强度。

图 4 – 2 – 33 所示为硅油风扇离合器。当冷却水温度不高时，双金属感温器不带动阀片偏转，进油口关闭，工作腔内无油，风扇离合器处于分离状态。此时仅由密封毛毡圈和轴承的摩擦使风扇随同离合器壳体一起在主动轴上空转打滑，转速很低。

当发动机的负荷增加而使吹向双金属感温器的气流温度超过 82 ℃时，阀片转到将进油口打开的位置，于是硅油从储油腔进入工作腔，主动板利用硅油的黏性带动离合器壳体和风扇转动。此时离合器处于接合状态，风扇转速得到提高，以适应发动机需要增强冷却的需要。当发动机的负荷减小，流经双金属感温器的气流温度低于 60 ℃时，双金属感温器复原，阀片将进油孔关闭，工作腔内油液继续从回油口流向储油腔，直至甩空为止，此时风扇离合器又回到分离状态。

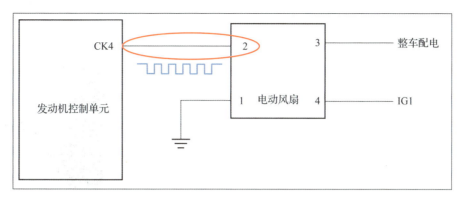

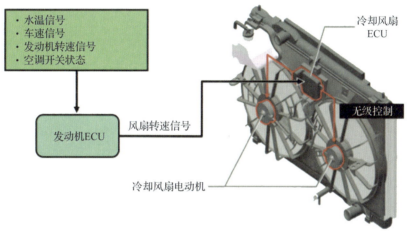

图 4 - 2 - 32　红旗发动机电脑控制冷却风扇

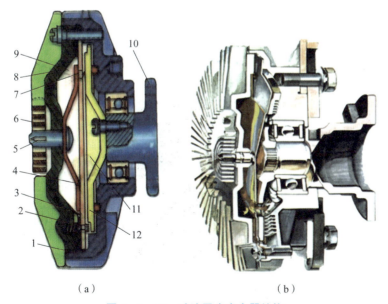

（a）　　　　　　　　　　　（b）

图 4 - 2 - 33　硅油风扇离合器结构

（a）结构；（b）剖面

1—壳体；2—回油口；3—从动板；4—阀片；5—阀片轴；6—双金属感温器；7—进油口；
8—前盖；9—储油腔；10—主动轴；11—工作腔；12—主动板

工作表6 检测冷却系统电子元件——冷却液液位传感器

注：不同车型和配置不同，可根据实训车辆选择相应的检测内容。

1. 拔下冷却液液位传感器插头，对液位插头进行短接，如图4-2-34所示，观察仪表显示变化情况：

1) 冷却液报警灯熄灭，说明故障点在：插头至仪表线束□／液位传感器本身□，所以液位插头至仪表的线束以及仪表都正常。

2) 冷却液报警灯没有熄灭，说明故障点在：插头至仪表线束□／液位传感器本身□，应该进一步检查。

2. 检查冷却液液位传感器电阻，见表4-2-13。

图4-2-34 短接液位插头

表4-2-13 冷却液液位传感器电阻的检查

项目	液位正常时电阻	液位过低时电阻	是否正常
电阻式冷却液液位传感器			
浮子舌簧开关式冷却液液位传感器			

参考信息

1. 冷却液液位传感器

冷却液液位传感器是一个开关，安装在膨胀水箱上部或底部，如图4-2-35所示，用来监测发动机冷却液的液位，通过发动机线束将信息传输给发动机控制单元。当液位低于最低线时，它就会向发动机控制单元发出信号，并在仪表盘上显示，提醒驾驶员注意。冷却液液位传感器有电阻式、浮子舌簧开关式等多种类型。

冷却液液位
传感器检测

图4-2-35 冷却液液位传感器常见位置

1）电阻式冷却液液位传感器，冷却液液位由电阻传感器测定。在此先测量两个金属销之间的电阻，当冷却液液位正常时，两金属销完全浸在冷却液中，两销之间的电阻很小；当冷却液液位下降时，两销之间的电阻上升，组合仪表电子装置就会接通警告灯。如图 4 - 2 - 36 所示。

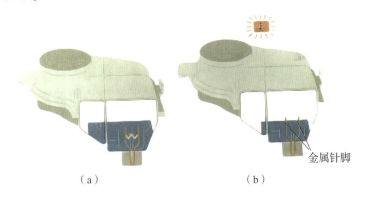

（a）　　　　　　（b）

图 4 - 2 - 36　电阻式冷却液液位传感器

2）浮子舌簧开关式冷却液液位传感器，这种传感器由树脂圆管制成的轴和可沿其上下移动的活动浮子组成，如图 4 - 2 - 37 所示。在管状轴内装有强磁性材料制成的触点，即舌簧开关，浮子内嵌有永磁铁。舌簧开关内部是一对很薄的触点，随浮子位置的不同，触点闭合或断开，可以判定液量是多于规定值还是少于规定值。也就是说，当活动浮子移动时，磁铁可触发冷却液液位开关内的簧片触头，簧片触头把浮子运动转换为电气信号，发送给控制单元，控制单元通过监控簧片触头的状态来得知冷却液液位的状态。

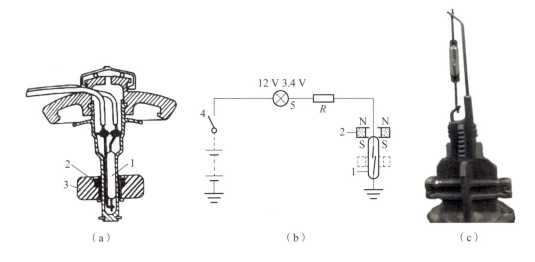

（a）　　　　　　　　　（b）　　　　　　　　　（c）

图 4 - 2 - 37　浮子舌簧开关式冷却液液位传感器
（a）结构图；（b）电路图；（c）实物图
1—舌簧开关；2—永磁铁；3—浮子；4—点火开关；5—冷却液报警灯

工作表7   检测冷却系统电子元件—冷却液温度传感器

注：车型和配置不同，可根据实训车辆选择相应的检测内容。

1. 阅读如图4-2-38所示冷却液温度传感器电路图，完成表4-2-14。

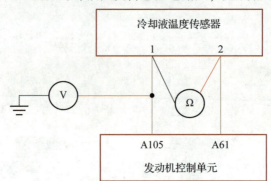

图4-2-38   冷却液温度传感器电路

表4-2-14   记录检测数据

针脚	测量数据	标准值	是否正常
1（水温信号）			
2（搭铁）			
1—2脚间电阻	20 ℃ ___ 90 ℃ ___	温度越高，电阻越小	

2. 思考：图4-2-39所示为NTC传感器的特性曲线，如果在发动机运转温度下（90 ℃）测得的电阻值为10 kΩ，则由此可以判断出什么？

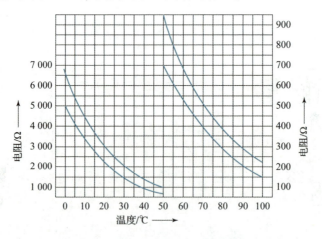

图4-2-39   NTC传感器特性曲线

结论：通过以上冷却系统电子元件的检查，结果有两种可能：

1）找到了实训车辆的故障点是 _____，对故障点进行修复，试车，故障排除。

2）未发现异常，因此推断故障可能出现在机械零件上，故需要对冷却系统的机械零件做进一步检查。

参考信息

1. 冷却液温度传感器

（1）安装位置

冷却液温度传感器一般安装在发动机缸盖出水管上，与冷却液直接接触。有的发动机在散热器的出水口也会安装一个水温传感器。如图 4 - 2 - 40 所示。

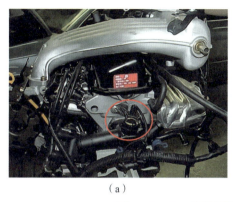
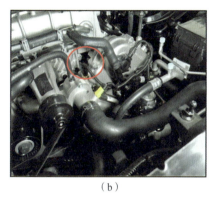

（a）　　　　　　　　　　　　　　　（b）

图 4 - 2 - 40　冷却液温度传感器安装位置

（2）作用

冷却液温度是发动机管理系统中最重要的修正参数之一。冷却液温度传感器用来检测发动机冷却液的温度，该信号用于喷油量和点火时刻的修正。发动机 ECU 以接收的冷却液温度传感器信号作为发动机喷油和点火的修正信号，同时也用于控制冷却液风扇、空调等，其作用不容小觑。若 ECU 接收失真的冷却液温度传感器信号，将会严重影响发动机的正常工作，甚至导致发动机起动困难。

（3）结构及工作原理

冷却液温度传感器的内部也是一个负温度电阻系数的半导体热敏电阻（NTC），其结构原理与进气温度传感器基本相同。当冷却液温度升高时，其电阻值降低，从而输出一个与水温成反比的电压信号；当发动机冷却液温度改变时，传感器向电控单元输送的信号电压也会发生改变。如图 4 - 2 - 41 所示。

冷却液温度传感器

1）供电检测。打开点火开关，2 - 1 脚间的电压为 5 V。

2）信号检测。THW - E2 的电压 0.2 ~ 3.4 V，温度越高，输出电压越低。

（4）传感器检测

以红旗 H7 为例，冷却液温度传感器的核心部件为 NTC（负温度系数热敏电阻），从而输出一个与水温成反比的电压信号。冷却液温度传感器电路如图 4 - 2 - 42 所示。

（5）冷却液温度传感器故障

1）若冷却液温度信号超出范围，则自诊断系统存储故障码；若虚接，则一般无故障码。

2）若冷却液温度信号超出范围，则发动机控制单元不采纳，失效保护程序采用固定值 80 ℃（不同车型固定值可能不一样）。

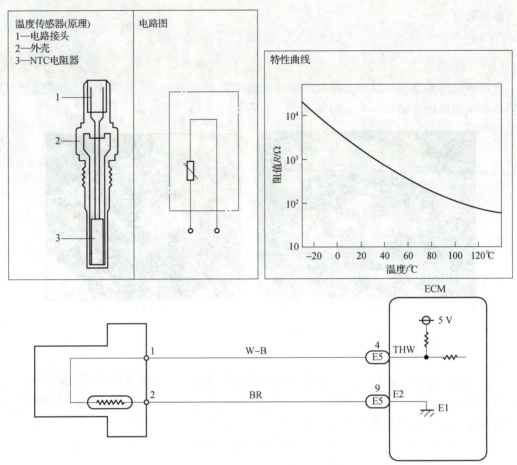

图 4 - 2 - 41　冷却液温度传感器工作原理

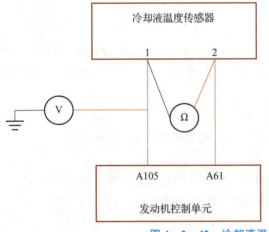

- 打开点火开关,测量传感器1号端子电压(不要断开线束),信号电压应随水温变化(0~5 V)

- 关闭点火开关,测量传感器电阻,阻值应随水温升高而降低,反之升高

图 4 - 2 - 42　冷却液温传感器电路图

3) 刚起动时用进气温度信号代替,每运转 20 s,使冷却液温度升高 1 ℃,直至升高至 90 ℃。

4) 冷却液温度传感器失效对发动机的影响:起动困难、怠速不稳、油耗增加、污染增大。

任务 4.2.5　检查冷却系统机械部件

工作表 8　检查、更换机械水泵

1. 就车检查机械水泵，该如何检查呢？查阅资料，完成表 4-2-15。

表 4-2-15　就车检查机械水泵

故障表现	损坏形式（部位）	检查方法（部位）	维修方法
渗漏			拆检水泵
运转异响			拆检水泵轴承

2. 制订拆卸水泵的工作计划，见表 4-2-16。

表 4-2-16　拆卸水泵的工作计划

项目	具体内容	注意事项
准备工具		
放出冷却液		
拆下多楔皮带		
拆下水泵皮带轮		
拆下水泵		

3. 按照工作计划拆下水泵，检查水泵叶轮、轴承、壳体，若损坏，则更换水泵总成。

4. 更换安装实训车辆的水泵（倒序进行安装），回答问题。

在安装水泵的过程中，有哪些需要注意的事项呢？

①力矩：_____

②加注新的冷却液后进行排气，排气过程如下：_____

_____

注：不同车型和配置，排气方法会有一定差异。

参考信息

1. 水泵的检修

（1）水泵的损伤形式

我们都知道，水泵的功能是让冷却液从发动机到散热器之间循环，如果水泵漏水，会引起冷却液过少而发动机温度太高；如果水泵工作不正常，冷却液在发动机内无法流动进行热交换，发动机热量无法排出，会使发动机温度上升，而发动机温度太高会使机油润滑能力下降，导致机件磨损加剧，温度再高则会导致发动机拉缸或烧瓦等严重故障，最终导致发动机报废。

汽车水泵损坏的症状如下：水泵损坏会使冷却循环能力减弱甚至不循环，出现冷却液"开锅"现象；发动机靠近水泵部位漏冷却液，漏的冷却液会在水泵通风孔上留下冷却液颜色的痕迹，导致缺少冷却液后水温高等症状；发动机工作时水泵出现异响，可能是由于内部有异物，或者轴承磨损引起。

所以，水泵出故障时的表现通常是发动机水温过高，如果放任其发展，最终的结果可能会严重到需要大修发动机。下面，我们就来看看水泵故障会引发哪些严重的问题。

1）导致气缸垫损伤。

水泵运转异常，冷却液的循环效率就会降低，发动机长时间得不到充分散热，气缸垫容易在高温作用下出现结构性损伤，如图 4 – 2 – 43 所示，随后可能会出现发动机气缸密封不佳、机油与冷却液混合等现象。

图 4 – 2 – 43　水泵致气缸垫损伤

2）导致曲轴磨损。

水泵故障，冷却液循环不畅，温度过高，机油黏度就会下降，即难以在发动机部件之间建立起油膜，如图 4 – 2 – 44 所示。此外，发动机过热容易引发轴瓦等部件受热膨胀、叠加，机油润滑能力不足，曲轴就可能出现严重磨损。

图 4 – 2 – 44　水泵致曲轴损伤

3）导致涡轮增压器损伤

由于工作时温度很高，故涡轮增压器需要进行严格的冷却和润滑。如果水泵工作效率低，涡轮增压器获得的冷却液流量和流速就无法满足需求，势必影响涡轮增压器的散热效果。涡轮增压器工作时，转子的转速非常高，轴承产生的热量也很高，此处散热不充分就很容易出现轴承抱死等过热损伤。如图 4 - 2 - 45 所示。

图 4 - 2 - 45　水泵致涡轮增压器损伤

上面提到的发动机严重故障，都是在水泵损坏时间较长，发动机在长期过热的状态下工作的结果。因此，当水泵异常时我们需要尽早发现。

水泵出现故障，冷却液循环不畅，仪表板上的水温表通常会出现异常表现。当看到水温表较长时间处于水温偏高，或水温表指针在 90 ℃ 以上的区间频繁变化时，通常就需要对水泵进行检查。同时，我们还应该了解水泵的安装位置，如果发现缺少冷却液，就要检查水泵周围是否有泄漏的痕迹。

（2）水泵的检查及维修

1）就车检查水泵的技术状况。

支承水泵轴的轴承用润滑脂润滑，因此要防止冷却液泄漏到润滑脂中造成润滑脂乳化，同时还要防止冷却液的泄漏。水泵防止泄漏的密封措施有水封和密封垫密封。水封的密封环与轴通过过盈配合装在叶轮与轴承之间，其密封座紧紧地靠在水泵的壳体上，从而达到密封冷却液的目的。水泵壳体通过密封垫与发动机相连，并支承轴承等运动部件。水泵壳体上还有泄水孔，位于水封与轴承之间，一旦有冷却液漏过水封，可从泄水孔泄出，以防止冷却液进入轴承腔，破坏轴承润滑以及使部件锈蚀。

起动发动机，查看水泵溢水孔是否有渗漏，若有渗漏，则表明水封已损坏，同时查听水泵工作时有无异响。停机后查看带轮与水泵轴配合是否松旷，稍有间隙感觉为正常；若明显松旷，则表明带轮与泵轴或带轮与锥形套配合松旷。

如果就车检查水泵无漏水、发卡、异响及带轮摇摆现象，可不用对其分解，只加注润滑油即可。如有上述异常现象，则应分解检查，并予以修理。

当带轮松旷摇摆时，应检查风扇及带轮的螺栓或螺母，若松旷应予以拧紧；如果螺栓和螺母紧固良好，传动带仍松旷摇摆，则可能是水泵轴松旷，应分解水泵，检查水泵轴承，若松旷应予以更换。

2）水泵装合后的检验。

水泵装合后，首先用手转动皮带轮，泵轴转动应无卡滞现象，叶轮与泵壳应无碰擦感觉，然后在试验台上按原厂规定进行压力—流量试验。

工作表 9　检查、更换节温器

1. 在表 4 – 2 – 17 中写出拆卸和检查节温器的工作步骤。

表 4 – 2 – 17　拆卸和检查节温器的工作步骤

步骤	具体内容	
1	拆下冷却液加注盖	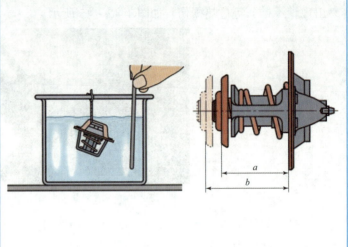
2		
3		
4	取出节温器部件	
5	在节温器部件上测量：	
6		
7	取出并立即在节温器部件上测量：	

2. 如图 4 – 2 – 46 所示，通过测量发现节温器的阀门升程（$b-a$）为 2 mm，汽车制造商规定开启的最小升程为 7 mm，由此可以得出什么结论？

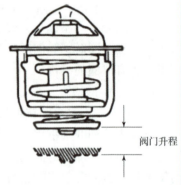

3. 更换完新的节温器后，需要将冷却系统中重新加注冷却液，将冷的冷却液重新加注到热态发动机中时，需要注意什么？请说明理由。

图 4 – 2 – 46　节温器阀门升程

参考信息

1. 蜡式节温器的检修

节温器的作用是根据发动机内冷却水温度的高低，自动调节大循环或小循环，控制进入散热器的水量，以调节冷却系统的散热能力，保证发动机在合适的温度范围内工作。在汽车的长期使用中，节温器有时会失效，造成发动机过热或过冷、功率下降、油耗增加，所以要加强节温器的检查和维护。

（1）蜡式节温器的故障形式

节温器的常见故障如下：

1）主阀门开启和全开的温度过高，甚至不能开启。这将造成冷却液不能有效地进行大循环，致使发动机过热。

2）节温器关闭不严。这将将造成发动机升温缓慢，出现发动机温度过低的现象。

（2）蜡式节温器的检查与维修

1）蜡式节温器的就车检查。

①发动机起动后的检查。

这项检查可在发动机冷态时进行，先打开散热器加水盖，起动发动机，观察散热器内冷却水，若很平静，则表明节温器冷态工作正常。这是因为在水温低于70 ℃时，节温器处于收缩状态，主阀门关闭；只有当水温高于80 ℃时，主阀门才会渐渐打开，散热器内循环开始工作。若水温表指示在70 ℃以下，散热器进水管处有水流动且水温微热，则表明节温器主阀门关闭不严，使冷却水过早大循环。

②水温升高后的检查。

由于节温器冷态工作正常，故在发动机工作初期，水温会很快上升，当水温上升到80 ℃后，升温速度减慢，则表明节温器工作正常；反之，水温一直升高很快，且内压达到一定程度时沸水突然溢出，则表明是主阀门有卡滞而突然打开导致的。当水温表指示在70～80 ℃时，打开散热器盖及放水开关，用手感受其水温，若烫手，则说明节温器正常；若加水口处水温低，且散热器上水室进水管处无水流出或流水甚微，则说明节温器主阀门无法打开。

2）蜡式节温器的离车检查。

从发动机上拆开节温器壳，取出节温器，清洁节温器上的水垢等污物后进行更准确的检查。外观检查节温器应无破损，如有破损则予以更换。

节温器性能检查，检查时将节温器置于水容器中，并逐步加热提高水温，检查阀门的开启温度和升程，如图4-2-47所示。节温器开始打开温度约为85 ℃，全部打开温度约为105 ℃，节温器阀门最大升程（$b-a$）约为8 mm。如不符合上述要求，则应更换节温器。

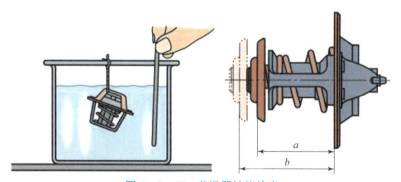

图4-2-47 节温器性能检查

任务4.2.6 检查工作结果

工作表10 检查发动机水温报警灯点亮故障排除结果

1. 根据以上故障排除步骤，找到发动机水温报警灯点亮的故障点是_____，排除故障的方法是_____。

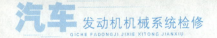

2. 检查故障排除结果，在表 4 – 2 – 18 中相应的位置打√。

表 4 – 2 – 18　故障排除结果的检查

检查内容	发动机静态检查		发动机动态检查				
			起动发动机	发动机怠速运转			
	故障现象是否消失	清完故障码后，发动机ECU是否还有故障码	仪表上水温报警灯是否熄灭	水温报警灯是否还会点亮	冷却液膨胀箱液位是否正常	发动机舱冷却系统是否有泄漏	冷却风扇是否正常工作
是							
否							

注：若有必要，则可外出进行试车检查。

3. 以上检查内容都没有问题，该故障排除，可以交车给客户。

三、任务拓展

　　冷却系统在现代发动机运行过程中的作用越来越重要，大众汽车近年来不断推出致力于冷却系统的精准控制技术，如电控节温器技术、电控无级冷却风扇技术、双节温器技术、双循环冷却技术以及涡轮增压水冷技术等。在第三代 EA888 发动机上，大众推出了创新型发动机热能管理系统，它是针对发动机与变速器的一项智能冷起动和暖机程序，可实现全可变发动机温度调节，对冷却液液流进行目标控制。

B8 智能热管理系统

四、参考书目

序列	书名，材料名称	说明
1	汽车机电技术（二）学习领域 5 ~ 8	［德］Fischer Richard 著
2	汽车维修技能学习工作页（5 ~ 8）	［德］Fischer Richard 著
3	发动机构造与维修（第 4 版）	焦传君 主编
4	大众汽车维修手册	
5	大众汽车自学手册	

模块五

检查、诊断和维修发动机润滑系统

任务 5.1　更换机油

一、任务信息

任务难度	"1＋X"汽车运用与维修职业技能等级证书　初级		
学时		班级	
成绩		日期	
姓名		教师签名	
案例导入	一位客户来到 4S 店向服务顾问提出车辆常规保养需求，服务顾问向客户介绍了车辆机油的种类，以及更换机油工作需要的材料费与工时费，经过客户认可后，服务顾问下工单，由维修技师完成工作任务		
能力目标	知识	1. 能够说出润滑系统的作用、结构及零部件的安装位置。 2. 能够解释至少两种机油认证标准和每种认证标准下的机油标号含义	
	技能	1. 能正确检查机油油位。 2. 能在仪表中识别机油压力警报灯。 3. 能目视检查发动机机油密封情况。 4. 能识别不同认证标准的机油牌号等级。 5. 能选择合适标号的机油。 6. 能正确地更换机油及滤清器。 7. 能重新设定保养提醒	
	素养	1. 能快速查询汽车维修资料、技术服务信息、用户手册和保养手册。 2. 重视在更换机油前为客户检查机油密封情况。 3. 建立维修后检查工作结果的必要性意识。 4. 建立废旧机油安全存放的意识。 5. 确认和解决客户需求，向客户说明机油选取的要求	

二、任务流程

（一）任务准备

课前请扫描二维码，观看客户委托——更换机油的工作过程视频。

更换机油

（二）任务实施

任务 5.1.1　检查机油是否渗漏

学习表 1　润滑系统结构

1. 请在表 5-1-1 中填写图 5-1-1 所示各零部件名称、作用及对应的编号。

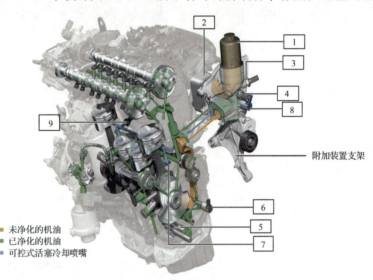

图 5-1-1　润滑系统结构

表 5-1-1　润滑系统各部件名称及作用

编号	零部件名称	作用
1		
2		
3		
4		
5		
6		
7		
		通过液压操纵一个机械切换阀移动，接通和关闭去往活塞冷却喷嘴的机油
		用于测量活塞冷却喷嘴控制阀和活塞冷却喷嘴之间的机油压力

2. 在实训车辆或发动机台架上找到下列零部件。

机油压力报警灯，图 5 - 1 - 1 的 1、2、3、4、6、8，机油加注口盖，机油标尺，放油螺栓，机油油位和温度传感器。

备注：请组织者规定每个环节或某些环节的工作时间，养成良好的时间观念。

参考信息

1. 功用

润滑系统的功用是将一定压力的机油不断地供给传动零件的摩擦表面，在摩擦表面间形成一层油膜，以减轻机体磨损、减小摩擦损失和降低功率消耗。流动的润滑油除了润滑功用外，还具有冷却、清洁、密封、防锈和减振降噪，以及传递作用力等功能。

2. 结构

如图 5 - 1 - 2 所示，润滑系统主要包括机油泵和集滤器、油底壳及放油螺栓、机油滤清器、机油散热器、活塞冷却喷嘴和控制阀、机油压力开关和机油压力报警灯、机油压力调节阀（也称机油压力控制阀）、机油油位和温度传感器、机油标尺、机油加注口盖等。此外，发动机润滑系统还包括由油管、油道等组成的润滑油引导、输送和分配装置。

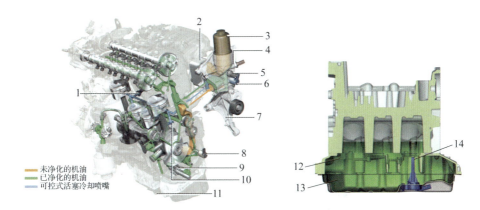

图 5 - 1 - 2 润滑系统结构图

1—3 挡机油压力开关 F447；2—机油散热器；3—机油滤清器；4—低压机油压力开关；
5—高压机油压力开关；6—活塞冷却喷嘴控制阀；7—附加装置支架；8—机油压力调节阀；
9—可调机油泵；10—活塞冷却喷嘴；11—油底壳上的放油螺塞；12—上部的油底壳；
13—下部的油底壳；14—机油油位和温度传感器

（1）机油泵和集滤器

如图 5 - 1 - 3 和图 5 - 1 - 4 所示，机油泵安装在油底壳内，作用是给主油道提供数量足够、压力适当的机油，保证机油在润滑系统内循环流动，其由曲轴通过链条驱动。

如图 5 - 1 - 5 所示，集滤器的作用是防止较大的机械杂质进入机油泵，其安装在机油泵之前的吸油口端（见图 5 - 1 - 6），多采用滤网式。

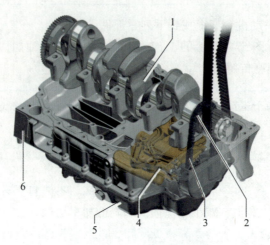

图 5 - 1 - 3　机油泵安装位置

1—曲轴；2—由曲轴驱动；3—链条传动机构；4—机油泵；5—油底壳（下半部分）；6—油底壳（上半部分）

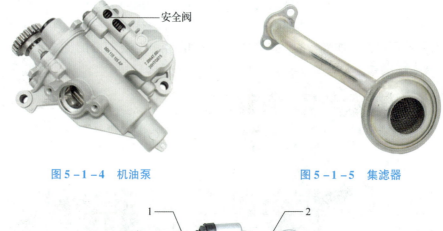

安全阀

图 5 - 1 - 4　机油泵　　　　　　　　　　图 5 - 1 - 5　集滤器

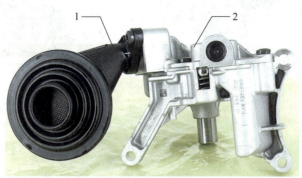

图 5 - 1 - 6　机油泵和集滤器连接位置关系

1—集滤器；2—机油泵

（2）油底壳及放油螺栓

如图 5 - 1 - 7 所示，油底壳的主要功能是收集和储存由发动机各摩擦表面流回的润滑油，散发部分热量，防止润滑油氧化，同时封闭曲轴箱，防止杂质进入。当发动机停止运转时，发动机中的一部分机油会在重力的作用下返回油底壳；当发动机起动时，机油泵会将机油带到发动机的所有润滑部位。

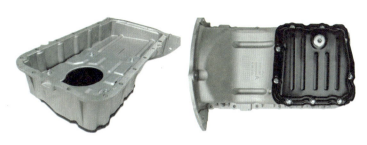

图 5 - 1 - 7 油底壳

如图 5 - 1 - 8 所示，放油螺栓是位于发动机油底壳的密封螺丝，它是更换机油的关键部件，不同车型的螺栓外形各异。通常在车辆做保养时，需要拆卸放油螺栓，将油底壳内原有的机油放出来，再拧上螺栓。另外部分车型也可以通过抽取旧机油的方式来进行更换。

提示：若反复地对放油螺栓进行拆卸和拧紧，则很可能造成螺纹的滑丝和老化，出现渗油、发动机拉缸报废等问题。因此，放油螺栓和密封垫圈须在每次拆卸时进行更换，且依据维修手册要求校准力矩。

图 5 - 1 - 8 放油螺栓

（3）机油滤清器

如图 5 - 1 - 2 所示，机油滤清器旋紧在机油滤清器支架上，它的作用主要是过滤机油中的灰尘、金属颗粒、碳沉淀物和煤烟颗粒等杂质，保持机油的清洁，防止污物颗粒进入主油道。另外，机油滤清器还应该具有过滤能力强、流通阻力小、使用寿命长等特点。轿车上一般采用整体式纸质滤清器，即将滤芯与壳体制成不可拆卸的一个整体，如图 5 - 1 - 9 所示；还有只更换纸质滤芯和密封垫圈，将新的滤芯安装到机油滤芯底座上的分体式纸质滤清器，如图 5 - 1 - 10 所示。

图 5 - 1 - 9 整体式纸质滤清器

图 5 - 1 - 10 分体式纸质滤清器

（4）机油散热器

如图 5 - 1 - 2 和图 5 - 1 - 11 所示，通常机油散热器与机油滤清器一同安装在附加装置支架上，作用是冷却机油，保持油温在正常工作范围（80 ~ 110 ℃）之内。在大功率的强化发动机上，由于热负荷大，发动机运转时机油黏度随温度升高而变稀，降低了润滑能力，因此必须装有机油散热器。

图 5 - 1 - 11　机油散热器
1—机油滤清器；2—机油散热器

（5）活塞冷却喷嘴和控制阀

如图 5 - 1 - 12 所示，活塞冷却喷嘴安装在气缸缸筒下部，是一根装在缸体机油油道上的空芯管子，内径较细，可将机油进行雾状喷射，用于冷却活塞。如果活塞过热，则将引起过大膨胀及润滑油的碳化、滑动面黏着和烧损、头部松弛和烧坏。

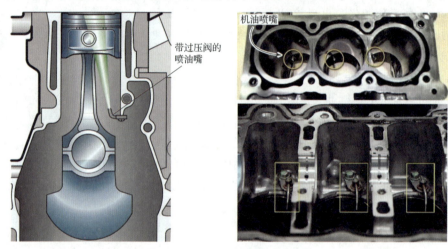

带过压阀的
喷油嘴

机油喷嘴

图 5 - 1 - 12　活塞冷却机油喷嘴

实际上并不是在发动机所有工况下活塞都需要喷射机油来冷却。活塞冷却喷嘴的接通和关闭是由活塞冷却喷嘴控制阀来完成的，此阀通过螺钉固定在机油滤清器支架上，其功能是接通或切断活塞冷却喷嘴，即通过液压操纵一个机械切换阀移动，接通和关闭去往活塞冷却喷嘴的机油，如图 5 - 1 - 13 所示。如果关闭了活塞冷却喷嘴，那么机油泵就要减少供油量，这也有助于节约燃油。

　　※思政点※

了解活塞冷却喷嘴设计的背景

发动机的活塞在工作时，不断地从燃烧室吸收热量，要保证它的工作可靠性，需将活塞吸收的热量及时带走。在自然吸气的发动机中，活塞吸收的热量是通过活塞环、活塞裙部传递的。随着增压、直喷技术的应用，活塞的热负荷越来越高，仅依靠金属间的热传递、连杆的飞溅机油降温已不能满足冷却活塞的要求，引入活塞强制冷却就成了必然，活塞冷却喷嘴作为一种活塞强制冷却的手段也得到了越来越多的应用。

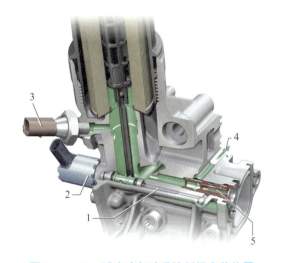

图 5 - 1 - 13　活塞冷却喷嘴控制阀安装位置

1—控制通道；2—活塞冷却喷嘴控制阀 N522；3—低压机油压力开关 F378；

4—油道入口，去往活塞冷却喷嘴；5—机械切换阀

（6）3 挡机油压力开关

如图 5 - 1 - 2 所示，3 挡机油压力开关 F447 用螺钉固定在发动机气缸体进气侧，与活塞冷却机油接触，用于测量活塞冷却喷嘴控制阀和活塞冷却喷嘴之间的机油压力。

（7）机油压力开关和机油压力报警灯

如图 5 - 1 - 2 和图 5 - 1 - 14 所示，机油压力开关安装在附加装置支架上，作用是检测发动机机油压力，并将信号反馈给 CPU（发动机控制单元或者仪表控制单元，具体需要对应车型电路图确认），仪表在接收到异常信号后将显示屏上的机油压力警报灯点亮（见图 5 - 1 - 15），有些车辆还伴有蜂鸣声。低压机油压力开关用于监控是否还有机油压力，高压机油压力开关用于监控可调式机油泵是否输出了高压机油。

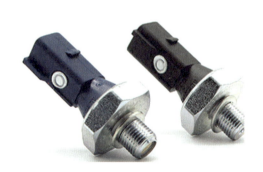

图 5 - 1 - 14　高压机油开关和低压机油开关

图 5 - 1 - 15　机油压力报警灯

提示：机油压力警报灯亮起处置方法，具体以车辆客户使用手册为准，参见表 5 - 1 - 2。

（8）机油压力控制阀

如图 5 - 1 - 2 和图 5 - 1 - 16 所示，机油压力控制阀通过螺栓固定到气缸体前边缘、辅助装置托架下方。控制阀由发动机控制单元驱动，机油泵在高、低两个压力段之间来回切换。

表 5 – 1 – 2   车辆使用手册 – 机油压力警报灯亮起及闪烁处置方法

点亮	可能的原因	处理方法
🛢️	发动机机油油位偏低	关闭发动机。检查发动机机油油位⇒第 214 页。
闪烁	可能的原因	处理方法
🛢️	发动机机油压力偏低	⚠️切勿继续行驶！关闭发动机，检查发动机机油油位。若警报灯仍闪亮，则即使发动机机油油位正常，也不可继续行驶或以急速运转发动机，否则可能损坏发动机！应尽快与本公司特许经销商联系检查系统
🛢️	发动机润滑系统发生故障	遇此情况，应尽快到本公司特许经销商处，检查发动机机油传感器

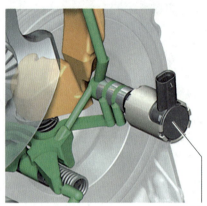

机油压力控制阀N428

图 5 – 1 – 16   机油压力控制阀

（9）机油油位和温度传感器

如图 5 – 1 – 2 和图 5 – 1 – 17 所示，机油油位和温度传感器安装在油底壳上，它可测定机油油位，避免因机油不足造成发动机损坏；同时可测量机油温度，防止机油温度过高。

密封胶圈

图 5 – 1 – 17   机油油位和温度传感器

使用仿真的机油油位显示，不再使用之前的机油油尺，用户可以通过组合仪表获知机油油位警告信息（见图5-1-18），并通过中控台内的信息娱乐系统显示屏显示机油油位（见图5-1-19）。

图5-1-18　机油油位警告信息

（10）机油标尺

如图5-1-20和图5-1-21所示，发动机上有一个黄色拉环式的部件，即机油标尺。由于油尺插入孔存在拐弯路径，因而要求油尺插入时的形变能在抽出来时回弹复原。

图5-1-19　机油油位

图5-1-20　发动机上的机油标尺

机油标尺的作用是测量机油静态液面的高度，从而反映出发动机机油存量是否在合理范围。如图5-1-22所示，常规机油标尺都会有明显的上限位（H位）与下限位（L位），只要确保检测出的机油油位在上下之间即可。在此需要注意的一点是，机油不是越多越好，油液液面越高，发动机的阻力越大。

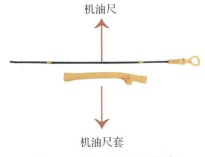

图5-1-21　机油尺和尺套

图5-1-22　机油标尺底端油位指示区

（11）机油加注口盖

如图5-1-23所示，机油加注口盖主要起到密封的作用，其可防止机油在发动机运转时喷溅出来并防止曲轴箱废气直接窜入空气中。如果机油加注口的盖子安装不好，在盖子周围就会有一些机油的油迹，这是机油蒸气从盖子缝隙处渗出的现象。

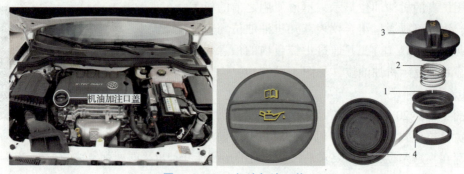

机油加注口盖

图 5-1-23　机油加注口盖

1—机油加注口盖下部；2—弹簧；3—机油加注口盖上部，带有卡口式连接机构；4—矩形密封圈

工作表1　检查机油量及机油压力警报灯

1. 在实训车辆或发动机台架上，正确地完成机油量检查工作。

1）制订检查机油量的工作计划表，见表5-1-3。

表 5-1-3　机油量检查计划表

工作步骤	具体内容	注意事项
车辆准备	将汽车停驻在水平地面上，关闭发动机，打开发动机舱盖	等待至少3 min，让发动机机油流回油底壳
正确地检查机油油位，并作出结果判断		
车辆恢复	将机油标尺插到止位，关闭发动机舱盖	检查舱内是否有工具、翼子板布等未拆除

2）检查发动机机油量。

2. 在仪表上找到机油压力警报灯，并操作车辆，完成表5-1-4。

表 5-1-4　机油压力警报灯点亮条件

序号	条件	机油压力警报灯是否点亮（填"是"或"否"）
1	点火开关置于"ON"挡	
2	起动发动机	
3	"OFF"挡下断开低压机油压力开关线束后，点火开关置于"ON"挡	

初步认识机油压力警报灯

备注：请组织者规定每个环节或某些环节的工作时间，养成良好的时间观念。

参考信息

按下列操作顺序检查机油油位：

1）将发动机处于工作温度，汽车停驻在水平地面上，以便准确检查油位。

打开及关闭
发动机舱盖

2）关闭该发动机，等待至少 3 min，让发动机机油流回油底壳。

3）打开发动机舱盖。

①打开驾驶员侧车门，在驾驶员侧脚部空间处拉动发动机舱盖锁开启手柄，如图 5 – 1 – 24 所示。

②如图 5 – 1 – 25 所示，在散热器格栅上方缝隙伸手寻找打开发动机舱盖的分离杆（有的车型在车标上方，有的在两侧），并拨动。

图 5 – 1 – 24　发动机舱盖锁开启手柄　　　图 5 – 1 – 25　发动机舱盖的分离杆

③上抬机舱盖将其完全打开，随即安全、正确地支撑起机舱盖。

4）识别发动机加注口和机油标尺。

发动机机油加注口可通过盖子上的符号🛢️识别，而机油标尺可通过彩色圆环形手柄识别。

5）从导管内拔出机油标尺，用干净抹布擦去标尺上的油迹。

6）将机油标尺插入导管内，插到止位，如机油标尺上有标记，则插入机油标尺后该标记必须与导管顶部的槽对齐。

7）再次拔出机油标尺，读取标尺上的机油油位，油位信息标注如图 5 – 1 – 26 所示。

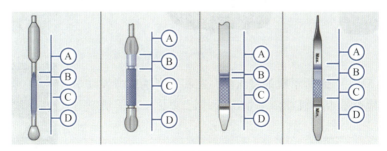

图 5 – 1 – 26　带油位标记的机油标尺

图 5 – 1 – 26 中字母说明：

A—不得起动发动机。

B—不得添加机油。转至步骤 9）。

C—可添加机油。当发动机负荷较高时，可添加发动机机油直至该区域的上限。转至步

模块五　检查、诊断和维修发动机润滑系统

骤8）或9）。

D—必须添加机油。转至步骤8）。

8）拧下发动机机油加注口盖，加注合适量的机油。

①加注适用于发动机的机油，并分多次少量加注（每次不得超过0.5 L）。

②为避免加注后机油超量，每次加注后约等1 min，让机油流入油底壳。

③继续加注机油前用机油标尺检查一下机油油位，避免机油超量。

④加注机油后发动机机油油位至少位于C区中间位置。油位可不必超过C区进入B区，但油位绝不允许位于A区。

⑤如误加了过多发动机机油，使机油油位位于A区以内前切勿起动发动机。

⑥添加机油后必须拧紧机油加注口盖。

9）将机油标尺插入导管，插到止位。如机油标尺上有标记，则插入机油标尺后该标记必须与导管顶部的槽对齐。

10）关闭发动机舱盖。

下拉发动机舱盖，克服充气支杆的压力（如果车辆机舱盖是单独的支承杆，请将其收纳放置）。让舱盖从距锁支架板约30 cm处自行下落，无须下压舱盖。若未关严发动机舱盖，则须重新打开舱盖，然后再将其关好。关好的发动机舱盖应与邻接车身齐平。

工作表2 　发动机机油密封情况检查

1. 在图5－1－27所示图形中，圈出你认为可能存在机油渗漏的部分。

图5－1－27　发动机视图

2. 参照图5－1－28所示机油渗流图，在实训车辆或者发动机台架上，目视检查是否有机油渗漏情况，并记录下来（车辆举升时注意安全）。

图5－1－28　机油渗流图

备注：请组织者规定每个环节或某些环节的工作时间，养成良好的时间观念。

任务 5.1.2　更换机油

1. 发动机内的机油需要执行哪些任务?

□润滑　□冷却　□清洁　□密封　□防锈　□减振降噪　□传递作用力

2. 使用不符合要求的机油将对发动机造成永久损伤,请使用合适标号的机油。

1) 机油标号 5W – 40 中,5W 表示代表的是　　　　　　性能,数值 40 表示　　　　　　性能。

2) 图 5 – 1 – 29 所示为 2021 年 1 月至 2022 年 7 月的极限高低气温曲线图,仅从机油标号组中为不同城市的车辆选择适合的低温黏度等级机油。

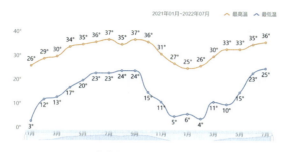

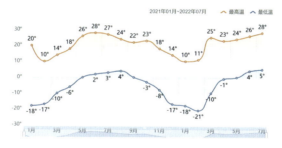

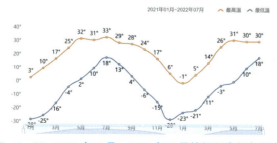

图 5 – 1 – 29　2021 年 1 月—2022 年 7 月的极限高低气温曲线

可供选择的机油标号组有:

A 组: 0W – 20、0W – 30、0W – 40、0W – 50

B 组: 5W – 20、5W – 30、5W – 40、5W – 50

C 组: 10W – 30、10W – 40、10W – 50、10W – 60

D 组：15W - 40、15W - 50、20W - 50、20W - 60

广州可选用：A□   B□   C□   D□

拉萨可选用：A□   B□   C□   D□

长春可选用：A□   B□   C□   D□

3. 思考机油黏度过大、过小的危害，并简要地将其记录下来。

过大：

过小：

4. 定期更换机油是保护发动机的重要途径。通过角色扮演，作为一名机电维修技师向客户简明扼要地描述变质的症状和原因。

备注：请组织者规定每个环节或某些环节的工作时间，养成良好的时间观念。

参考信息

1. 机油作用及组成成分

机油，即发动机润滑油，英文名称为 Engine Oil，是影响发动机功能和使用寿命的重要因素，被誉为汽车的"血液"，其品质不仅须符合发动机及排气净化系统的要求，并且须与燃油品质相匹配。机油的作用具体如下：

1）润滑：在发动机的金属部件表面（如活塞和气缸之间、轴颈和轴瓦之间）形成油膜，减少金属面的磨损。

2）冷却：作为热介质带走发动机磨损产生的热量，防止发动机零件因不能将热量直接传给冷却液或冷却空气而出现过热。

3）清洁：机油的流动可使发动机在使用过程中产生的磨粒、沉积物和燃烧残留物悬浮其中，不致在零件表面形成积垢。

4）密封：保证相互滑动的零件（如活塞环与气缸壁）之间具有良好的密封性。

5）防锈：中和发动机使用过程中产生的酸化物质，并形成防锈防腐层，避免金属部件因氧化而生锈腐蚀。

6）减振降噪：机油层具有衰减噪声和振动的作用。例：发动机气缸压力急剧上升时，突然加剧活塞、活塞销、连杆和曲轴轴承上的负荷，负荷经过轴承传递给机油，机油可以起到缓和冲击负荷的作用。

7）传递作用力：作为液压介质传递作用力，如应用在液力挺柱、液压张紧器、可变配气相位的液压油路中。

如图 5 - 1 - 30 所示，机油由基础油和添加剂两部分组成，基础油是润滑油的主要成分，决定着润滑油的基本性质，正确选用并合理加入添加剂则可弥补和改善基础油性能方面的不足，赋予某些新的性能，是润滑油的重要组成部分。机油因其基础油不同可简分为矿物基础油及合成基础油两大类，矿物油是原油直接提炼的。合成油又分为全合成及半合成油，全合成油是专门在实验室里通过化学实验添加各种化学品研制出来的，半合成油介于两者之间。添加剂的主要种类有清净剂、分散剂、抗氧抗腐剂、极压抗磨剂、油性剂、摩擦改进剂、黏度指数改进剂、防锈剂、降凝剂、抗泡剂和抗乳化剂等。

如图 5 – 1 – 31 所示，矿物机油的基础油等级最低，是由石油提炼的底油作为基础油，存在的杂质较多（见图 5 – 1 – 32），其最大的优点就是便宜，但性能一般，虽然能满足部分发动机的最低要求，但是它的衰减速度是最快的，所以需要频繁地更换机油。

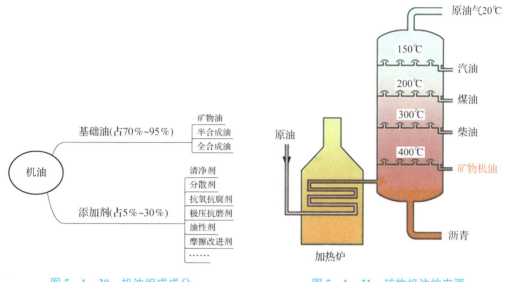

图 5 – 1 – 30　机油组成成分　　　　　　图 5 – 1 – 31　矿物机油的来源

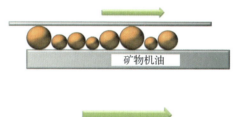

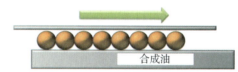

图 5 – 1 – 32　矿物机油和合成油的分子状态对比

如图 5 – 1 – 33 所示，半合成油是在低等级基础油中加入了合成成分，再加入添加剂，相比于矿物机油，衰减速度变慢了，黏稠度也稍有提高。

全合成油是用最高等级的基础油（通过裂解、聚合等手段得到），加上成分较好的添加剂，合成的高质量润滑油，价格也最高。相较半合成油其有以下特点：抗氧化能力更强；具有更好的高低温稳定性能；具有更长的换油周期；适合更恶劣的车况。

2. 机油变质症状和原因

发动机在工作过程中，机油受到高温作用、化学作用和机械应力的作用，加之始终与尘土、金属磨粒和燃烧残留物保持接触而造成的污染，更加速了机油的变质过程，其技术性能逐渐丧失（如润滑、散热变差）。机油变质的症状有以下几点：

图 5 – 1 – 33　矿物油、半合成油和全合成油的成分组成

（1）机油老化

空气和燃烧气体通过活塞与气缸之间的间隙进入曲轴箱，这就引起了机油的氧化（老化），在此过程中会形成酸。

（2）形成油泥

含油树脂、金属磨粒和燃烧残留物都会引起油泥的形成。在冷凝水和冷却液的作用下，会进一步促进油泥的形成，油泥会堵塞机油道。

（3）机油稀释

特别是在发动机低温时，进入发动机机油的高沸点燃油组分会稀释发动机机油。

（4）机油变稠

通常在柴油机上，严重的机油氧化，再加上炭烟颗粒的沉积，有时会引起机油变稠。

（5）机油消耗

每台发动机都有一定程度机油的正常消耗，这是因为机油（如气缸壁和气门导管上的机油膜）进入燃烧室被烧掉所造成的。为此，必须定期检查机油油面高度，必要时加注机油。按照制造厂的推荐，在车辆进行维护作业时必须更换机油，或按照灵活的维护间隔来更换机油。

提示：机油混入水，会使机油变成乳液，破坏油膜，当含水量超过0.1%时，机油中添加的抗氧化剂、清洁剂和分散剂将失效；当含水量达到1%或以上时，机油的润滑性能会变差，黏度会下降，严重时还会造成发动机抱轴、烧瓦等机械事故。所以，汽车涉水行驶是非常危险的事情，切勿尝试。

3. 机油标号

国际上主要机油分级分类认证标准有：美国汽车工程师协会（SAE）和美国石油协会

（API）认证标准；欧洲汽车制造协会（ACEA）认证标准；国际润滑油协会（ILSAC）认证标准；德国大众 VW502.00、VW504.00、VW507.00 等系列认证标准；日本汽车标准组织（JASO）认证标准等。

如图 5-1-34 所示，机油桶上标注了黏度等级 5W-40 和质量等级 SP，黏度等级反映的是机油的黏温特性，而质量等级反映的是机油的品质。目前，国际上机油分类分级法广泛采用美国汽车工程师协会（SAE）机油黏度等级分类法及美国石油协会（API）品质与用途分类法。

机油规格

图 5-1-34　机油桶上的机油标号

（1）美国汽车工程师协会（SAE）机油黏度等级分类

SAE 黏度等级区分为单黏度机油和多黏度机油，它说明了一种机油在低温和高温时的流动性能。对于单黏度机油，只包含一种黏度信息。

如图 5-1-35 所示，冬季机油分 0W、5W、10W、15W、20W、25W 共 6 个级别，W 字母代表 Winter，冬季的意思，数字越小机油的低温流动性越好（见图 5-1-36），耐寒能力就越强，冷起动性能越好，例如：SAE 0W 适应气温 -35 ℃、SAE 5W 适应气温 -30 ℃、SAE 10W 适应气温 -25 ℃ 等，表示了可起动发动机的最低温度。

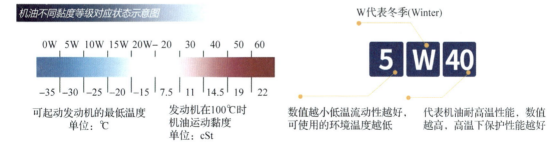

图 5-1-35　不同等级机油低温流动性和黏度值

夏季机油分 20、30、40、50、60 共 5 个级别，它不用字母表示，直接标注数字，数字大小代表 100 ℃时机油运动黏度值的大小。它表示高温保护性能以及其密封性，数字越大代表黏度越高，抗高温性能越好，密封性越强，流动性较差。但这并不代表运动黏度越大越好，实际上要结合车辆具体分析，只要合适的黏度就好。如果合适的运动黏度为 40，而车主使用了黏度为 30 的机油，即属于使用黏度过小的机油，则可能会出现油膜较薄、润滑不

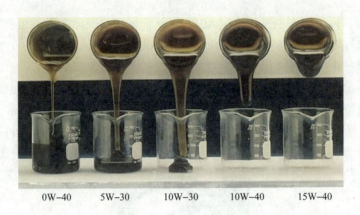

0W–40　　5W–30　　10W–30　　10W–40　　15W–40

图 5 – 1 – 36　　– 35 ℃时不同级别机油低温流动性表现

足、各零部件加剧磨损、噪声增大等现象。当黏度 30 是符合发动机的需求，而车主却使用黏度 40 的机油时，会由于采用黏度过大的机油而对发动机造成一定的影响，如降低防护性能、增大发动机阻力，相应的油耗也随之增加，等等。

冬夏两用机油分 0W – 20、0W – 30、0W – 40、0W – 50、5W – 20、5W – 30、5W – 40、5W – 50、10W – 30、10W – 40、10W – 50、10W – 60、15W – 40、15W – 50、20W – 50、20W – 60 等若干种级别，代表这种机油是多级机油。例如，5W – 40 中短杠 " – " 前的数值 5W 代表的是机油的低温性能（冷起动性能），短杠后的数值 40 代表的是机油的高温性能。

举例说明，如图 5 – 1 – 37 所示，SAE J300 – 2015 标准（内燃机机油黏度分类）就机油黏度特性的不同，制定机油的黏度标准，以 SAE 5W – 40 为例，结合图分析，W 前的数字 5 所对应的 – 30 ℃是在该温度下机油的低温动力黏度，其还对应一个 – 35 ℃下的低温泵送黏度，这两个都是反映机油低温冷起动性能的指标；短杠后的数字 40 所对应的也不是环境温度，而是 100 ℃的运动黏度，以及 150 ℃的高温高剪切最低黏度两项机油高温黏度指标。

	低温动力黏度 /(mPa·s)(CCS)	低温泵送黏度 /(mPa·s)(MRV)	运动黏度(100 ℃) /(mm²·s⁻¹)(V100)	运动黏度(100 ℃) /(mm²·s⁻¹)(100)	高温高剪切黏度(150 ℃) /(mPa·s)(HTHS)	倾点/(℃)
	Max	Max	Min	Max	Min	Max
0W	6 200 (–35 ℃)	60 000 (–40 ℃)	3.8	—	—	–40
5W	6 600 (–30 ℃)	60 000 (–35 ℃)	3.8	—	—	–35
10W	7 000 (–25 ℃)	60 000 (–30 ℃)	4.1	—	—	–30
15W	7 000 (–20 ℃)	60 000 (–25 ℃)	5.6	—	—	–25
20W	9 500 (–15 ℃)	60 000 (–20 ℃)	5.6	—	—	–20
25W	13 000 (–10 ℃)	60 000 (–15 ℃)	9.3	—	—	–15
8	—	—	4	<6.1	1.7	—
12	—	—	5	<7.1	2.0	—
16	—	—	6.1	<8.2	2.3	—
20	—	—	6.9	<9.3	2.6	—
30	—	—	9.3	<12.5	2.9	—
40	—	—	12.5	<16.3	3.5(0W/5W/10W–40)	—
40	—	—	12.5	<16.3	3.7(15W/20W/25–40, 40)	—
50	—	—	16.3	<21.9	3.7	—
60	—	—	21.9	<26.1	3.7	—

图 5 – 1 – 37　SAE J300 – 2015 黏度参数标准

（2）美国石油协会（API）机油品质和用途分类

美国石油协会（API）将机油分为汽油机系列（S 系列）和柴油机系列（C 系列），每个系列又将机油划分为若干级别，按英文字母顺序，越靠后表示机油级别越高、品质越好、价格越贵。

汽油机机油分 SA、SB、SC、SD、SE、SF、SG、SH、SJ、SL、SM、SN、SP 等级别，如图 5 - 1 - 38 所示。

图 5 - 1 - 38　汽油机机油等级

柴油机机油分 CA、CB、CC、CD、CE、CF、CF - 4、CG - 4、CH - 4、CI - 4、CJ - 4 等级别。

生产润滑油的企业有很多，我们常见的机油品牌有嘉实多、美孚、壳牌、昆仑、长城和统一。各企业主打产品都有自己的特色，选择品牌时要注意甄别。当机油桶上 S 和 C 同时标注时，则表示此机油是汽、柴通用型。

4. 机油黏度过小、过大对发动机性能的影响（见表 5 - 1 - 5）

表 5 - 1 - 5　机油黏度过小、过大对发动机性能的影响

机油黏度		影响
黏度过小	破坏油膜	如果机油黏度小，形成的油膜厚度比较薄，相应的承载力较差，在高负荷的摩擦下会容易被破坏，使零部件得不到足够的润滑，加剧磨损
	影响密封性	机油黏度小就不能做到很好的密封，会出现气缸漏气、功率下降和废气窜入曲轴箱等问题，最终影响到油品的质量和性能
	增加油耗	因为上面两个问题的存在，容易造成机油进入燃烧室，出现烧机油的现象，而且还会因为燃烧不完全，造成积炭和油泥增多、排气冒黑烟或蓝烟，最终影响到发动机的功率
黏度过大	冷却效果变差	发动机内部热量有一部分需要依靠机油的流动来带走，而机油黏度过大会导致油品流动性变差、循环速度变慢，这样机油带走的热量就会变少，最终影响冷却效果，导致发动机过热现象发生
	发动机低温起动困难	机油黏度过大，发动机低温起动时润滑不足，容易出现干摩擦，加剧发动机的磨损。大量的实验表明，在低温起动发动机时，如果黏度过大，转矩就会变大，发动机不易起动
	清洗作用变差	机油还有一个很重要的作用就是清洁，即靠机油的流动来带走杂质等污染物，而黏度过大的机油流动性差、循环速度慢，所以不能及时把金属碎屑、炭粒、尘土等杂质从发动机内部带出

5. 机油的选择

（1）根据汽车使用说明书的要求选择

按照厂家规定用油标准，选用原厂机油。原厂机油成分配方和本车性能相符合，发动机性能和机油的匹配性好，能体现发动机最佳性能，且能最大限度地延长发动机的使用寿命。每一款车型的汽车用户使用说明书都明确规定适合本车型的机油型号，如一汽大众的高尔夫和速腾轿车使用说明书就规定要使用符合 VW502.00 规格的机油，一汽红旗轿车 H5 发动机规定用 5W–40/ 0W–40 机油，红旗轿车 V6 发动机规定用 SM（或以上）0W–40 机油等。市场上原装机都会标注黏度等级、认证标准和备件号。

（2）根据汽车使用环境温度选择

汽车在不同地区使用，要根据当地温度选用不同黏度级别的机油。如北方冬季应选用 5W–30、5W–40 或低温起动性能更好的 0W–30、0W–40 的机油。

（3）根据发动机性能及品质选择

一般新机型或强化程度高的机型，高档级别的车，使用性能好、质量高的机油。比如带涡轮增压的发动机通常选用高级别的 SN 级以上全合成机油，自然吸气的发动机选半合成油就能满足使用要求。如果是年限较长的发动机，各部件的磨损程度大，缝隙大，则适合选用黏稠度高的机油，比如，之前用的是 5W–30，则可以换成 5W–40 的。

6. 机油量的确认

如图 5–1–39 所示，家用汽车常见的机油规格有 4 L 和 1 L，对应车辆的保养手册均对机油加注量有明确的说明，应严格遵循厂家指导意见加注足够量的机油。

图 5–1–39　机油规格

工作表 3　制订计划，完成更换机油的工作

1. 查看实训车辆保养手册，在规定时间内制订更换机油和机油滤清器的工作计划，见表 5–1–6。

表 5–1–6　更换机油机滤的工作计划

工作步骤	工作要点（含技术数据）	工具	安全环保注意事项
准备工作		机油收集装置、机油滤清器扳手、拆装工具	务必戴护目镜；发动机充分冷却
排空旧机油			
更换机油滤清器			
加注新机油			

2. 根据工作计划，为实训车辆更换机油。

3. 检查工作结果（如检查密封性、机油液位、机油压力警报灯亮灭是否正常等）并进行 5S 管理。

备注：请组织者规定每个环节或某些环节的工作时间，养成良好的时间观念。

参考信息

更换机油滤清器的间隔周期通常根据汽车组合仪表显示屏出现的定期更换提示、机油油质、车辆行驶里程数或行驶时间周期来确定。

（1）准备工作

如图 5 - 1 - 40 ~ 图 5 - 1 - 42 所示，需要准备的工具有废机油收集装置、机油滤清器扳手套件和成套拆装工具。

提示： 务必戴护目镜；发动机运转时机油温度极高，谨防烫伤皮肤，操作前应让发动机充分冷却。

图 5 - 1 - 40 废机油收集装置

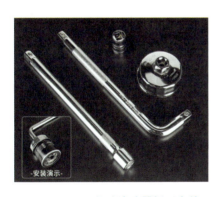

图 5 - 1 - 41 机油滤清器扳手套件

图 5 - 1 - 42 成套拆装工具

（2）排空旧机油

1）打开机油加注口盖。

2）举升车辆，拆卸发动机底护板。

3）将收集容器放于正下方，打开放油螺栓。

4）待油底壳内机油全部放干净后，安装新的油底壳螺栓，并按标准力矩拧紧（如某车辆为 30 N·m）。

提示： 拧紧力矩过大会导致放油螺栓附近泄漏，甚至损坏。

（3）更换机油滤清器（如果机油滤清器在发动机靠上部位，则在举升车辆之前更换滤芯）

1）选用合适口径的机油滤清器拆装工具，将旧的机油滤清器拆下（逆时针方向）。

2）清洁机油滤清器支架密封面（清除掉旧滤清器密封垫）。

3）将新滤清器上的橡胶密封环稍微用机油润滑一下，以便拧紧时密封环吸附到滤清器上，使密封性更好。

4）先用手将滤清器安装在机油滤清器支架上并用手预拧紧，然后用专用工具按标准力矩拧紧（如某车辆20 N·m）。

（4）加注新机油

放下车辆，根据相应车辆保养手册规定的量加注新机油，检查机油液位是否符合规定。加注机油后务必拧紧机油加注口盖并将机油尺正确插入导管。

提示：加注机油时务必注意勿将机油洒到发动机炙热部件上，否则机油可能自燃，引发火灾，灼伤和严重致伤人员。泼溅到冷态发动机部件上的机油，当发动机运转时机油温度升高，极易自燃。

（5）密封性等检查

起动发动机运转几分钟，关闭发动机，举升车辆，观察放油螺栓、机油滤清器螺纹连接口有无漏油点，放下举升架，发动机落地平稳后，再次检查机油油位的变化情况。

（6）做好工作场地的5S工作

提示：经常接触发动机机油可能会损伤皮肤，在接触机油后应用清水和肥皂彻底冲洗皮肤。

─※**思政点**※─

机油安全处置

发动机机油属有毒物质，必须存放在安全场所，谨防儿童接触！发动机机油必须保存在原装密封容器内，废机油在处理前也须存放在密封原装容器内。不得将机油装在曾用过的空食物容器、瓶子或其他非原装容器内，以免他人混淆，误食中毒！务必严格按环境保护法的相关规定处理废机油。因废机油对环境和水源有污染，故切不可随意将废机油倒在花园、树林、街道、河流或下水道里。

任务1.3 为客户车辆调整保养周期，并完成交车。
工作表4 复位保养周期并交车

1. 查看对应实训车辆的保养手册，对车辆保养周期进行复位，简要地记录操作过程。

2. 模拟维修技师交车给服务顾问的工作现场。

备注：请组织者规定每个环节或某些环节的工作时间，养成良好的时间观念。

参考信息

1. 复位保养周期显示

根据具体车型的保养手册进行复位，下面以某一车型为例进行说明。

（1）如图5-1-43所示，点火开关关闭时按住按键1。

（2）打开点火开关，一直等到显示屏上显示"是否复位机油更换保养"为止。

（3）松开按键1，保养周期显示现在处于复位模式。

（4）短促按一次按键1，若干秒后恢复正常视图。

机油保养复位

图 5 – 1 – 43　仪表上的保养复位按键
1—保养复位按键

（三）任务拓展

通过了解一个真实故障案例，说明使用合适标号的机油对发动机的重要性，请务必遵守厂家的要求和更换周期加注机油。

一辆 2012 年产某品牌轿车，搭载 1.5 L 发动机，行驶里程 9.6 万 km。用户反映该车发动机故障灯亮，加速无力。维修技师接车后试车，故障现象与用户描述基本一致，路试时明显感到加速无力，且上坡急加速时有轻微的顿挫感。连接故障诊断仪检查，发动机控制单元当前储存有故障码"P0011——可变气门正时 – 进气运行故障（卡死）"。

本着先电控后机械的维修思路进行检查。首先，考虑到机油压力是决定可变气门正时系统正常工况的基础条件，于是对机油压力控制电磁阀进行检测，正常。接下来测量进气凸轮轴位置传感器，正常。同时，对进、排气凸轮轴位置传感器插接器进行保养清洁，试车故障依旧。

最后维修技师拆下发动机气门室盖进行检查，发现正时链条张紧度不够，进、排气凸轮轴正时标记存在偏差。拆下发动机正时链条、凸轮轴驱动齿轮做进一步检查，发现都有不同程度的磨损（见图 5 – 1 – 44），链条导向压板的安装孔也有磨损（见图 5 – 1 – 45），至此故障原因确定。

图 5 – 1 – 44　磨损的凸轮轴链轮

图 5 – 1 – 45　磨损的导向压板安装孔

与用户沟通得知，平时较忙没有按时保养车辆，特别是在保养时对机油的级别型号不闻不问，查看用户在以前更换机油时拍摄的照片，发现使用的竟然是 SE 等级的 10W－40 矿物机油，对于该车所配备的双顶置凸轮轴、可变气门正时发动机来说，SE 等级的机油显然太低了，而黏度等级 10W－40 又过于黏稠。机油的润滑性能及流动性能变差，正是导致发动机磨损的直接原因。

就此更换发动机正时链条、凸轮轴驱动齿轮及导向压板，按照维修手册的说明校准发动机正时系统，加注符合该车发动机要求的 5W－40 机油，起动发动机试车，运行平稳，路试加速有力，检测无故障码，确认故障排除。

三、参考书目

序列	书名，材料名称	说明
1	大众车辆自学手册	
2	大众车辆保养手册	
3	SAE J300－2015 发动机机油黏度分级	
4	现代汽车技术	［德］理查德．机械工业出版社，2010.

任务 5.2　排除机油压力警报灯点亮故障

一、任务信息

任务难度	"1＋X"汽车运用与维修职业技能等级证书　中、高级		
学时		班级	
成绩		日期	
姓名		教师签名	
案例导入	客户打来电话：机油报警灯在踩下加速踏板时不熄灭且行驶期间亮起。 通过电话为客户提供咨询：不要继续行驶；检查机油油位，若机油过少，则尽快补充机油；若不缺机油，则将车辆拖至维修站。 你作为维修技师，需要掌握哪些润滑系统的检测与维修知识，才能顺利地排除故障，圆满完成客户委托的任务呢？		

能力目标	知识	1. 能够描述压力循环润滑系统的机油流动路径。 2. 能够认识几种常见的液压符号。 3. 能够识别机油泵的类型。 4. 能够说明机油滤清器的工作原理。 5. 能够区分常开、常闭式机油压力开关的类型。 6. 能够说出机油散热器的散热方法。 7. 能够描述机油泵的工作原理。 8. 能够简要地说出两级式机油泵油压调节的过程。 9. 能够说出机油压力至仪表控制单元的信号传输路径。 10. 能够说出活塞冷却喷嘴控制原理
	技能	1. 能够使用诊断仪读取发动机控制模块相关故障码及数据流。 2. 能够使用诊断仪对机油压力控制阀的功能进行动作测试。 3. 能够检测机油压力控制阀 N428。 4. 能够查看机油压力开关工作阈值范围。 5. 能够检测高压机油压力开关 F22。 6. 能够检测低压机油压力开关 F378。 7. 能够检测 3 挡机油压力开关 F447。 8. 能够使用诊断仪对活塞冷却喷嘴控制阀进行行动作测试。 9. 能够检测活塞冷却喷嘴控制阀 N522。 10. 能够正确地检测机油压力及压力开关。 11. 能够检测机油液位和温度传感器 G266。 12. 能够正确地更换各类机油压力开关。 13. 能够结合客诉、故障码、多种检测方法，分析故障原因并排查
	素养	1. 能够建立简单故障的诊断逻辑。 2. 增加维修知识、技能学习内驱力。 3. 提升客户对自己专业能力的信任度

二、任务流程

（一）任务准备

机油压力通常由机油压力警报指示灯亮起与否来显示其是否正常，警报灯亮灭的触发信号是由机油压力开关提供的，但只显示机油压力异常，不能确定原因在哪里，例如有可能是机油压力开关异常或机油压力异常，还有可能是其他机油压力调节组件异常等引起，此时通过测量实际机油压力便可缩小故障范围。可见正确地测量机油压力是非常重要的机电维修岗位技能，请扫描二维码进行学习。

机油压力测量及开关检测

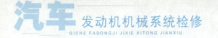

任务5.2.1　确认车辆故障现象
工作表1　问询客户及车辆检查

结合客诉，检查车辆，收集有助于解决故障的线索，在表5-2-1中准确地记录故障现象。

表5-2-1　故障现象

前提条件	现象（从查看机油压力警报灯、机油液位、机油渗漏等方面视听检查车辆是否正常）

备注：请组织者规定每个环节或某些环节的工作时间，养成良好的时间观念。

任务5.2.2　连接诊断仪，读取车辆故障代码和数据组。
工作表2　读取故障码及数据组

读取发动机控制单元故障信息和数据，完成表5-2-2。

表5-2-2　发动机控制单元故障信息和数据

故障码信息 删除后是否再次出现（是　否）			
数据组	当前值	标准值（注意条件）	是否正常
发动机转速	_____ r/min		
低压机油压力开关状态	□断开　□闭合		
高压机油压力开关状态	□断开　□闭合		
机油压力控制阀的启动	□高压　□低压		
机油温度	_____ ℃		
活塞冷却喷嘴促动	□促动　□未促动		
活塞冷却喷嘴机油压力开关状态	□断开　□闭合		

备注：1. 在分析读取的数据流信息时，如果不清楚检测的数据是否正常，则可以和其他正常的同款车辆数据流进行比对。

2. 如果受实训条件的限制，则对怠速时的标准值数据可以参考二维码信息填写。

机油压力相关数据流

备注：请组织者规定每个环节或某些环节的工作时间，养成良好的时间观念。

在实训课中电子元件检测环节，为了避免蓄电池亏电，通常会给蓄电池接上充电机。实训结束后，在关闭发动机舱盖前，请务必检查是否有工具或翼子板布等防护套件未拆除，避免发动机舱盖变形。这里尤其要注意拆除正在给蓄电池充电的充电机（见图5-2-1），如忘记拆除而强行关闭机舱盖，充电机正负极蓄电池夹相互触碰有短路风险，从而引发火灾。

蓄电池正负极
短路误操作危险

图 5-2-1 关闭机舱盖前拆卸充电夹子等

任务 5.2.3 初步分析机油压力警报灯点亮原因。

学习表 1 学习压力循环润滑系统

1. 学习压力循环润滑系统。

1）由图 5-2-2，在表 5-2-3 中补充完整部件名称，并认识零部件的液压符号。

表 5-2-3 零部件名称及其液压符号

编号	名称	符号
1		
2		
3		
4		
5		
6		
7		
8		

编号	名称	符号
9		
10		
11		

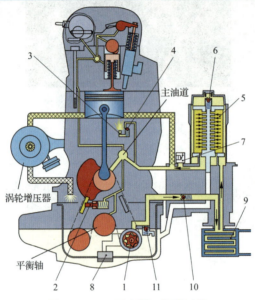

3
4
6
主油道
5
7
涡轮增压器
9
平衡轴
2   8   1   11   10

图 5 - 2 - 2　压力循环润滑系统

2）根据下面的文字提示，在图 5 - 2 - 2 中用箭头标出机油的流动分路线。

①机油泵通过集滤器将油底壳中的机油吸出，经过机油通道和机油散热器将其压入机油滤清器中。

②经机油滤清器过滤后的机油，经过机油压力开关到达缸体上的主油道。

③主油道中的机油通过油孔通向曲轴的主轴承，曲轴中的油孔又将机油导向连杆轴承。

④机油通过一条垂直油道通向液压挺柱、摇臂和凸轮轴轴承。

⑤机油输送至链条张紧器、平衡轴轴承和涡轮增压器。

⑥机油对活塞进行冷却。

3）图 5 - 2 - 3 所示为何种润滑方式？

4）根据图 5 - 2 - 3 中箭头所示的机油流动方向，描述其工作原理。

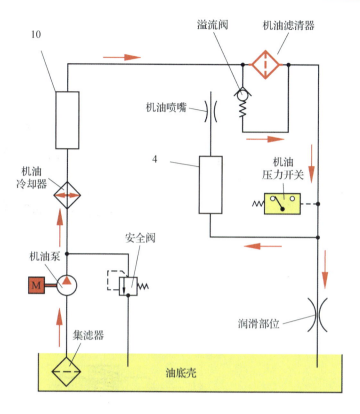

图 5 - 2 - 3　润滑系统

5）在图 5 - 2 - 3 中 4 和 10 的位置画出单向阀。

6）当发动机冷起动后立即高速运转，轴承上的油膜会产生哪些现象？说明理由。

2．不同类型的发动机使用不同的机油泵，下面学习机油泵的基本工作原理。

1）写出图 5 - 2 - 4 中所示各油泵的名称，请标出吸入端和压力端并用箭头标出机油的流动方向。

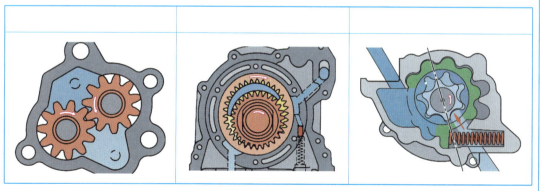

图 5 - 2 - 4　机油泵

2）在图 5 - 2 - 5 中圈出机油泵的安全阀，并在图 5 - 2 - 5（a）上标出当机油压力超过安全阀设定值时的卸压出口。

（a）　　　　　　　　　　　　　　　（b）

图 5 - 2 - 5　机油泵安全阀

3. 机油滤清器工作原理。

1）在图 5 - 2 - 6（a）中标注出止回阀、密封圈、进油口和机油经过滤后的出油口。

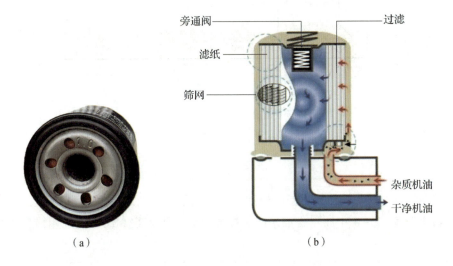

（a）　　　　　　　　　　　　　（b）

图 5 - 2 - 6　机油滤清器

2）在图 5 - 2 - 6（b）中，用箭头标注出机油进入滤清器的过滤路径。

3）当滤纸堵塞时，用箭头标注出机油进入滤清器的流动路径。

4. 机油压力开关类型及工作状态。

1）图 5 - 2 - 7 所示机油压力开关的类型是：

（1）F22：□常开触点开关　　　□常闭触点开关

（2）F378：□常开触点开关　　　□常闭触点开关

2）根据机油压力开关闭合时的标准数值（见表 5 - 2 - 4），完成表 5 - 2 - 5 所示假设条件下机油压力开关状态表。

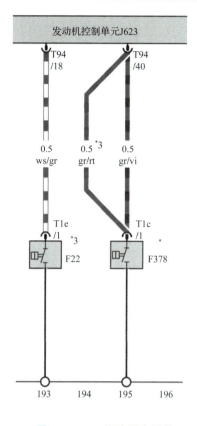

图 5 - 2 - 7　机油压力开关

表 5 - 2 - 4　机油压力开关闭合时的标准数值　　　　　　bar

开关名称	F378 低压机油压力开关	F22 高压机油压力开关
开关闭合阈值范围	0.55 ~ 0.85	2.15 ~ 2.95

表 5 - 2 - 5　假设条件下机油压力开关状态

假设条件	F378 机油压力开关状态	F22 机油压力开关状态
ON 挡，发动机未运转	□断开　□闭合	□断开　□闭合
怠速运转时，机油压力 0.5 bar	□断开　□闭合	□断开　□闭合
发动机转速达到 2 000 r/min，机油压力 1.8 bar	□断开　□闭合	□断开　□闭合

5. 发生表 5 - 2 - 6 所示状况时，会产生哪些后果？

表 5 – 2 – 6　不同状况时产生的后果

状况		后果
集滤器阻塞		
机油泵	不工作	
	限压阀常打开	
	限压阀常关闭	
机油滤清器	堵塞	
	止回阀密封不良	
常开机油压力开关处变脏		
润滑缝隙（例：凸轮轴轴径间隙）太大		

备注：请组织者规定每个环节或某些环节的工作时间，养成良好的时间观念。

工作表 3　结合故障表现、故障码及数据流，分析故障原因

1. 根据图 5 – 2 – 8 中箭头提示，画出机油从油底壳流向各个润滑部位或需要冷却、液压部位的流动路径。（也可查看实训车辆的润滑系统结构图。）

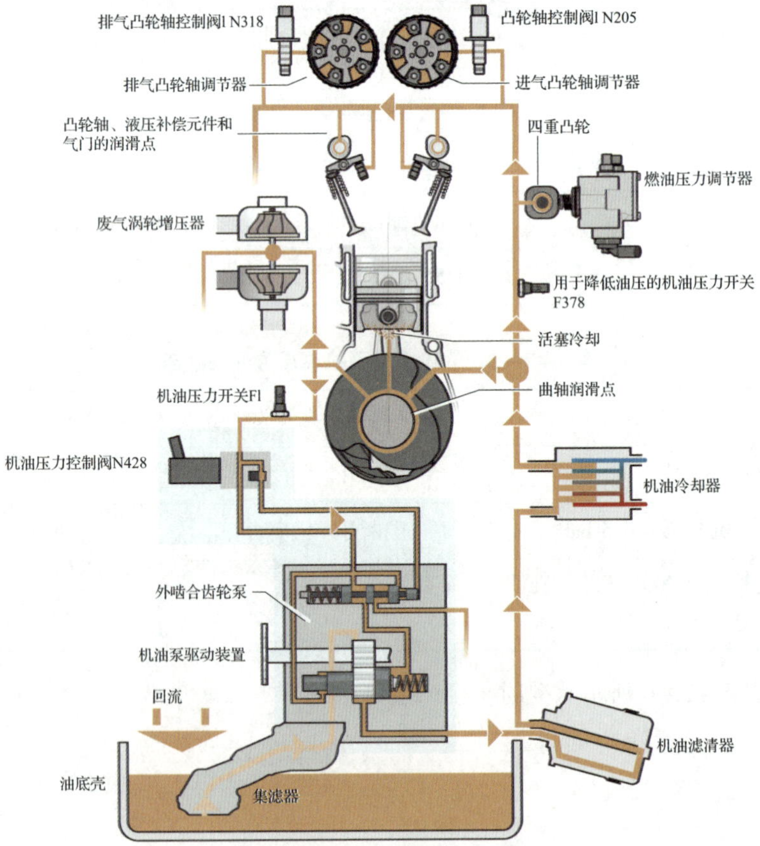

图 5 – 2 – 8　车辆润滑系统结构

2. 根据图 5 - 2 - 8 提示，结合故障代码和数据流，初步分析故障原因：

与机油泵有关的：

与机油滤清器有关的：

与机油压力高、低压开关有关的：

发动机机械结构异常导致的泄压：

其他：

备注：请组织者规定每个环节或某些环节的工作时间，养成良好的时间观念。

参考信息

1. 压力循环润滑系统

如图 5 - 2 - 9 所示，在压力循环润滑系统中，机油泵通过集滤器将油底壳中的机油吸出，经过机油通道和机油散热器将其压入机油滤清器中。

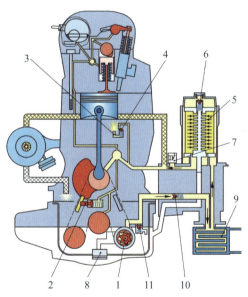

图 5 - 2 - 9 压力循环润滑系统

1—机油泵；2—液压链条张紧器；3—活塞冷却机油喷嘴；4—单向阀；5—机油滤清器；
6—旁通阀；7—机油压力开关；8—集滤器；9—机油冷却器/机油散热器；
10—机油回流锁止器（即止回阀）；11—过压阀/安全阀

机油泵过压阀是一个安全阀门，它可以防止机油压力过高而损坏发动机部件。机油滤清器底部旁通阀的作用是即使在机油滤清器堵塞的情况下也可以可靠地供油。机油回流锁止器（即止回阀）可以在发动机静止时，防止机油滤清器处缺少机油而影响下次发动机起动时及时供油。机油压力开关通过机油压力显示信号告知驾驶员机油压力是否已建立（机油指示灯熄灭）及是否低于最小机油压力（机油指示灯亮起）。

机油滤清器将过滤后的机油输送到主油道中，通过压力油或喷射油对各个运动部件进行润滑。

1）压力油。

①机油由主油道通过油孔通向曲轴的主轴承，曲轴中的油孔将机油导向连杆轴承。

②机油通过一条垂直油道通向液压挺柱和凸轮轴轴承，机油经过一条纵向内嵌于凸轮轴中的油孔流向所有凸轮轴轴承并由此回流到油底壳中。同时，机油输送至链条张紧器、平衡轴和涡轮增压器。

2）喷射机油。

从机油喷嘴喷出且甩到活塞顶上的机油向下滴落并通过连杆头中的油孔流向活塞销，这些机油同时对活塞进行冷却。除此之外，从曲轴抛上来的喷射油还可润滑气缸工作面。

2. 润滑方式

由于发动机传动件的工作条件不同，因此，对负荷及相对运动速度不同的传动件采用不同的润滑方式。

（1）压力润滑

利用机油泵，将具有一定压力的润滑油源源不断地送到摩擦表面，形成具有一定厚度并能承受一定机械负荷而不破裂的油膜，尽量将两摩擦零件完全隔开，实现可靠的润滑。这种方式主要用于主轴承、连杆轴承及凸轮轴承等负荷较大的摩擦表面的润滑。

（2）飞溅润滑

飞溅润滑是利用发动机工作时某些运动零件（主要是曲轴与凸轮轴）飞溅起的油滴与油雾，对摩擦表面进行润滑的一种方式。飞溅润滑适合于暴露的零件，如缸壁、凸轮等；相对运动速度较低的零件，如活塞销等；机械负荷较轻的零件，如挺柱等。气缸壁采用飞溅润滑还可防止由于润滑油压力过高、油量过大，进入燃烧室导致发动机工作条件恶化。

（3）润滑脂润滑

对一些不太重要、分散的部位，采用定期加注润滑脂的方式进行润滑，如发动机水泵轴承、发电机、起动机等总成的润滑，即采用这种方式。它不属于润滑系统的工作范畴，现在发动机很多采用耐磨润滑材料（如尼龙、二硫化钼）的轴承替代加注润滑脂的轴承。

3. 机油泵

机油泵按照结构可以分为齿轮泵、新月形内啮合齿轮泵和转子泵等。

（1）齿轮泵

如图 5-2-10 所示，齿轮式机油泵的结构主要由主动齿轮、从动齿轮、限压阀、泵体、泵盖、油泵驱动齿轮等组成。安装在机油泵上的限压阀（也称安全阀），其作用是防止机油压力过高（超过 5 bar），如果油压达到规定值，则限压阀开启，多余的机油返回油底壳。

提示：限压阀安装在机油泵上，其作用是防止机油压力过高。机油压力高并不一定证明机油润滑良好。例如，当发动机处于冷态时，尽管机油压力高，但是润滑状况不如以正常温度工作的发动机在机油压力偏低时的润滑情况。当机油管路或机油滤清器堵塞时，机油压力也很高，但润滑状况很差。机油压力过高就会存在损坏密封件以及机油渗漏的风险。

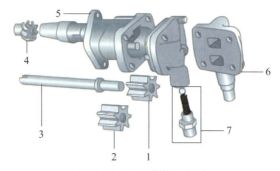

图 5 – 2 – 10　齿轮泵组件

1—主动齿轮；2—从动齿轮；3—主动齿轮轴；4—油泵驱动齿轮；5—泵体；6—泵盖；7—限压阀

如图 5 – 2 – 11 所示，两个互相啮合的齿轮高速旋转，轮齿间的机油被轮齿携带，并沿着机油泵内壁被带到另一侧泵腔，配对齿轮的啮合齿将机油从齿隙中挤出，齿轮式机油泵的吸油侧（图 5 – 2 – 11 中箭头 A 处）与压油侧（图 5 – 2 – 11 中箭头 B 处）分别产生真空和压力。这种泵属于自吸式泵，将其安装在最低的位置可以提高它的工作效率。

图 5 – 2 – 11　齿轮泵工作原理

（2）新月形内啮合齿轮泵

如图 5 – 2 – 12 所示，它有一个内齿轮、一个偏心安装的外齿轮以及新月形隔板，内齿轮通常直接安装在曲轴上，外齿轮安装在泵壳内。一个新月形隔板将吸油室和高压油室隔开，机油通过沿新月形隔板的上、下边的齿隙进行输送。内、外轮的啮合可阻止机油从高压油室流入到吸油室中，当发动机低转速运转时可以高效输送机油，噪声低。

图 5 – 2 – 12　新月形内啮合齿轮泵

（3）转子式机油泵

如图 5 - 2 - 13 所示，内啮合转子泵有一个内转子和一个外转子，主动内转子以偏心方式安装在驱动齿轮上，且内转子比外转子少一个齿。内、外转子转动时，吸油侧泵室的容积不断增加，因而将机油吸入。同时，压油侧泵腔的容积不断减小，因此将机油压出去。它的特点是噪声很低，压力很高。

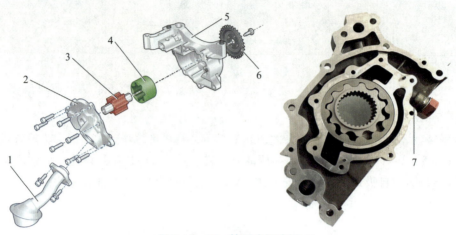

图 5 - 2 - 13　转子式机油泵

1—机油进油管；2—端盖；3—带有内转子的驱动轴；4—外转子；

5—壳体；6—驱动齿轮；7—安全阀

转子式机油泵结构及泵油原理

4. 机油滤清器

如图 5 - 2 - 14 和图 5 - 2 - 15 所示，机油滤清器主要由外壳、滤纸、止回阀、旁通阀/溢流阀、密封圈和弹簧等组成，纸质滤芯装在滤清器外壳内，专用橡胶密封圈用于保证绝对的密封性。

图 5 - 2 - 14　机油滤清器组件

1—外壳；2—旁通阀；3—中心管；4—上端盖；5—底盘；6—密封圈；

7—止回阀；8—滤纸；9—弹簧

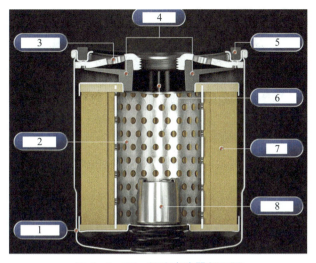

图 5 - 2 - 15　机油滤清器剖面图

1—金属夹边；2—中心管；3—污油进口；4—止回阀；5—橡胶密封圈；6—洁净机油出口；7—滤纸；8—溢流阀

如图 5 - 2 - 16 所示，来自机油泵的机油顶开止回阀从纸滤芯的外围进入滤清器中心，流过滤芯时杂质被截留，然后被过滤后的机油经中心出油口流进发动机主油道，滤清器出油口是内螺纹孔，螺纹接头与发动机主油道相通。如图 5 - 2 - 17 所示，当旁通阀在滤清器堵塞、冷起动和外界温度很低时，未经过滤的机油顶开旁通阀直接流向各润滑点的油道，以保证发动机润滑系统有足够的润滑油量。

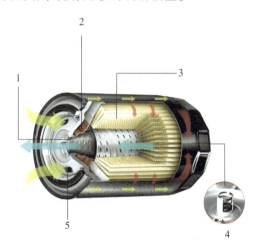

图 5 - 2 - 16　机油过滤路径

1—干净机油；2—止回阀；3—滤纸；

4—旁通阀；5—进油小孔

图 5 - 2 - 17　机油旁通路径

5. 机油压力开关

发动机运转时，机油压力开关监控润滑系统机油压力。机油压力开关通过金属壳体螺纹拧紧在润滑系统压力油道上，并直接通过壳体接地，通过感应系统的油压变化来控制开关触点打开或关闭，因此机油压力开关也称机油压力感应塞或机油压力传感器。机油压力开关有

多种规格，工作阈值范围在实物上有明确标示，如图 5-2-18 所示。

图 5-2-18　机油压力开关阈值表示

（1）机油压力开关分类

1）常开触点开关

如图 5-2-19 所示，在打开点火开关但没有起动发动机时，由于润滑系统没有机油压力的作用，开关处于开启状态，发动机起动后，一旦机油压力达到开关闭合压力阈值时，开关常开触点关闭。发动机起动后，组合仪表控制单元 J285 根据发动机转速信号进行综合判断，如果发动机转速达到 2 000 r/min 以上，油压开关 F1 还未闭合搭铁或油压下降到阈值以下并保持此状态一段时间，故障指示灯 K3 亮起进行压力不足报警。

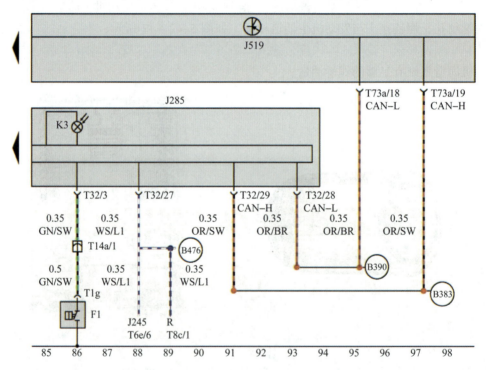

图 5-2-19　常开触点开关 F1 电路图

2）常闭触点开关。

如图 5-2-20 中 F22 所示，与常开触点开关相反，在打开点火开关但没有起动发动机时，由于润滑系统没有机油压力作用，故开关处于闭合状态，机油压力报警指示灯亮。发动机起动后，当系统油压高于机油压力开关开启阈值时，开关常闭触点打开，报警指示灯熄灭。

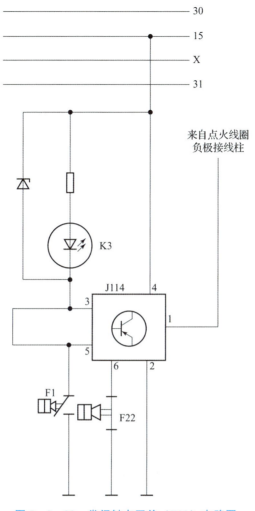

来自点火线圈
负极接线柱

图 5 – 2 – 20　常闭触点开关（F22）电路图

如图 5 – 2 – 21 所示，机油压力开关由触点、弹簧、隔板及膜片等组成。当无机油压力作用时，弹簧推动膜片，触点处于闭合状态；当机油压力达到规定值时，在机油压力的作用下，膜片克服弹簧作用力，使触点断开。

现在很多采用二级可变排量机油泵的涡轮增压发动机，润滑系统均设置了两个机油压力开关。例如，大众第三代 EA888 系列涡轮增压型发动机润滑系统油压监控就设置两个常开开关，一个是低压机油压力开关 F378，当机油压力在 0.55 ~ 0.85 bar 时开关闭合，用于监控发动机是否存在机油压力；另一个是高压机油压力开关 F22，机油压力在 2.15 ~ 2.95 bar 时开关闭合，用于监控二级可变排量机油泵有没有调到高压级运行，高压压力是否正常。由于两个油压开关是常开触点，一旦发动机建立必要的压力后，两开关就闭合接地了。大众第三代 EA888 涡轮增压发动机还装有活塞冷却喷嘴机油压力开关 F447，用于检测流向活塞冷却喷嘴的机油压力是否正常。

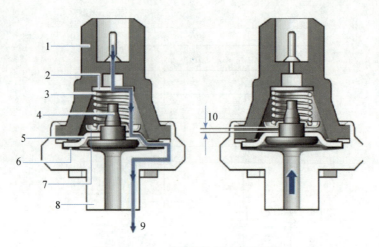

图 5 – 2 – 21　常闭机油压力开关结构

1—由塑料制成的壳体上部件；2—触点顶端；3—弹簧；4—压板；5—隔板；6—密封环；
7—膜片；8—由金属制成的壳体；9—触点闭合时的电流；10—触点打开时的间隙

6. 机油散热器

如图 5 – 2 – 22 所示，机油散热器由铝合金铸成的壳体和铜芯管等组成，它置于冷却水路中，利用冷却水的温度来控制润滑油的温度。水冷式机油冷却器外形尺寸小，布置方便，且不会使机油冷却过度，机油温度稳定。当润滑油温度高时，靠冷却水降温，发动机起动时，则从冷却水吸收热量使润滑油的温度迅速升高。

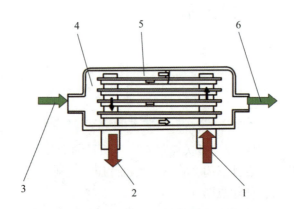

图 5 – 2 – 22　水冷式机油散热器

1—进油口；2—出油口；3—冷却水入口；4—水冷室；5—油管；6—冷却水出口

机油散热器的工作原理如图 5 – 2 – 23 所示，机油散热器布置在润滑油路中，其工作原理与发动机散热器相同。机油经滤清器滤清之后直接进入机油散热器，机油在机油散热器芯内流动，从冷却系统散热器出水管引来的冷却液在机油散热器芯外流过，两种流体在机油散热器内进行热交换，使高温机油得以冷却降温。此外，也有使油在管外流动，而水在管内流动的结构。

机油散热器

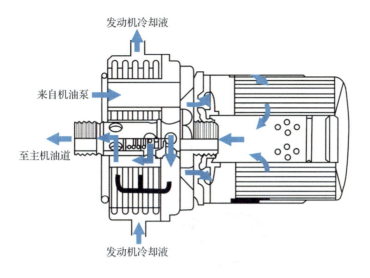

来自机油泵
发动机冷却液
至主机油道
发动机冷却液

图 5 - 2 - 23　机油散热器工作原理

任务 5.2.4　检测机油压力调节电气组件
学习表 1　两级式外啮合齿轮式机油泵工作原理

1. 在图 5 - 2 - 24 中分别圈出单级机油泵机油压力曲线、两级机油泵机油压力曲线；对于两级机油泵而言，圈出可实现的机油压力值和高低油压切换时的发动机转速。

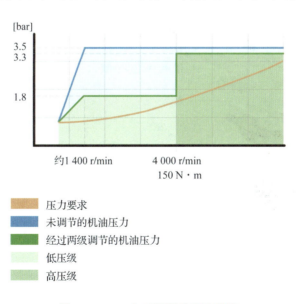

[bar]
3.5
3.3
1.8

约 1 400 r/min　4 000 r/min
150 N · m

■ 压力要求
■ 未调节的机油压力
■ 经过两级调节的机油压力
□ 低压级
■ 高压级

图 5 - 2 - 24　机油泵泵油压力曲线

2. 在图 5 - 2 - 25 中正确位置标注集滤器、泵齿轮、控制活塞、压缩弹簧、滑动装置名称。

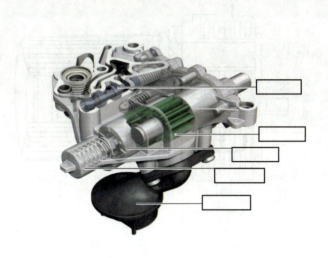

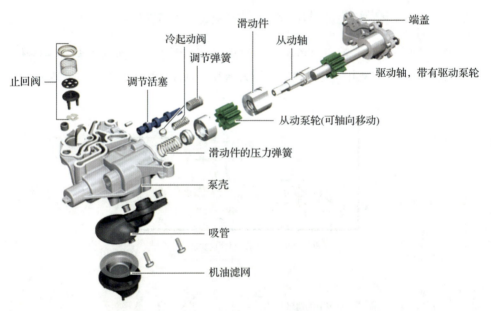

图 5－2－25　机油压力调节电气组件

3. 以机油泵 1.8 bar 压力调节过程为学习目标，完成表 5 – 2 – 7 中内容。

表 5 – 2 – 7　1.8 bar 机油压力调节原理

项目	从起动到建立约 1.8 bar 的压力	压力超过 1.8 bar 时的调节	压力低于 1.8 bar 时的调节
示意图	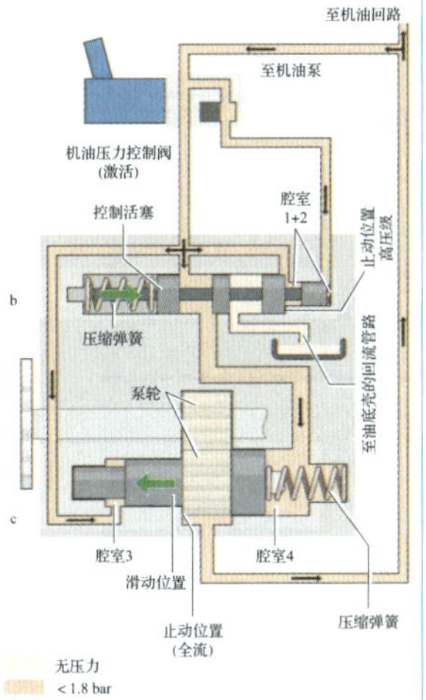	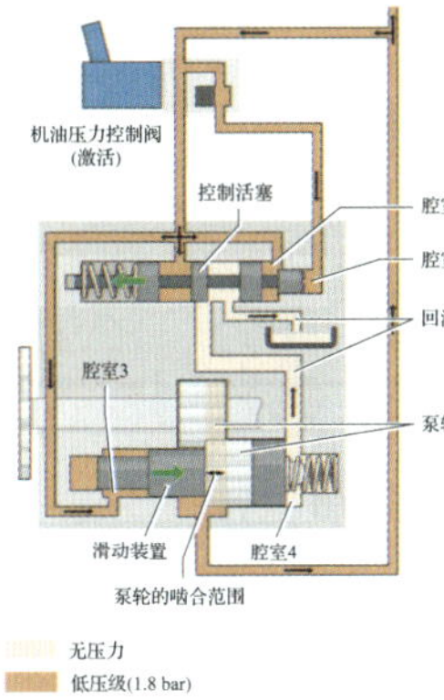	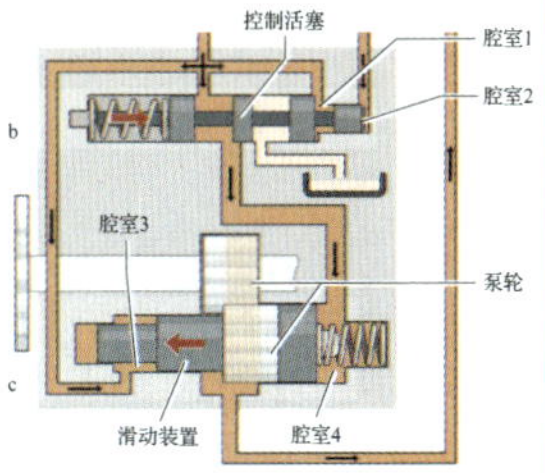
机油压力控制阀	□接地，通电　□不接地，断电	□接地，通电　□不接地，断电	□接地，通电　□不接地，断电
机油至腔室 2 的通道	□打开　□关闭	□打开　□关闭	□打开　□关闭
压缩弹簧移动情况	□向右　□向左	□向右　□向左	□向右　□向左
腔室 4 接至	□油压管路　□回油管路	□油压管路　□回油管路	□油压管路　□回油管路
滑动装置移动情况	□向右　□向左	□向右　□向左	□向右　□向左
泵轮组啮合情况	□全啮合　□部分啮合，减小　□部分啮合，增加	□全啮合　□部分啮合，减小　□部分啮合，增加	□全啮合　□部分啮合，减小　□部分啮合，增加

备注：请组织者规定每个环节或某些环节的工作时间，养成良好的时间观念。

参考信息

机油压力调节的组件——两级式外啮合齿轮式机油泵。

在图 5 – 2 – 26 中可以看出非可变排量机油压力曲线（蓝色曲线）的趋势，随着发动机转速的增加，机油压力也不断增大，机油的压力主要是通过机油泵内部的限压阀限制的，但是此时的机油泵仍然运行在最大输出量，其不仅消耗发动机的动力，而且输入的能量转化为热能，加速了机油的老化。相比之下，两级式机油压力曲线（绿色）更加靠近发动机对机油压力的实际需求（橘黄色曲线），机油量调节的优点是由于机油泵仅泵送所需的机油量，因此机油泵的输出功率较低。在 4 000 r/min（因车型而异）以下时，机油压力维持在 1.8 bar；在 4 000 r/min 转以上时，机油压力维持在 3.3 bar。由于循环流动的机油较少，因此机油损失较少。

提示：车辆行驶里程达到 1 000 km 之前（磨合期），机油压力一直处于高压段。

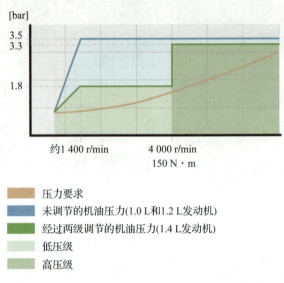

压力要求
未调节的机油压力(1.0 L和1.2 L发动机)
经过两级调节的机油压力(1.4 L发动机)
低压级
高压级

图 5 - 2 - 26　机油泵泵油压力与实际要求曲线对比

（1）控制活塞和滑动装置

如图 5 - 2 - 27 所示，机油被泵送至两个相互啮合的齿轮（泵轮），一个泵轮位于机油泵驱动轮所处的驱动轴上，机油泵驱动轮由曲轴通过链条驱动（见图 5 - 2 - 28）；可轴向移动的泵轮位于另一根轴上，泵轮和轴一起构成滑动装置，如图 5 - 2 - 29 所示。滑动装置将对机油回路内的输送率和输送压力施加影响，其位置由作用于滑动装置两侧腔室的压力比确定。相反地，压力比取决于控制活塞的运动情况。

图 5 - 2 - 27　两级机油泵
1—控制活塞；2—机油滤网；3—控制通道；4—泵出口；5—滑动装置；6—机油泵驱动轮

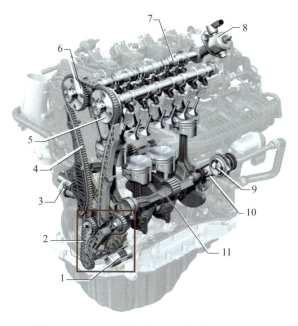

图 5 – 2 – 28　两级机油泵驱动链条及驱动轮

1—可调式外部齿轮机油泵；2—传动链（机油泵）；3—链条张紧器；4—齿形皮带传动；5—进气凸轮轴调节器；

6—排气凸轮轴调节器；7—具有气门行程切换功能的排气凸轮轴；8—高压燃油泵；

9—冷却液泵；10—皮带驱动式冷却液泵；11—带有滚柱轴承的平衡轴

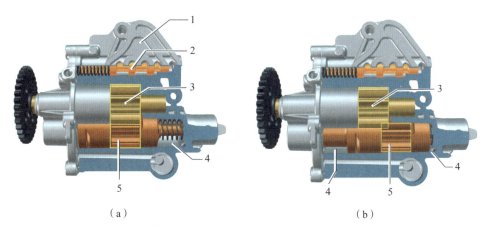

（a）　　　　　　　　　　　　　　　　　　（b）

图 5 – 2 – 29　两级式机油泵滑动装置

（a）最大输油量时滑动装置的位置；（b）最小输油量时滑动装置的位置

1—控制通道；2—控制活塞；3—泵轮；4—腔室；5—带泵轮的滑动装置

两级式机油泵工作过程

（2）1.8 bar 压力的建立及保持

1）从发动机起动到建立约 1.8 bar 的压力。

一旦发动机起动，必须尽快建立起所需的机油压力。两个泵轮完全处于相对位置，在当前发动机转速下最大的机油量被泵送到机油回路中。

在图 5-2-30 中 a 处，机油压力控制阀由发动机控制单元通过接地激活，并打开腔室 2 的控制通道。

在图 5-2-30 中 b 处，压缩弹簧将控制活塞压向高压级的止动位置。

在图 5-2-30 中 c 处，腔室 3 和 4 内的机油压力总计低于 1.8 bar，这对滑动装置的位置没有影响，压缩弹簧将滑动装置压向全流的止动位置。

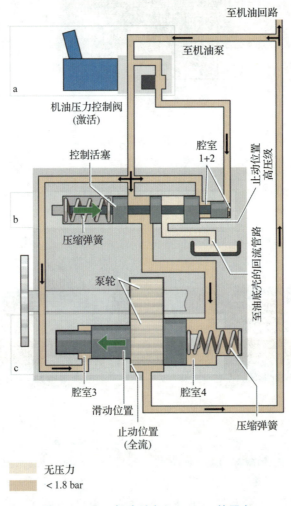

图 5-2-30 起动到建立 1.8 bar 的压力

在约 1 400 r/min 的转速下，机油压力达到约 1.8 bar 的低压级，直到 4 000 r/min 或 150 N·m，此压力都将保持恒定不变。当发动机转速增加时，机油量和机油压力都会增加；当发动机转速下降时，机油量和机油压力都会减少。如何在发动机转速 1 400～4 000 r/min 这一范围内控制机油压力在 1.8 bar 呢？

2）当机油压力超过 1.8 bar 时的机油压力调节。

在图 5-2-31 中 a 处，机油压力控制阀由发动机控制单元通过接地激活，并打开腔室 2 的控制通道。

在图 5-2-31 中 b 处，随着发动机转速增加，腔室 1 和 2 内的压力提高至 1.8 bar 以上，并且控制活塞顶着弹簧力被推向左侧，从而打开腔室 4 到油底壳回流的通道。

在图 5-2-31 中 c 处，腔室 3 内的压力超过 1.8 bar 后，滑动装置顶着弹簧力被略微推向右侧，腔室 4 的机油被压回油底壳，两个泵轮不再全部互相啮合，啮合程度变小，泵送的机油量减少，机油压力也随之降低。

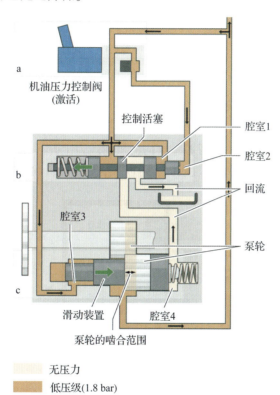

图 5-2-31 压力超过 1.8 bar 时的机油压力调节

3）当机油压力低于 1.8 bar 时的机油压力调节。

机油压力控制阀保持开启。

在图 5-2-32 中 b 处，随着发动机转速降低，腔室 1 和 2 内的压力下降至 1.8 bar 以下，并且控制活塞在弹簧力的作用下被推向右侧，从而关闭了机油回路至滑动装置腔室 4 的通道。

在图 5-2-32 中 c 处，腔室 3 和 4 内的压力再次相等，在弹簧力的作用下，滑动装置被轻微地推向左侧，两个泵轮继续互相啮合，泵送的机油量增加，机油压力也随之提升。

（3）切换到约 3.3 bar 高压级

在 4 000 r/min 的发动机转速或 150 N·m 的发动机负荷下，机油压力需要切换至高压级，约 3.3 bar。为达到更高的压力，泵送的机油量需要增加。

在图 5-2-33 中 a 处，发动机控制单元不再激活机油压力控制阀，并且腔室 2 的控制通道也关闭。

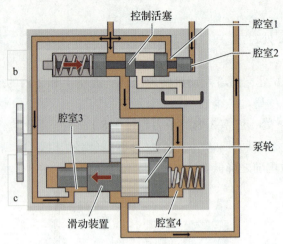

图 5 - 2 - 32　机油压力低于 1.8 bar 时的机油压力调节

在图 5 - 2 - 33 中 b 处，腔室 2 内的机油压力小，压缩弹簧将控制活塞推向右侧，从而打开通往腔室 4 的通道。

在图 5 - 2 - 33 中 c 处，滑动装置腔室 4 内的机油压力上升，并和压缩弹簧一起将滑动装置推向左侧。现在两个泵轮的啮合程度较大，可以泵送更多的机油，机油压力也随之提高。

图 5 - 2 - 33　压力由 1.8 bar 切换至 3.3 bar 高压力级时的机油压力调节

（4）从高压级切换回低压级

参照图 5 - 2 - 31 所示压力超过 1.8 bar 时的机油压力调节方式，如需切换回低压级，机油压力控制阀通过接地再次被激活，并打开腔室 2 的控制通道。腔室 1 和 2 内的机油压力顶着弹簧力将控制活塞推向左侧，关闭腔室 4 的控制通道，同时打开油底壳回流管路。在这种情况下，腔室 4 内的机油压力下降，滑动装置在腔室 3 中高压的作用下被推向右侧，两个泵轮的啮合程度变小，泵送的机油量减小，机油压力也随之下降。

工作表4　检测机油压力控制阀

1. 请根据图5-2-34所示实训车辆电路图，测量机油压力控制阀电路（见图5-2-35），并在表5-2-8中记录相关数据。

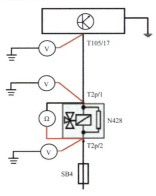

图5-2-34　机油压力控制阀电路

表5-2-8　数据记录

测试对象	测试条件	使用设备	测试参数	标准描述	测试结果	是否正常
例：T105/17	点火挡	万用表	T105/17 对地电压	12 V		
T2p/1	点火挡	万用表	T2p/1 对地电压	12 V		
T2p/2	点火挡	万用表	T2p/2 对地电压	12 V		
N428	OFF 且断开线束插头	万用表	T2p/1 与 T2p/2 之间电阻	15 ~ 40 Ω		

2. 参考图5-2-35及演示视频，使用诊断仪，在发动机控制单元下的引导型功能中检测机油压力控制阀由低到高油压的切换功能，或也可在自诊断下，完成机油压力控制阀执行元件诊断。

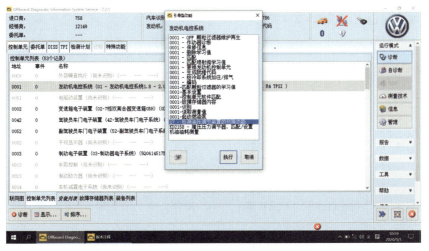

图5-2-35　诊断仪引导型功能界面

| 检测油压调节装置的切换功能 | 机油压力控制阀执行元件诊断 |

备注：请组织者规定每个环节或某些环节的工作时间，养成良好的时间观念。

参考信息

机油压力控制电气组件——机油压力控制阀 N428。

机油压力控制阀（见图 5 - 2 - 36）可以实现机油泵在两个压力级之间的切换，它由发动机控制单元根据负荷和发动机转速，接地信号激活，从蓄电池正极出发，通过主继电器 J271 的开关侧，经过熔断器 SB4，机油压力控制阀 N428 的 T2p/2 引脚获得供电，由发动机控制单元侧的 T105/17 引脚来实现接地，如图 5 - 2 - 34 所示。

图 5 - 2 - 36 机油压力控制阀 N428

结合两级式外啮合齿轮式机油泵的工作原理，可以总结出控制阀切换情况如下：

1）如果控制阀被激活，通往机油泵的控制通道将打开，并且机油将以 1.8 bar 的低压进行泵送。

2）如果控制阀未被激活，则控制通道会在弹簧和机油的作用下保持关闭，并且机油将以 3.3 bar 的高压进行泵送。

3）如果阀发生故障，则将关闭控制通道，机油泵在高压段运行。

工作表 5 检测高、低机油压力开关

1. 读取测量值（见表 5 - 2 - 9）

表 5 - 2 - 9 测量值数据

条件	数据组	标准值（注意条件）	当前值	是否正常
"ON"，未着车	低压机油压力开关状态	断开	□断开 □闭合	
发动机怠速	低压机油压力开关状态	闭合	□断开 □闭合	
	高压机油压力开关状态	断开	□断开 □闭合	
	机油压力控制阀的启动	低压	□高压 □低压	
发动机 4 000 r/min （注意激活条件）	高压机油压力开关状态	闭合	□断开 □闭合	
	机油压力控制阀的启动	高压	□高压 □低压	

结果分析：如果以上三大组数据均正常，请排查其他部件；如果低压机油压力开关在发动机怠速时未闭合，请执行测量低压机油压力开关电路；如果机油压力控制阀将油压调节至高压，而高压机油压力开关状态显示为断开，请执行测量高压机油压力开关电路。

2. 测量低压机油压力开关电路。

1）断开 F378 线束，目视检查线束根部是否断裂、是否有机油渗漏油污的情况。

2）根据实训车辆电路图，检查低压机油压力开关供电，如图 5 - 2 - 37 及表 5 - 2 - 10 所示。

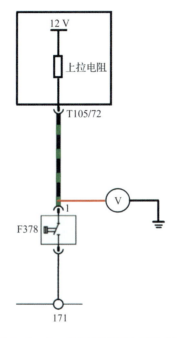

图 5 - 2 - 37　低压机油压力开关电路

表 5 - 2 - 10　数据记录（一）

测试对象	测试条件	使用设备	测试参数	标准描述	测试结果	是否正常
例：F378	起动	万用表、背插针	F378/1 对地电压	0 V		

结论：如果供电不正常，检查 T105/72 至 F378/1 之间的线路；如果供电正常，考虑低压机油压力开关自身故障并更换（见本模块任务 2.8：维修或更换故障部位的参考信息）或执行检测机油压力开关自身检测（见本模块任务 2 中工作表 6：检查机油压力及测试高、低油压开关）。

3. 测量高压机油压力开关电路。

1）断开 F22 线束，目视检查线束根部是否断裂、是否有机油渗漏油污的情况。

2）请根据实训车辆电路图，检查高压机油压力开关供电，如图 5 - 2 - 38 及表 5 - 2 - 11 所示。

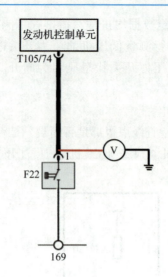

图 5 – 2 – 38　高压机油压力开关电路

表 5 – 2 – 11　数据记录（二）

测试对象	测试条件	使用设备	测试参数	标准描述	测试结果	是否正常
例：F22	点火挡	万用表、背插针	F22/1 对地电压	12 V		

结论：如果供电不正常，则检查 T105/74 至 F22/1 之间的线路；如果供电正常，则考虑机油压力开关自身故障并更换或执行检测机油压力开关自身检测。

备注：请组织者规定每个环节或某些环节的工作时间，养成良好的时间观念。

参考信息

1. 机油压力监控原理（以 EA888 三代发动机为例）

（1）机油压力警报灯亮起

如图 5 – 2 – 39 所示，低压机油压力开关 F378 和高压机油压力开关 F22 都是用于监控机油压力，F378 用于监控是否存在机油压力，F22 用于监控可调式机油泵的高压（如果该泵工作在高压力级的话）。F22 和 F378 均为常开触点式的，一旦建立起必要的机油压力后，压力开关就会闭合，发动机控制单元侧的 T105/74 和 T105/72 将接收到 0 V 的电压信号；如果未达到能使开关闭合的机油压力，则整个电路断路，此时 T105/74 和 T105/72 处的对地电压是 12 V。

如图 5 – 2 – 40 所示，发动机控制单元接收到油压开关信号后，若通过油压开关判断出机油压力低，则会通过网关 J533 传递给仪表控制单元 J285，J285 随即亮起机油压力警报灯，告知驾驶员油压状态。例如：发动机运转时一旦达到（0.55 ~ 0.85 bar）机油压力，低压机油压力开关 F378 就会闭合电路，机油压力指示灯熄灭；机油压力开关仅在低于最小油压时，其仪表才会亮起机油压力警报灯。

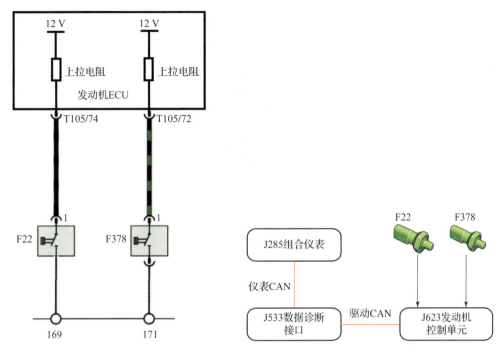

图 5-2-39　高、低机油压力开关电路原理图　　　图 5-2-40　机油压力指示灯显示

（2）机油压力监控过程

当发动机关闭时会验证机油压力开关的可靠性；在发动机控制单元中，当发动机运转时会监控机油压力开关。

1）当发动机关闭时验证机油压力开关的可靠性。

当发动机刚关闭时，闭合的机油压力开关不应该有任何信号，否则可认为是有电气故障。15 号线接通时，在组合仪表上会出现一个警告符号（红色油壶），同时还会有故障的文字说明"请关闭发动机并检查机油油位"。

2）当发动机工作时的警告。

发动机控制单元会根据机油温度情况，自某一发动机转速起开始监控机油压力开关。通常在发动机冷机（不超过 60 ℃）时就开始监控机油压力开关了（也就是发动机怠速时），在发动机达到正常工作温度，且转速较高时，才监控机油压力开关。如果该开关没有闭合的话，在组合仪表上会出现一个警告符号（红色油壶），同时还会有故障的文字说明"请关闭发动机并检查机油油位"。

如果可调式机油泵在高压力级供油，且发动机转速超过了特性曲线计算出的值（具体取决于机油温度），则会监控机油压力开关 F22。如果判断该开关没有闭合，则发动机电子系统指示灯 EPC 就会亮起，且会限制发动机转速，组合仪表上会有文字提示这个转速限制且会显示黄色的转速符号。

2. 机油压力控制电气组件——高压机油压力开关

如图 5-2-41 所示，机油压力开关 F22 通过螺钉拧入机油滤清器下方的辅助装置托架，发动机管理系统通过此传感器检查机油泵是否在高油压段运行以及其他情况。如果机油压力开关故障，则发动机控制单元的故障存储器中会存储一条故障记录，且机油警告灯亮起。

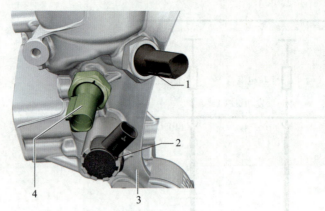

图 5 - 2 - 41　机油压力控制电气组件位置图

1—机油压力开关 F378；2—机油压力调节阀 N428；3—辅助装置托架；4—机油压力开关 F22

3. 机油压力控制电气组件——低压机油压力开关

如图 5 - 2 - 41 所示，机油压力开关通过螺钉拧入机油滤清器下方的辅助装置托架，如果没有低压机油压力开关 F378 的信号，则无法进行两段式油压控制。如果机油压力开关故障，则故障存储器中会存储一条故障记录，且机油警告灯亮起，然后机油泵仅在高压段下运行。

任务 5.2.5　检查机油压力及测试油压开关

工作表 6　检查机油压力及测试高、低油压开关

1. 查看实训车辆维修手册，制订检查发动机机油压力和油压开关的工作计划，见表 5 - 2 - 12。

表 5 - 2 - 12　机油压力和油压开关检查工作计划表

工作步骤	工作要点（含技术数据）	工具	安全环保注意事项
准备工作			
检测的前提条件			
安装机油压力测试仪（包括机油压力开关）			
对标机油压力标准数值			
拔下机油压力控制阀			
对标高压机油压力标准数值			
恢复、5S			

2. 根据制订的机油压力及油压开关工作计划表，完成工作。

备注：请组织者规定每个环节或某些环节的工作时间，养成良好的时间观念。

参考信息

1. 检查发动机机油压力

1）准备所需要的专用工具和维修设备。

机油压力测试仪 V. A. G 1342（见图 5 – 2 – 42）、测量辅助工具套件 V. A. G 1594C（见图 5 – 2 – 43）、连接扳手 24 mm T40175（见图 5 – 2 – 44）、车辆诊断测试仪。

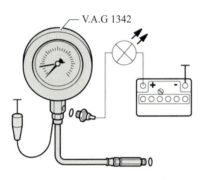

图 5 – 2 – 42　机油压力测试仪

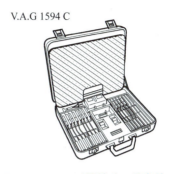

图 5 – 2 – 43　测量辅助工具套件

图 5 – 2 – 44　24 mm 扳手

2）检测的前提条件。

发动机机油液位正常；发动机机油温度至少为 80 ℃（冷却液风扇必须运转过）。

提示：机油泵机油压力两级可调，需要对机油压力依次进行检查；发动机在初始磨合期或者紧急状态下，其机油泵只会以高油压状态下运行；机油压力跟机油压力开关关系密切；发动机机油温度在 80 ℃时一般能够测得平均水平的机油压力数值。

机油压力标准数值见表 5 – 2 – 13。

表 5 – 2 – 13　机油压力数值对照表　　　　　　　　　　　　　　　　　　　bar

条件	机油压力标准数值
怠速运转	0.85 ~ 1.6
发动机转速达到 2 000 r/min	1.2 ~ 1.6
发动机转速达到 3 700 r/min	1.2 ~ 1.6

3）检测步骤。

提示：一旦旋松，需每次更换油压开关；把抹布放在组合支架下面，以接收溢出的发动机机油。

①拆卸低压机油压力开关 F378。

②用机油压力测试仪 V. A. G 1342 代替低压机油压力开关 F378 旋入组合支架中。

③将旋出的低压机油压力开关 F378 旋入机油压力测试仪 V. A. G 1342 中。

④起动发动机。

⑤关闭发动机。

⑥拆卸发动机舱底部隔声板。

⑦如图 5 - 2 - 45 所示，拔下机油压力控制阀 N428 的插头 1。

提示：注意应将拔掉的插头放置在安全位置，防止与皮带产生接触。拔下插头后机油泵将以高压状态工作。

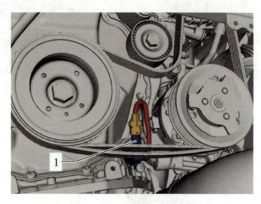

图 5 - 2 - 45　机油压力控制阀 N428 插头
1—插头

起动发动机，检查不同转速下的机油压力，见表 5 - 2 - 14。

表 5 - 2 - 14　机油压力数值对照表（拔掉机油压力控制阀线束）　　　　bar

条件（拔掉机油压力控制阀线束）	机油压力标准数值
怠速运转	0. 85 ~ 4. 0
发动机转速达到 2 000 r/min	2. 0 ~ 4. 0
发动机转速达到 3 700 r/min	3. 0 ~ 4. 0

⑧安装新的低压机油压力开关 F378。

⑨插入机油压力控制阀 N428 的插头 1。

⑩安装发动机舱底部隔声板。

⑪用诊断仪清除故障代码。

4）如果未达到规定压力范围，则检查机油压力控制阀 N428（可参见工作表 4：检测机油压力控制阀）。

5）如果没有发现故障，则更换机油泵，更换前注意检查吸油管路中的滤网是否有污染物。

2. 机油压力异常主要原因（见表5-2-15）

表5-2-15　机油压力异常原因

现象	主要原因
机油压力过低	油液原因： （1）机油的数量不足，油液变质导致黏度过低。 （2）机油长时间没有更换，或者长时间低温运行，导致积炭和油泥过多，堵塞机油滤清器
	油泵原因： （1）机油泵齿轮磨损，导致效率低下，以至于润滑系统压力过低。 （2）油泵内安全阀卡滞在开启位置，使机油泄压，导致压力过低。 （3）本身缺陷（如砂眼、开裂）或者安装导致系统密封不严、压力过低
	发动机本体原因： （1）凸轮轴轴瓦、曲轴主轴瓦、连杆轴瓦与轴承间隙过大，导致机油泄压。 （2）机油散热器泄漏，导致润滑油进入冷却系统，出现压力过低。 （3）润滑系统的油道缺陷（如砂眼、开裂）或者安装导致系统密封不严，出现泄压
机油压力过高	油液原因： 机油型号与发动机不匹配，其黏度过高，导致润滑系统压力高于相同工况压力
	油泵原因： 机油泵内安全阀或者调压阀卡滞在关闭位置，使压力不受控制，从而出现异常的高机油油压的现象

任务5.2.6　检测机油油位和温度传感器
工作表7　检测机油油位和温度传感器

1. 请根据实训车辆电路图检查机油油位和温度传感器电路，如图5-2-46所示，并记录数据（见表5-2-16）。

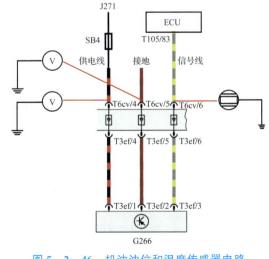

图5-2-46　机油油位和温度传感器电路

表 5 - 2 - 16 数据记录

测试对象	测试条件	使用设备	测试参数	标准描述	测试结果	是否正常
例：G266 线束侧	例：断开线束插头、点火挡	万用表	T3ef/1 对地电压	12 V		
G266 线束侧	例：断开线束插头、点火挡	万用表	T3ef/2 对地电压	0 V		
T3ef/3	例：线束连接、点火挡	示波器	T3ef/3 对地电压	波形参考如图 5 - 2 - 47 所示		

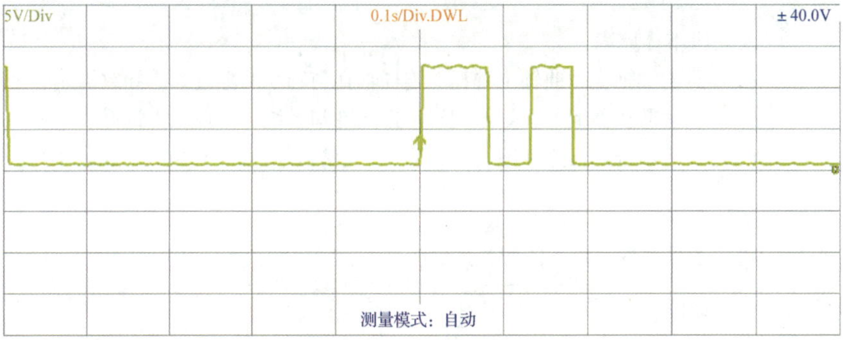

5V/Div　　　0.1s/Div.DWL　　　± 40.0V

测量模式：自动

图 5 - 2 - 47　T3ef/3 波形

备注：请组织者规定每个环节或某些环节的工作时间，养成良好的时间观念。

参考信息
机油油位和温度传感器

1. 分类

（1）按照热（电阻）线原理工作

如图 5 - 2 - 48（a）所示，传感器按照热（电阻）线原理工作，即电子系统在短时间内将测量元件的温度加热到超过当前机油温度，断开加热电压后，发动机机油的测量元件重新冷却到机油温度水平，然后根据冷却时间的长短即可计算出机油油位。

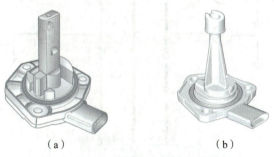

（a）　　　　　　　　　（b）

图 5 - 2 - 48　机油油位和温度传感器
（a）热线原理；（b）超声波原理

（2）按照超声波原理工作

如图 5 – 2 –48（b）所示，传感器发出的超声波脉冲会被机油与空气的临界层反射回来，根据发出与返回脉冲之间的时间差以及声波速度即可确定机油油位。机油油位和温度这两个传感器在集成于传感器壳体的电子装置中，处理各自测得的信号，并输出一个 PWM（脉冲调制信号）。超声波传感器的优势是传感器信号速度快、电耗更小。

如图 5 – 2 –49 所示，发动机机油油位和温度传感器是将发动机油底壳的油面高度及温度转换为脉宽随油位/温度改变的脉冲信号，并输入发动机 ECU（也有输入给仪表 ECU 的，具体看电路图），ECU 对此间隔型矩形脉冲信号进行分析计算后输出控制信号，使油位及温度在仪表上显示，并作为低油位警告灯点亮与否的依据。

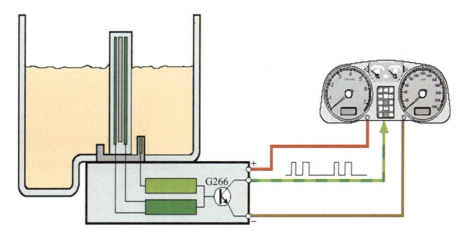

图 5 – 2 –49　机油油位和温度传感器信号传递示意图

任务 5.2.7　检测活塞冷却相关的电子组件
学习表 2　活塞冷却喷嘴控制原理

1. 根据图 5 –2 –50 所示图谱，填写活塞冷却喷嘴工作状态（见表 5 –2 –17）。

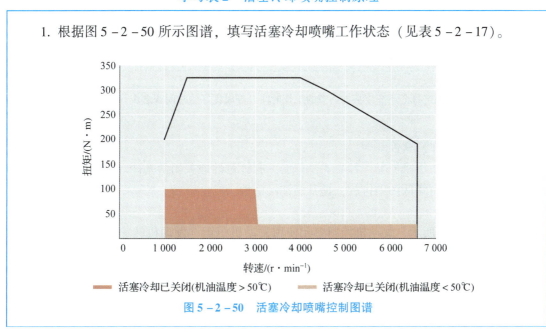

图 5 – 2 –50　活塞冷却喷嘴控制图谱

表 5 - 2 - 17 　 活塞冷却喷嘴工作状态

条件	转速 1 200 r/min 扭矩 50 N·m 机油温度 40 ℃	转速 2 000 r/min 扭矩 50 N·m 机油温度 70 ℃	转速 1 200 r/min 扭矩 110 N·m 机油温度 70 ℃
活塞冷却喷嘴 工作状态	□关闭 □开启	□关闭 □开启	□关闭 □开启

2. 学习活塞冷却喷嘴开启与关闭过程，完成表 5 - 2 - 18。

表 5 - 2 - 18 　 活塞冷却喷嘴工作原理

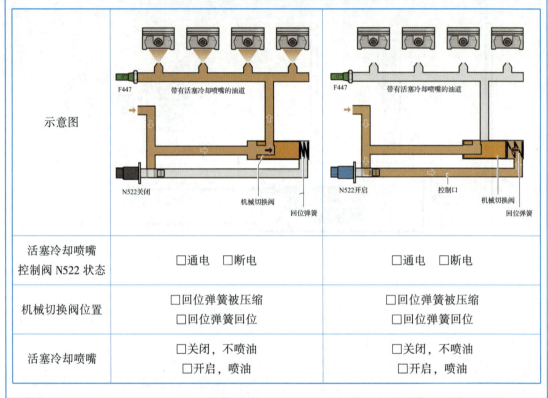

示意图		
活塞冷却喷嘴 控制阀 N522 状态	□通电 □断电	□通电 □断电
机械切换阀位置	□回位弹簧被压缩 □回位弹簧回位	□回位弹簧被压缩 □回位弹簧回位
活塞冷却喷嘴	□关闭，不喷油 □开启，喷油	□关闭，不喷油 □开启，喷油

备注：请组织者规定每个环节或某些环节的工作时间，养成良好的时间观念。

参考信息

可切换活塞冷却喷嘴控制阀。

活塞顶并不是在任何工况下都需要冷却的，有针对性地关闭活塞冷却喷嘴，可降低机油泵功耗和油耗，进而降低污染排放，提升燃油经济性。

（1）控制策略

如图 5 - 2 - 51 所示，发动机控制单元使用发动机扭矩、发动机转速和机油温度来计算图谱，并在图谱的辅助下驱动控制阀。如果机油温度低于 50 ℃，则活塞冷却喷嘴在 1 000 ~ 6 600 r/min 的图谱范围内和约 30 N·m 的负载下保持关闭状态；如果机油温度高于 50 ℃，则活塞冷却喷嘴在 1 000 ~ 3 000 r/min 的转速范围内和 30 ~ 100 N·m 的负载范围下保持关闭；活塞冷却喷嘴在图谱的所有其他范围内保持开启状态。

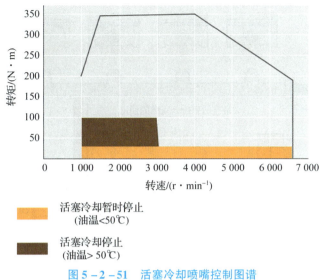

活塞冷却暂时停止
(油温<50℃)

活塞冷却停止
(油温> 50℃)

图 5 - 2 - 51　活塞冷却喷嘴控制图谱

（2）活塞冷却喷嘴开启与关闭

1）活塞冷却喷嘴开启。

如图 5 - 2 - 52 和图 5 - 2 - 53 所示，活塞冷却喷嘴电磁阀和机械切换阀安装在辅助装置托架内。在切断电流的情况下，活塞冷却喷嘴控制阀 N522 关闭，切断了机油从电磁阀去往机械切换阀的通路，使得油压仅施加在机械切换阀一侧上，并朝向回位弹簧移动，直到连接至活塞冷却喷嘴的通道可用，如图 5 - 2 - 53 中箭头所示，油液从电磁阀流向其他的油道，然后再流向活塞冷却喷嘴，由此激活喷嘴喷油。同时，在机油压力的作用下 3 挡机油压力开关 F447 闭合，发动机控制单元收到该开关闭合信号，确定活塞冷却喷嘴已激活。

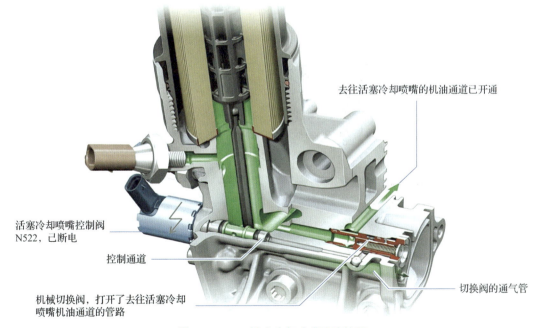

图 5 - 2 - 52　活塞冷却喷嘴油路接通

模块五　检查、诊断和维修发动机润滑系统

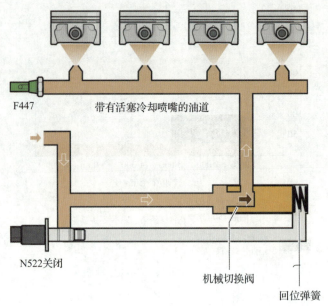

F447

带有活塞冷却喷嘴的油道

N522关闭

机械切换阀

回位弹簧

图 5-2-53　控制阀断电时冷却喷嘴开启

2）活塞冷却喷嘴关闭。

如图 5-2-54 和图 5-2-55 所示，活塞冷却喷嘴控制阀 N522 由发动机控制单元来通电，活塞冷却喷嘴控制阀 N522 开启，关闭了去往活塞冷却喷嘴的机油油路。活塞冷却喷嘴控制阀 N522 打开电磁阀的控制口，机械切断阀受到来自两侧施加的油压，在回位弹簧的推力作用下，机械切换阀向左被推回（见图 5-2-55 中红色箭头），油道连接管中的油液流动被中断，活塞冷却喷嘴关闭。根据 3 挡机油压力开关 F447 断开的信号，发动机控制单元确定活塞冷却喷嘴已停止喷油。

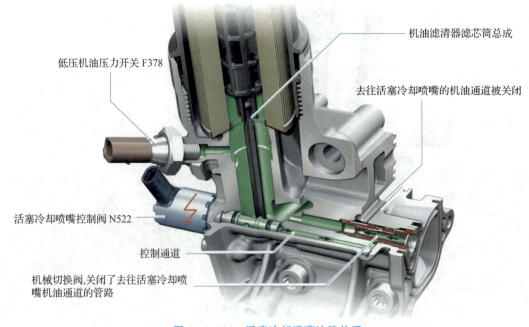

机油滤清器滤芯筒总成

低压机油压力开关 F378

去往活塞冷却喷嘴的机油通道被关闭

活塞冷却喷嘴控制阀 N522

控制通道

机械切换阀,关闭了去往活塞冷却喷嘴机油通道的管路

图 5-2-54　活塞冷却喷嘴油路关闭

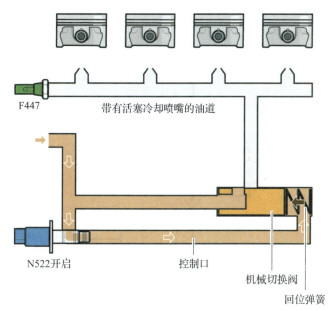

带有活塞冷却喷嘴的油道

N522开启　　　　　　　控制口

机械切换阀

回位弹簧

图5-2-55　控制阀通电时冷却喷嘴关闭

工作表8　检测活塞冷却相关的电气组件

1. 读取活塞冷却相关电气组件的数据流，并填表5-2-19。

表5-2-19　活塞冷却相关电气组件的数据流

条件	数据组	标准值（注意条件）	当前值	是否正常
怠速（发动机转速、扭矩数值较低）	活塞冷却喷嘴控制阀	例：断电	□通电　□断电	
	活塞冷却喷嘴机油压力开关状态	例：闭合	□断开　□闭合	
	活塞冷却喷嘴，促动	例：促动	□断开　□闭合	
	当前机油温度	_____℃	—	

2. 使用诊断仪，在发动机控制单元中对活塞冷却喷嘴控制阀 N522 作执行元件诊断，记录操作流程。

活塞冷却喷嘴控制阀执行元件诊断

结论：如果控制活塞冷却喷嘴控制阀 N522 动作，能听到发出的"咔哒"声，则说明发动机控制单元、线路（供电及接地）、自身均无异常；如果不能，则对活塞冷却相关的电气组件线路进行测量。

3. 测量活塞冷却喷嘴控制阀电路。

1）断开 N522 线束，目视检查线束根部是否断裂、是否有机油渗漏的情况。

2）根据图5-2-56所示实训车辆电路图检查电路，并将测试结果填入表5-2-20中。

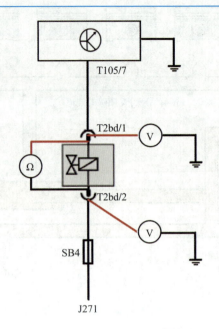

图 5 - 2 - 56 N522 实训测量电路

表 5 - 2 - 20 活塞冷却喷嘴控制阀测量表

测试对象	测试条件	使用设备	测试参数	标准描述	测试结果	是否正常
N522	例：点火开关"OFF"且断开线束插头	万用表	T2bd/1 与 T2bd/2 之间电阻	15 ~ 35 Ω		
T2bd/2	例：线束连接，点火挡	万用表	T2bd/2 对地电压	12 V		
T2bd/1	例：线束连接，点火挡	万用表	T2bd/1 对地电压	12 V		

4. 使用示波器，测量 N522 的 T105/7 的对地电压波形（参考图 5 - 2 - 57），注意对照控制阀工作图谱，可踩踏加速踏板改变转速，尝试触发发动机控制单元控制该阀通电或断电。

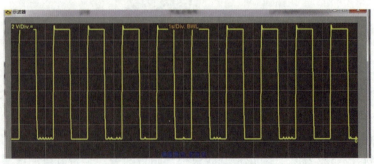

图 5 - 2 - 57 N522 的 T105/7 的对地电压波形

5. 测量 3 挡机油压力开关电路。

（1）断开 F447 线束，目视检查线束根部是否断裂、是否有机油渗漏油污的情况。

（2）请根据图 5 - 2 - 58 所示实训车辆电路图检查电路，并将测试结果填入表 5 - 2 - 21 中。

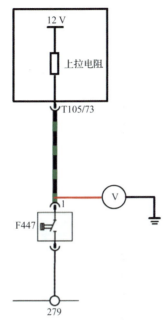

图 5 - 2 - 58　F447 实训测量电路

表 5 - 2 - 21　3 挡机油压力开关测量表

测试对象	测试条件	使用设备	测试参数	标准描述	测试结果	是否正常
例：F447	点火挡	万用表、背插针	F447/1 对地电压	12 V		

备注：请组织者规定每个环节或某些环节的工作时间，养成良好的时间观念。

参考信息

1. 活塞冷却相关的电气组件——活塞冷却喷嘴控制阀 N522 功能监控

如图 5 - 2 - 59 所示，从蓄电池正极出发，通过主继电器 J217 的开关侧，经过熔断器 SB4，由活塞冷却喷嘴控制阀 N522 的 T2bd/2 引脚获得供电，通过发动机控制单元来实现接地，发动机控制单元利用一个 PWM 信号使阀门通断电。

（1）活塞冷却喷嘴控制阀故障侦测

如果控制单元没有激活活塞冷却喷嘴控制阀，那么通向活塞冷却喷嘴的通道就会打开（F447 是接合的），这样即可保证：在触发错误或者导线有问题时，活塞在任何工作情况下都能得到冷却。

因此，J623 的 T105/7 与 N522 的 T2bd/1 之间的接地线束发生断路或对正极短路，则活塞冷却将始终启用；如果出现对地短路，则活塞冷却停止，这时就无法进行冷却控制了，发动机功率会有所降低。

2. 活塞冷却相关的电气组件——机油压力开关 F447 功能监控

如图 5-2-60 所示，在活塞冷却喷嘴已接通时，3 挡机油压力开关 F447 的触点就接合了。在 3 挡机油压力开关 F447 的辅助和活塞冷却喷嘴控制阀 N522 的诊断下，发动机控制单元可监控到活塞冷却喷嘴是否正常工作以及活塞是否得到充分的冷却。

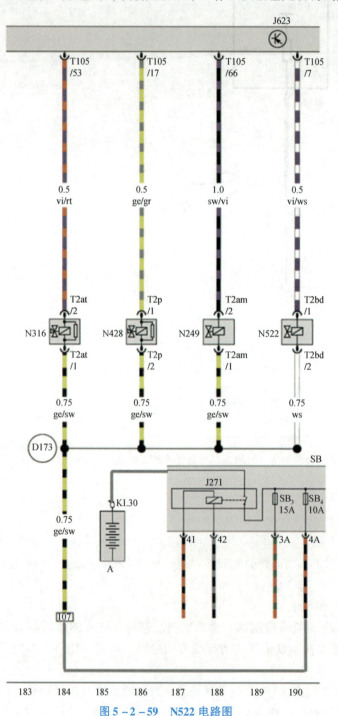

图 5-2-59　N522 电路图

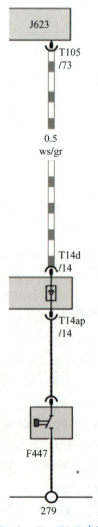

图 5-2-60　F447 电路图

（1）3 挡机油压力开关故障侦测

通过这个机油压力开关，发动机管理系统可以侦测到下述故障：

1）活塞冷却喷嘴上无机油压力（尽管要求有压力）。

2）机油压力开关损坏。

3）尽管活塞冷却喷嘴已切断，但是仍有机油压力。

3. 应急反应

导致活塞冷却不工作的故障，会引起下述应急反应：

1）发动机控制单元会限制扭矩和转速。

2）可调机油泵在高压力阶段运转。

3）组合仪表上出现提示：转速被限制到 4 000 r/min，出现一声"嘟嘟"响，EPC（Electronic Power Control，发动机功率电子控制）灯亮起。

任务 5.2.8　维修或更换故障部位。

工作表 9　确认故障点并完成修复

通过以上的电气元件检查、诊断：

1. 如未发现电气元件异常，则怀疑故障出现在发动机内部的机械部位（如集滤器堵塞、机油泵损坏或安全阀未到压力开启、油路脏污、异常磨损或异物引起的机械阀卡滞、凸轮轴轴颈磨损引起的卸压），故根据维修手册拆解检查。

2. 找到了实训车辆的故障点是＿＿＿＿＿＿＿，对故障点进行修复，试车，故障排除。

备注：请组织者规定每个环节或某些环节的工作时间，养成良好的时间观念。

参考信息

1. 拆卸和安装机油压力控制阀 N428

（1）所需要的专用工具和维修设备

废油收集与抽取装置、定位芯棒 T10060 A、棘轮扳手。

（2）拆卸

1）如图 5 - 2 - 61 所示，拆下隔声垫 1。

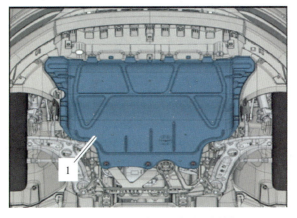

图 5 - 2 - 61　发动机隔声垫/底护板

1—隔声垫

2）拆下多楔皮带。

①如果要重新安装多楔皮带，则用粉笔或毡尖笔标记出转动方向，以便重新安装。

②如图 5 - 2 - 62 所示，松开多楔皮带时应沿箭头方向旋转张紧装置，通常用棘轮扳手旋转张紧装置。

③将张紧装置用定位芯棒 T10060 A 锁定。

④拆下多楔皮带。

3）将废油收集与抽取装置放在发动机下面，如图 5 - 2 - 63 所示，脱开电气连接插头 1，拧下螺栓 2，拔出机油压力控制阀 N428。

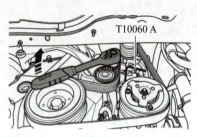

图 5 - 2 - 62　棘轮扳手旋转张紧装置

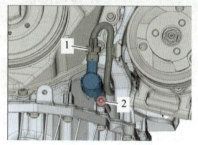

图 5 - 2 - 63　拆卸机油压力控制阀
1—电气连接插头；2—螺栓

（3）安装

1）安装新的机油压力控制阀，固定螺栓拧紧力矩为 4 N·m + 90°。

2）安装多楔皮带。

①如果要安装用过的多楔皮带，请注意转动方向。

②如图 5 - 2 - 64 所示装上多楔皮带。

③沿箭头方向用棘轮扳手转动张紧装置并拉出定位芯棒 T10060 A，如图 5 - 2 - 62 所示。

④松开张紧装置。

⑤检查多楔皮带是否正确被挂上。

⑥起动发动机并检查多楔皮带是否正确运转。

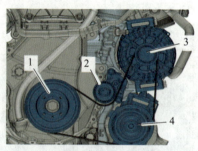

图 5 - 2 - 64　多楔皮带安装示意图
1—减震器/曲轴皮带轮；2—多楔皮带张紧装置；3—发电机；4—空调压缩机

3）安装隔声垫。

2. 拆卸与安装机油压力开关 F22 和 F378

（1）所需要的专用工具和维修设备

如图 5 - 2 - 65 所示，24 mm 连接扳手 T40175。

（2）拆卸

提示： 在辅助总成支架下放一块布，收集任何溢出的发动机机油；因无法单独更换密封件，所以油压开关拆下后需要更换。

1）将连接插头从机油压力开关 F22 或 F378 上断开。

2）拧下油压开关。

图 5 - 2 - 65　24 mm 扳手

（3）安装

安装大体以倒序进行，F22 与 F378 拧紧力矩均为 20 N·m。

3. 其他部件拆卸步骤请扫描二维码参考

拆卸和安装机油泵、
油位和油温传感器

拆卸和安装活塞冷却喷嘴
控制阀、3 挡机油压力开关

（三）任务拓展

维修案例：某 2018 年款发动机报 P164D 低压机油压力开关无功能。

1）产品技术信息：机油红灯报警，有 P164D 故障码。

2）用户陈述/服务站结论：仪表机油压力报警。

3）故障现象及解决过程。

①01 地址码发动机中有 P164D 低压机油压力开关，无功能。

②做机油压力测试，结果正常。更换 F378 不能解决故障。

4）技术背景：凸轮轴轴颈存在异常的轻微磨损，如图 5 - 2 - 66 所示。

图 5 - 2 - 66　凸轮轴轴颈轻微磨损

5）故障结论：该磨损会在个别工况下导致机油泄压，进而引起仪表机油压力报警。更换磨损的凸轮轴，车辆恢复正常。

三、参考书目

序列	书名，材料名称	说明
1	汽车维修技能学习工作页（5～8）	［德］Fischer Richard. 机械工业出版社，2010
2	大众车辆自学手册、维修手册、电路图	
3	现代汽车技术	［德］理查德. 机械工业出版社，2010.

任务 5.3　排除机油消耗量异常且伴有口哨声故障

一、任务信息

任务难度	"1＋X"汽车运用与维修职业技能等级证书　中、高级			
学时		班级		
成绩		日期		
姓名		教师签名		
案例导入	客户反映车辆机油消耗大，车头时不时就会有异响，类似吹口哨的漏气声。请维修技师确认故障现象，经过检查后，问题锁定在曲轴箱通风系统上			案例导入－口哨声
能力目标	知识	1. 能够说出机油消耗率的概念。 2. 能够识别曲轴箱强制通风系统的类型。 3. 能够描述曲轴箱强制通风系统的意义和结构。 4. 能够说出曲轴箱通风路径。 5. 能够说明不同类型曲轴箱通风系统的工作原理		
	技能	1. 能目视检查机油有无泄漏。 2. 能使用诊断仪读取故障代码，并清除故障码。 3. 能检测曲轴箱强制通风系统的真空度，分析是否正常。 4. 能更换油气分离器。 5. 能分析机油消耗异常的原因。 6. 能正确测量机油消耗量，并判断机油消耗量是否异常		
	素养	1. 能够建立维修技能自信。 2. 能对机油消耗异常进行说明，有效地解决客户问题		

二、任务流程

（一）任务准备

如图 5 - 3 - 1 所示，发动机的曲轴箱（气缸体下部用来安装曲轴的部位称为曲轴箱，分上曲轴箱和下曲轴箱，上曲轴箱与气缸体铸成一体，下曲轴箱用来储存机油，并封存上曲轴箱，又称为油底壳）是一个相对封闭的系统，发动机工作时有一小部分燃烧室中的气体经由活塞环从燃烧室进入曲轴箱，这些窜气（英文 blow - by）如果不被排出，将会导致曲轴箱压力持续升高直至密封失效后窜气自然排出。

1）1960 年前，如图 5 - 3 - 2 (b) 所示，活塞窜气由一根简单的管子直接排入大气，管口布置在发动机舱底部，能够靠汽车本身的运动获得很微弱的负压，这种设计在涉水时会使水吸入发动机。

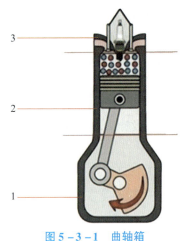

图 5 - 3 - 1 曲轴箱

1—曲轴箱；2—气缸体；3—气缸盖

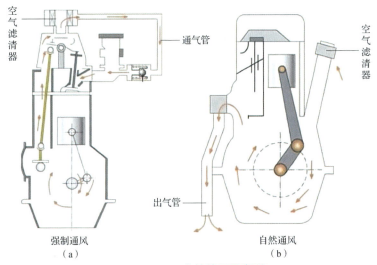

图 5 - 3 - 2 曲轴箱通风类型

(a) 强制通风；(b) 自然通风

2）1961 年左右，早期的曲轴箱强制通风系统（Positive Crankcase Ventilation，PCV，中文的意思是曲轴箱积极通风控制系统）出现在美国加州的汽车上，开式的 PCV 系统在机油加注口盖上设有通风阀，曲轴箱压力过高时气体直接排出，所以 PCV 是历史最悠久的排烟污染防治系统。

3）1968 年左右，美国对曲轴箱排放控制制定了相应法规，由于该法规的限制，开式 PCV 已经不再采用，闭式 PCV 系统出现，如图 5 - 3 - 2 (a) 所示。

4）1989 年 6 月 15 日，中国国家环境保护局批准《汽车曲轴箱排放物测量方法及限值》（GB 11340—1989），1990 年 1 月 1 日实施。

5）1996 年，美国推行 OBDII，并在 2015 年左右加入了有关通风系统的在线诊断要求。

模块五 检查、诊断和维修发动机润滑系统

323

6）2013 年 9 月 17 日，中华人民共和国环境保护部①公布《轻型汽车污染物排放限值及测量方法（中国第五阶段）》（GB 18352.5—2013），2018 年 1 月 1 日起实施。法规要求进行曲轴箱污染物排放试验，要求汽油发动机不允许有任何曲轴箱污染物排入大气。

7）2016 年 12 月 23 日，中华人民共和国环境保护部公布《轻型汽车污染物排放限值及测量方法（中国第六阶段）》（GB 18352.6—2016），2020 年 7 月 1 日起实施。相比于国五阶段，增加了对曲轴箱通风系统的监测要求，在标准 J.4.9.2.2 中规定：如果曲轴箱与 PCV 阀，或者 PCV 阀与进气歧管之间断开连接，OBD 系统应检测出故障。具体豁免情况见表 5 - 3 - 1，由表看出，国六阶段的排放标准对曲轴箱通风系统的完整性增加了诊断要求。因此，在设计满足国六排放法规的曲轴箱通风系统时需要考虑增加相关诊断方法。

表 5 - 3 - 1　国五、国六在曲轴箱通风系统检测的要求对比

项目	国五	国六
曲轴箱通风（PCV）系统检测	汽油发动机不允许有任何曲轴箱污染物排入大气	J.4.9.2.2 规定：如果曲轴箱与 PCV 阀，或者 PCV 阀与进气歧管之间断开连接，OBD 系统应检测出故障。 豁免情况： （1）J.4.9.2.3：PCV 阀直接紧固在曲轴通风箱上。 （2）J.4.9.2.4：使用硬管连接 PCV 阀和曲轴箱的系统。 （3）J.4.9.2.5：在急速时断开 PCV 阀，车辆立即熄火；PCV 阀和进气歧管之间的连接不会断开

（二）任务实施

任务 5.3.1　确认车辆故障现象

工作表 1　问询客户及车辆检查

1. 结合客诉，检查车辆，收集有助于解决故障的线索，在表 5 - 3 - 2 中准确地记录故障现象。

（1）发动机：□自然吸气　　□涡轮增压　　□其他

（2）问询客户，并将检查结果记录于表 5 - 3 - 2 中。

表 5 - 3 - 2　检查结果记录

视听检查方向	前提条件（如发动机静态、动态）	检查情况记录
有无噪声（如漏气声等）		
机油是否有渗漏 机油液位是否正常 机油加注口盖能否轻松打开		
油气分离器大气通气孔处有无抽吸力 油气分离器外壳及外部通气孔和 管路等是否漏气，有无油污		

---

① 2018 年 3 月，组建生态环境，不再保留环境保护部。

思政点：危险操作——在发动机运行期间检查机油液位有烫伤风险。

曲轴箱压力高效机油标尺处机油喷溅

备注：请组织者规定每个环节或某些环节的工作时间，养成良好的时间观念。

任务5.3.2 初步思考机油消耗异常原因。

学习表1 机油消耗率

1. 识别表5-3-3中同一车辆不同条件下机油消耗量是否异常。

表5-3-3 机油消耗量正常与否的识别

条件	1 L	0.55 L/1 000 km（新车）	0.8 L/1 000 km（已过磨合）	0.44 L/1 000 km
结论	□正常 □异常 □不确定	□正常 □异常	□正常 □异常	□正常 □异常

备注：请组织者规定每个环节或某些环节的工作时间，养成良好的时间观念。

参考信息

根据轿车使用条件，每台发动机的机油消耗率均可能不同，并且随发动机的使用时间机油消耗率也将发生变化。根据驾驶方式及轿车使用条件，某车机油消耗率最高不超过0.5 L/1 000 km，新车最初5 000 km内的机油消耗率可能略高于该数值。因此，必须定期检查机油油位，最好在添加燃油时和长途行驶前检查机油油位。

学习表2 曲轴箱通风系统结构及通风路径

1. 曲轴箱通风系统的意义。

（1）在图5-3-3中画出窜入曲轴箱的气体路径，并描述窜气的成分。

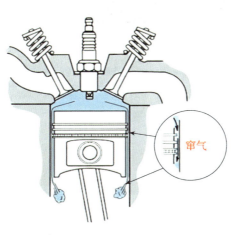

窜气

图5-3-3 窜入曲轴箱气体路径

模块五 检查、诊断和维修发动机润滑系统

325

曲轴箱内的窜气成分：

_____

_____

_____

_____

（2）在表 5 - 3 - 4 中写出曲轴箱通风的意义。

表 5 - 3 - 4　曲轴箱通风的意义

现象	后果
窜气凝结	
水蒸气凝结	
酸性物质凝结	
曲轴箱压力升高	

2. 自然吸气发动机的曲轴箱强制通风系统（见图 5 - 3 - 4）。

（1）请在表 5 - 3 - 5 中填写结构零部件名称和作用。

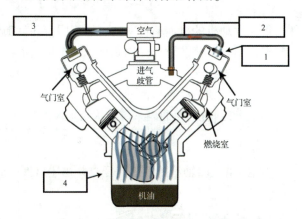

图 5 - 3 - 4　自然吸气发动机的曲轴箱强制通风系统

表 5 - 3 - 5　曲轴箱强制通风系统各零部件的名称和作用

编号	零部件名称	作用
1		控制通风流量
2	出气管/通风管	
3	进气管	
4		

（2）根据图 5 - 3 - 5 指示的曲轴箱通风路径，补充通风路线。

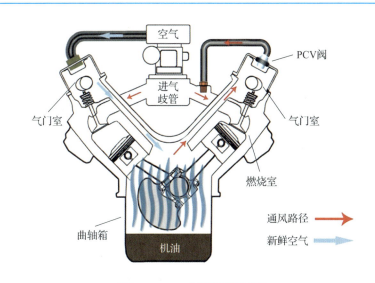

图 5 - 3 - 5　曲轴箱通风路径

（3）在上面的通风路线中，分别圈出排出窜气的路径及新鲜空气进入曲轴箱的路径。

思考：

1）进气歧管处气压大于还是小于曲轴箱处气压？_____

2）曲轴箱通风系统是如何做到有效气体循环，并平衡曲轴箱内的压力的？

3. 涡轮增压发动机的曲轴箱强制通风系统。

（1）在图 5 - 3 - 6 中用箭头标注出涡轮增压发动机在涡轮工作［图 5 - 3 - 6（a）］及不工作［图 5 - 3 - 6（b）］时的曲轴箱通风路径。

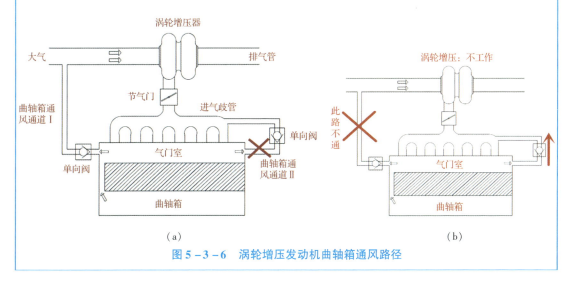

图 5 - 3 - 6　涡轮增压发动机曲轴箱通风路径

（2）请在表5-3-6中填写结构零部件名称和作用，并补全图5-3-7中空白处零部件编号。

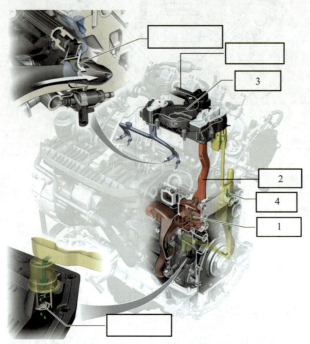

图5-3-7　涡轮增压发动机曲轴箱强制通风系统结构

表5-3-6　曲轴箱强制通风系统各零部件名称及作用

编号	零部件名称	作用
1		
2		
3		
4		
5		防止油液通过回流通道被吸回微细机油分离器
6		软管，引导洁净旁通气体通风至涡轮增压器处
7	缸盖和进气歧管上的通风道	

（3）图5-3-8所示为红旗CA4GC20TD涡轮增压发动机的通风路线示意图。请根据图中箭头提示，分别圈出新鲜空气进入曲轴箱的路径和窜气通风的两条路径。

4. 在实训车辆或发动机台架上找到下列零部件（以对应的维修手册中零部件为准）。

自然吸气发动机：通风管及PCV阀、进气管；

涡轮增压发动机：通风管、微细机油分离器、进气管。

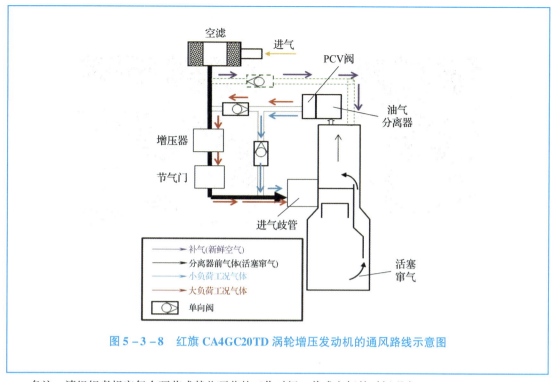

图 5 – 3 – 8　红旗 CA4GC20TD 涡轮增压发动机的通风路线示意图

备注：请组织者规定每个环节或某些环节的工作时间，养成良好的时间观念。

参考信息

1. 曲轴箱通风系统及功能

如图 5 – 3 – 9 所示，在发动机工作时，燃烧室的高压可燃混合气和废气，或多或少地会通过活塞组与气缸壁之间的间隙渗漏到曲轴箱内造成窜气，它们在曲轴空间内与油雾形式的发动机机油混合，窜气中机油大约占总质量的 14.5%，7.2% 为水，剩下约 78.3% 为燃料及燃烧产物。这部分窜气成分复杂，70%~80% 是未燃烧气体（CH），另外还包含燃油完全或不完全燃烧产生的一氧化碳、二氧化碳、水、氮氧化物，未燃烧的燃油以及烟灰，等等，占 20%~30%。

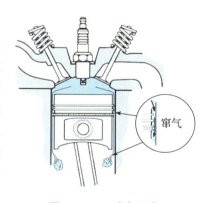

图 5 – 3 – 9　窜气现象

窜气凝结后将稀释机油，使机油黏度变小；水蒸气凝结于机油中形成泡沫并乳化（见图 5 – 3 – 10），破坏润滑油的供给；酸性物质将侵蚀零件使其加速磨损并使润滑油变质。同时，漏入曲轴箱内的气体会使曲轴箱压力和温度升高，造成机油从油封（见图 5 – 3 – 11）、衬垫处泄漏而流失。因此曲轴箱必须设有曲轴箱通风装置，排出漏入的气体并加以利用，同时使新鲜的空气进入曲轴箱，形成有效气体循环。现代内燃机曲轴箱通风系统的功能通常包括：

1）平衡曲轴箱内的压力，改善密封条件。

2）回收窜气中携带的机油，降低机油消耗。

模块五　检查、诊断和维修发动机润滑系统

3）将分离完的机油导入油底壳。

4）将分离完机油后的混合气体重新导入进气系统中。

图 5－3－10　机油乳化现象

图 5－3－11　机油从曲轴前端油封处渗漏

2. 曲轴箱通风系统类型及优劣势

曲轴箱通风系统分为自然通风系统和强制通风系统，而强制通风系统又根据结构不同，分为开式系统与闭式系统。

（1）自然通风方式

自然通风方式，如图 5－3－12 所示，在曲轴箱上设置通风管，管上装有空气滤网，管口处切成斜口，切口的方向与汽车行驶方向相反。利用汽车行驶和冷却风扇所形成的气流，在出气管口处形成一定的真空度，从而将气体抽出曲轴箱外。这种通风方式可满足基本的通风要求，但因气体直接排出，故污染较大。

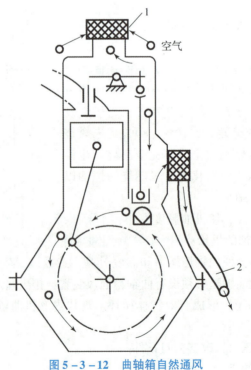

图 5－3－12　曲轴箱自然通风

1—空气滤清器；2—通风管

（2）开式强制通风方式

开式强制通风方式［见图5-3-2（a）］将曲轴箱内的混合气通过通气管导向进气管的适当位置，返回气缸重新燃烧，这样既可以减少排气污染，又可提高发动机的经济性。但开式最大的缺点就是当发动机高负荷工作时，曲轴箱排放大量增加，大约1/4的混合气会通过机油加注口盖上的通气阀倒流到大气中，不能全部回收。

（3）闭式强制通风方式

闭式强制通风方式，如图5-3-13所示，即利用发动机的真空度（如进气歧管处有一定真空度）将窜气重新导入进气系统并在气缸内燃烧掉，以防止曲轴箱内的窜气排入大气，同时将新鲜空气吸入曲轴箱从而形成有效气体循环。其能将混合气100%回收并进行二次燃烧，不仅减少了污染，而且进一步提高了使用经济性，是国五排放法规中要求的必须采用的技术。

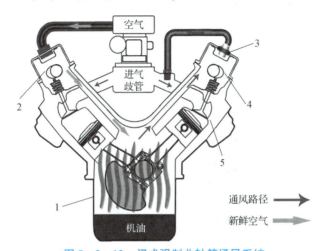

图5-3-13　闭式强制曲轴箱通风系统
1—曲轴箱；2、4—气门室；3—PCV阀；5—燃烧室

3. 闭式强制曲轴箱通风系统结构及通风路径

（1）自然吸气发动机的曲轴箱通风系统结构及通风路径

图5-3-14所示为带流量控制阀（PCV）的曲轴箱强制通风示意图，它由进气滤清器、进风管、出气管、PCV阀（外形如图5-3-15所示）等组成，多数车型的进气滤清器不单独设置，而是与发动机的空气滤清器合用一个。曲轴箱窜气经过缸体与缸盖的油气通道，再经罩盖上的PCV阀后，通过出气管进入进气管中。新鲜空气经空气滤清器进入节气门后方，与窜气混合。因此，有适量的窜气在气缸内再次燃烧。

（2）涡轮增压发动机的曲轴箱通风系统结构及通风路径

1）通风路径。

对于自然吸气发动机，曲轴箱通风系统非常简单，只需要将曲轴箱和进气歧管连接起来。发动机工作时，进气歧管内空气流速很快，根据伯努利效应，进气歧管内的空气压力很低，曲轴箱内的废气很容易被抽吸到进气歧管中。但是对于涡轮增压发动机，曲轴箱通风系统就要复杂些，如图5-3-16所示。当发动机转速较高时，由于涡轮增压器的作用使得进气歧管内部压力较高，那如何让低压的曲轴箱气体流入到高压的进气歧管中呢？常规的曲轴箱通风无法工作，因此在增压模式下需要有不同的通风路径。

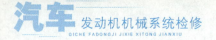

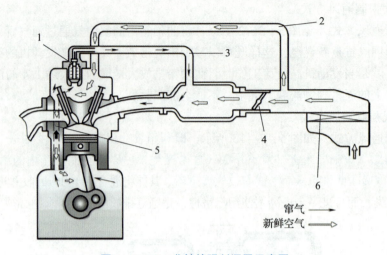

图 5 – 3 – 14　曲轴箱强制通风示意图

1—PCV 阀；2—进风管；3—出气管；4—节气门；5—缸体、缸盖油气通道；6—空气滤清器

图 5 – 3 – 15　PCV 阀实物

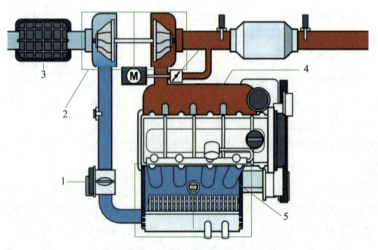

图 5 – 3 – 16　废气涡轮增压发动机

1—节气门；2—涡轮增压器；3—空气滤清器；4—排气歧管；5—进气歧管

如图 5-3-17 所示，涡轮增压器工作，使得进气歧管处于正压状态，曲轴箱通风通道Ⅱ（歧管侧）不通，在涡轮把空气加压之前，空气的流速也很快，那里的空气（图中橘色五角星标志处）还是会因为伯努利效应而呈负压状态，曲轴箱内窜气顶开单向阀，经过通风通道Ⅰ被吸至涡轮增压器空气侧叶轮处，再经过节气门进入进气歧管，准备重新参与燃烧。

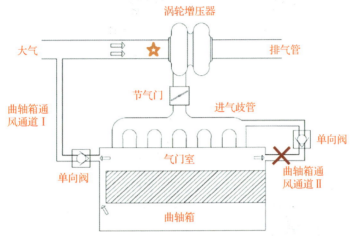

图 5-3-17 涡轮增压工作时曲轴箱通风路径（气流从通道Ⅰ通过，通道Ⅱ封闭）

由于在息速或低转速时涡轮不工作，发动机处于阶段性"自然吸气"状态，此时因为节气门开度小，发动机吸气量不大，涡轮前的进气管流速很慢，压力维持在正常大气压，没有负压，所以，就需要另一条曲轴箱通风路径，如图 5-3-18 所示，和普通自然吸气一样，曲轴箱直接连通进气歧管，气流顶开单向阀从通道Ⅱ通过。

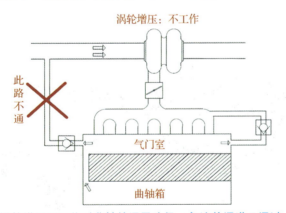

图 5-3-18 涡轮增压不工作时曲轴箱通风路径（气流从通道Ⅱ通过，通道Ⅰ封闭）

2）涡轮增压发动机的曲轴箱通风系统结构。

如图 5-3-19 所示，系统包括：气缸体内的粗粒机油分离器；微细机油分离器；用于引导洁净旁通气体的软管（仅将气体引导至涡轮增压器）；缸盖和进气歧管上用于引导洁净旁通气体的通道（仅将气体引导至进气歧管）；气缸体内和气缸盖内的通风道；气缸体内的回油通道。

如图 5-3-20 所示，涡轮增压发动机曲轴箱通风系统连接有油气分离器，它对于减少机油消耗速率也是大有裨益。气体通过活塞环渗漏出来，此时会带有机油。假如一起通风，

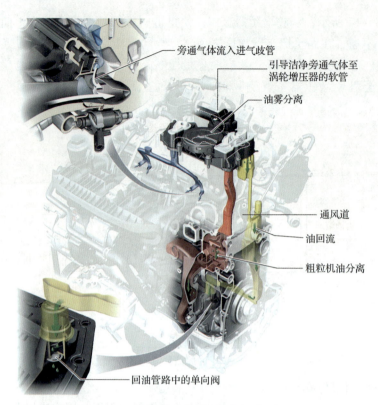

旁通气体流入进气歧管

引导洁净旁通气体至涡轮增压器的软管

油雾分离

通风道

油回流

粗粒机油分离

回油管路中的单向阀

图 5 - 3 - 19　涡轮增压发动机的曲轴箱通风系统

则会导致烧机油现象，此时就需要一个油气分离器的部件，它会从渗漏的气体中把微细颗粒机油分离出来，机油将回流到油底壳，而其他气体加入进气道参与燃烧。该部件在早期的发动机上是独立在外的，现在的发动机油气分离器都安装在气门室盖上。曲轴箱通风装置将不含发动机机油的窜气送入进气系统内，并确保曲轴箱内为微负压。

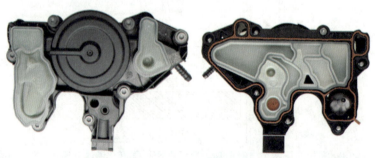

图 5 - 3 - 20　油气分离器

3）粗粒机油分离器及通风道

如图 5 - 3 - 21 所示，粗粒机油分离器属于气缸体的一部分，这会使得发动机结构紧凑。窜气通过粗粒机油分离器输送，在输送过程中会有几次方向的变化，即被引入到迷宫式结构中。大滴油通过粗粒机油分离器中的挡板分离，然后通过回流油道流回油底壳中。经过大致清洁的气体通过气缸体内和气缸盖内的通道（当窜气中水分含量较高时，这样可防止在天气寒冷且经常进行短途行车的情况下系统结冻）被导入微细机油分离器中。

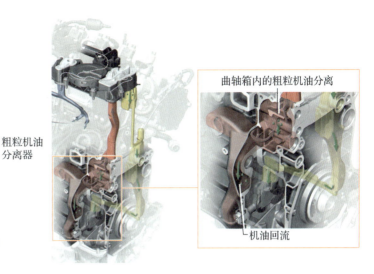

图 5 - 3 - 21　粗粒机油分离器

4）微细机油分离器

微细机油分离器（也称油气分离器）是一个功能集成模块，可对剩余的极其细小的机油微粒进行过滤分离，并将洁净窜气引导至不同路径，它通过螺栓固定到气缸盖罩（也称气门室盖）上，如图 5 - 3 - 22 所示。

图 5 - 3 - 22　安装在气缸盖罩上的微细机油分离器

5）回油通道及单向阀

被微细机油分离器分离出来的机油，由缸体内的回油通道引导至油底壳。如图 5 - 3 - 23 所示，回油通道的末端位于油底壳蜂巢状插入件上，内有单向阀，该阀可防止在负压（真空）很大时或横向加速度较强的情况下，油液通过回流通道被吸回机油分离器中。

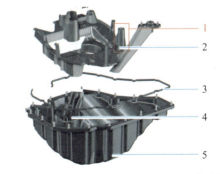

图 5 - 3 - 23　油底壳内蜂窝状插入件上的单向阀

1—单向阀；2—蜂窝状插入件；3—密封衬垫；
4—机油油面高度和温度传感器；5—油底壳下部

发动机机械系统检修

学习表3　曲轴箱通风系统工作原理。

1. 自然吸气发动机的曲轴箱通风系统工作原理。

（1）请在图5-3-24所示方框中填写PCV阀的内部结构名称。

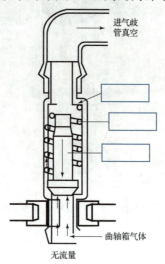

进气歧管真空

曲轴箱气体

无流量

图5-3-24　PCV阀的内部结构

（2）学习PCV阀工作原理，完成表5-3-7。

表5-3-7　PVC阀工作原理

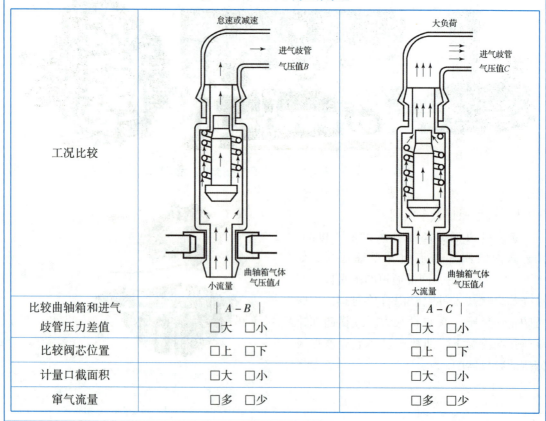

工况比较	怠速或减速 进气歧管气压值B 小流量　曲轴箱气体气压值A	大负荷 进气歧管气压值C 大流量　曲轴箱气体气压值A
比较曲轴箱和进气歧管压力差值	|A-B|　□大　□小	|A-C|　□大　□小
比较阀芯位置	□上　□下	□上　□下
计量口截面积	□大　□小	□大　□小
窜气流量	□多　□少	□多　□少

2. 涡轮增压发动机曲轴箱通风系统的工作原理。

（1）依据窜气路径，分别在图 5 - 3 - 25 （a）和图 5 - 3 - 25 （b）中画出窜气进入微细机油分离器后的两条路径。

涡轮增压器工作时：窜气—粗粒机油分离器—通风道—旁通道—气旋分离器—压力调节阀—止回阀 2—引导洁净气体至涡轮增压器的软管。

涡轮增压器不工作时：窜气—粗粒机油分离器—通风道—旁通道—气旋分离器—压力调节阀—止回阀 1—引导洁净气体至进气歧管的窜气通道。

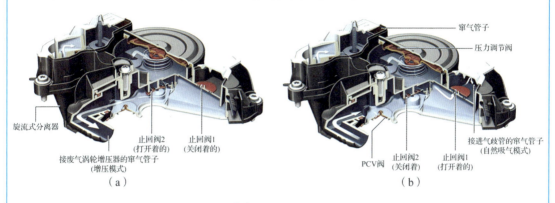

图 5 - 3 - 25　窜气进入微细机油分离器的路径
（a）高速大负荷（增压模式）；（b）怠速和部分负荷（自然吸气模式）

（2）图 5 - 3 - 26 表示的是气旋分离器工作过程，请在方框中补全内容。

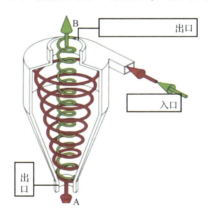

图 5 - 3 - 26　气旋分离器工作过程

（3）学习压力调节阀工作过程。

①在图 5 - 3 - 27 （a）中标注出曲轴箱窜气的入口以及出口。

②如图 5 - 3 - 27 （a）所示，当橡胶膜片未关闭调压出口通道时，画出曲轴箱窜气流动路径。

③如图 5 - 3 - 27 （b）所示，当橡胶膜片在多方作用力下关闭了调压出口通道时，画出曲轴箱窜气流动路径。

④思考压力调节阀所起的作用。

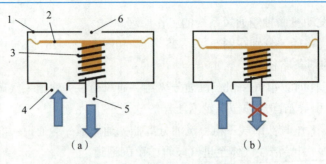

图 5 - 3 - 27　压力调节原理

1—上盖；2—橡胶膜片；3—调压弹簧；4—窜气入口，来自曲轴箱的窜气；

5—调压阀出口，通往进气歧管或涡轮增压器前端；6—通气孔，连接大气

3. 在表 5 - 3 - 8 中勾选调压阀和油气分离故障可导致的故障现象。

表 5 - 3 - 8　调压阀和油气分离故障导致的故障现象

损坏形式		产生故障现象
调压阀膜片破裂		□未经计量的空气通过压力调节阀被吸入气缸　□急速抖动
调压阀卡死	卡在全开位置	□曲轴箱被抽真空　□曲轴箱真空度高，导致曲轴油封密封不良，空气进入存在异响
	卡在全关位置	□曲轴箱通风路径堵塞，箱内压力上升　□油封漏油
调压阀大气孔堵塞		□机油蒸气也被吸入　□烧机油
油气分离不彻底		□机油蒸气也被吸入，存在烧机油现象　□异响

备注：请组织者规定每个环节或某些环节的工作时间，养成良好的时间观念。

参考信息

1. 自然吸气发动机的曲轴箱通风系统工作原理

PCV 阀可防止发动机怠速和小负荷工况时过多的气体未经计量进入气缸，造成空燃比失调，因此它的主要作用是调节发动机怠速、中小负荷和大负荷时的通风强度，同时可以防止在发动机低速小负荷时进气管的真空度太大而将机油从曲轴箱内吸出，其结构虽然简单，但非常重要。

PCV 阀工作原理如图 5 - 3 - 28 所示，当发动机不工作时，曲轴箱内的气体压力与进气歧管内的气体压力基本等同于大气压力，PCV 阀阀芯上、下均为大气压力，此时阀芯在回位弹簧的作用下运行到最下端位置，关闭曲轴箱与进气歧管之间通风系统的主要通道。

当发动机在怠速或者减速（小负荷低转速）运转时，节气门开度很小，进气歧管真空度较大，吸力也大，阀芯移动幅度最大，此时 PCV 阀克服弹簧的压力被吸靠在上端阀座上，气流通道阻塞面积最大，窜气流量最小。

提示：节气门体的实物如图 5 - 3 - 29 所示，当节气门开度比较小时，气体流过节气门的流速会增大，由伯努利定律得知流速增大后空气压强会相对于节气门前变小，所以此时会产生一个真空的效果。

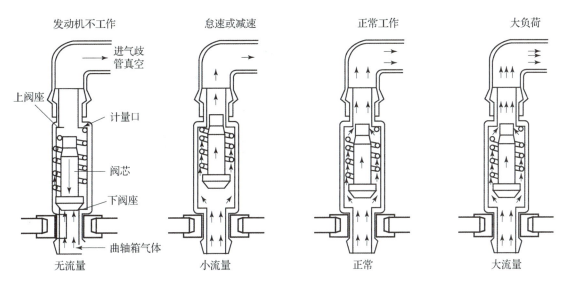

发动机不工作　　　　怠速或减速　　　　正常工作　　　　大负荷

进气歧管真空

上阀座
计量口
阀芯
下阀座
曲轴箱气体

无流量　　　　小流量　　　　正常　　　　大流量

图 5 - 3 - 28　PCV 阀工作原理

图 5 - 3 - 29　节气门体（左图节气门完全打开，右图节气门完全关闭）

当发动机正常工作（负荷加大）时，进气管真空度降低，阀芯在弹簧张力的作用下离开上阀座，通风量逐渐加大。

当发动机在大负荷时，节气门开度大，进气歧管真空度小，气流通道阻塞面积小，通风量最大。因此既更新了曲轴箱内的气体，又使机油被吸入进气歧管的量降低到最低限度。

2. 涡轮增压发动机的曲轴箱通风系统工作原理

提示：法规要求曲轴箱内必须是负压状态，所以不仅要将产生的气体及时抽走，甚至还要保证曲轴箱内必须时刻保持负压，这个负压值为 100 mbar（不同车型有所不同）。

如图 5 - 3 - 30 所示，气体通过曲轴箱内的通道流至气缸盖罩内的微细机油分离器，在此处气体会先经过一个旁通阀，再进入一个气旋分离器。当旁通气流过大时，旁通阀通过机械方式打开，且发动机转速非常高，以避免损坏密封件。旁通气体在气旋分离器内将最为微细的油滴分离掉。

如图 5 - 3 - 30 所示，已经被净化了的窜气经发动机盖罩内的一个通道进入到单级压力调节阀内，这个压力调节阀可以用来调节曲轴箱内的压力和进入燃烧室内窜气流量，防止曲轴箱内产生过大负压（真空），这个压力调节阀与两个止回阀一起安装在一个壳体内。

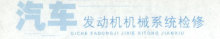
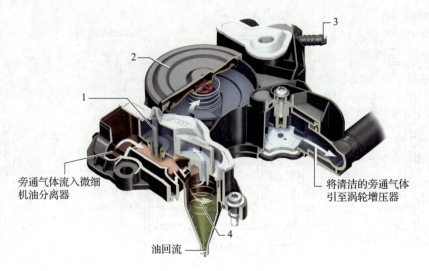

图 5-3-30　微细机油分离器剖面图

1—旁通阀；2—压力调节阀；3—活性炭过滤连接件；4—气旋分离器

（1）止回阀

止回阀根据发动机进气压力情况来调节已经被净化了的窜气的抽取。如图 5-3-31（b）和图 5-3-32 所示，如果进气歧管内产生了负压（真空），也就是在发动机转速很低、废气涡轮增压器还没有产生增压压力时，止回阀 1 打开，止回阀 2 关闭，窜气会被直接抽到进气歧管内。如图 5-3-31（a）和图 5-3-32 所示，如果已产生了增压压力，止回阀 1 关闭，止回阀 2 打开，那么窜气就被引到废气涡轮增压器的进气侧。

提示：增压模式下吸力来自哪里呢？（伯努利定理：在水流或气流里，流动速度增加，流体的静压将减小；反之，流动速度减小，流体的静压将增加）其是靠增压的气流带动，产生吸力把增压状态下净化了的窜气吸入增压管路。

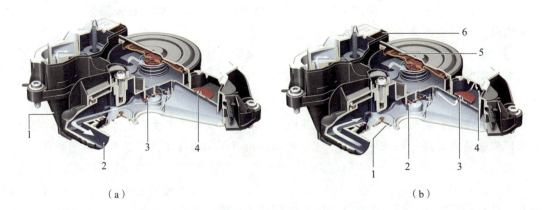

（a）　　　　　　　　　　　　　　（b）

图 5-3-31　止回阀 1 和止回阀 2 各模式下的工作状态

（a）高速大负荷（增压模式）；

1—旋流式分离器；2—接废气涡轮增压器的窜气管子（增压模式）；3—止回阀 2（打开着的）；4—止回阀 1（关闭着的）

（b）怠速和部分负荷（自然吸气模式）

1—PCV 阀；2—止回阀 2（关闭着）；3—止回阀 1（打开着的）；

4—接进气歧管的窜气管子（自然吸气模式）；5—压力调节阀；6—窜气管子

（2）气旋分离器

真正起到油气分离功能的是气旋分离器，它是微细机油分离器上集成的一个功能块。如图5-3-33，窜气自入口进入后，在气旋分离器内以高达16 000 r/min的速度旋转，精油颗粒因离心力迅速朝着气流速度的切线方向朝外甩出，而由于精油颗粒的密度远大于气体密度，因此精油颗粒朝下沉，被分离后的空气向上甩向出口。

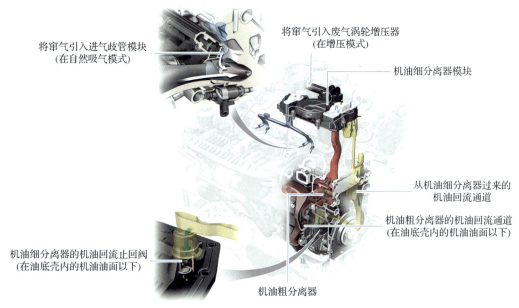

将窜气引入进气歧管模块
（在自然吸气模式）

将窜气引入废气涡轮增压器
（在增压模式）

机油细分离器模块

从机油细分离器过来的
机油回流通道

机油粗分离器的机油回流通道
（在油底壳内的机油油面以下）

机油细分离器的机油回流止回阀
（在油底壳内的机油油面以下）

机油粗分离器

图5-3-32　窜气在不同工况下引入涡轮增压器侧或进气歧管侧

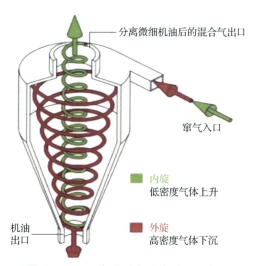

分离微细机油后的混合气出口

窜气入口

■ 内旋
低密度气体上升

■ 外旋
高密度气体下沉

机油
出口

图5-3-33　气旋油气分离过程示意图

（3）压力调节阀

1）压力调节阀的作用及结构。

如图5-3-34所示，压力调节阀集成在油气分离器上，外形呈圆形，由两个腔室构成，二者之间用膜片阀分隔，一侧通大气，另一侧是来自曲轴箱的窜气（已经过精细机油分离后的窜气），它由带有堵头的耐热膜片、弹簧、油气分离器盖等组成，如图5-3-35所示。

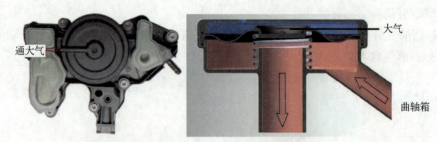

图 5 - 3 - 34　压力调节阀

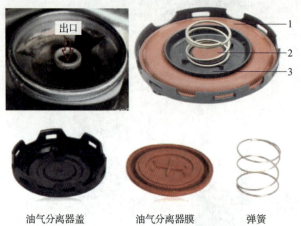

油气分离器盖　　　油气分离器膜　　　弹簧

图 5 - 3 - 35　压力调节器内部结构
1—膜片；2—堵头；3—弹簧座

如图 5 - 3 - 36 所示，当调压出口所连接的气道负压特别大时，膜片就会克服弹簧力鼓胀起来，封死调压出口。压力调节阀针对与外部空气的压差（负 100 mbar）而设计，由调压阀对窜气通路的大小进行调节，从而将通过调压阀的气体流量控制在适当的范围内，避免曲轴箱中产生过高的真空。它是用来在不同的窜气流量下，仍然保持曲轴箱和大气压力差恒定的，只为保持曲轴箱在负压环境中工作。调压阀的开启与关闭是弹簧响应压降的动态平衡，它并不参与机油的分离。

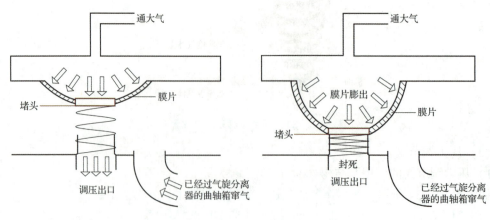

图 5 - 3 - 36　压力调节阀动作

2）压力调节阀的调节原理。

如图 5 - 3 - 37（a）所示，当发动机处于静止状态时，调压阀开启，大气压力施加在隔膜两侧，即隔膜在弹簧力的作用下处于完全打开的位置。

如图 5 - 3 - 37（b）所示，在处于怠速运转或滑行模式时，进气管内的真空压力增加，调压阀关闭，此时曲轴箱窜气无法进入进气管内，也就是说隔膜内侧也会承受较大的相对真空压力（与大气压力相比），因此，施加在隔膜外侧的大气压力克服弹簧力使膜片阀门关闭。

在发动机负荷和转速的作用下，曲轴箱窜气施加在隔膜上的相对真空压力减小。因此压力弹簧可使阀门开启，从而进气系统吸入窜气。膜片阀门会一直开启，直至大气压力与曲轴箱真空压力和弹簧力的合力达到平衡状态［见图 5 - 3 - 37（c）］。产生的窜气越多，隔膜内侧承受的相对真空压力就越小，调压阀开启程度就越大，这样可使曲轴箱内保持规定的真空压力。

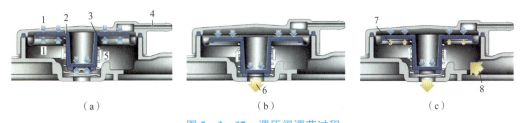

（a）　　　　　　　　　　　（b）　　　　　　　　　　　（c）

图 5 - 3 - 37　调压阀调节过程

（a）发动机处于静止状态时调压阀开启；（b）发动机处于怠速运转或滑行模式时调压阀关闭；
（c）发动机承受负荷时调压阀处于调节模式
1—大气压力；2—隔膜；3—压力弹簧；4—与大气压力相通；5—压力弹簧的弹簧力；
6—进气系统的真空压力；7—曲轴箱内的有效真空压力；8—来自曲轴箱的窜气

（3）PCV 阀

如图 5 - 3 - 38 所示，为了使曲轴箱吸入新鲜空气，怠速和部分负荷时，PCV 阀开启，经过空气滤清器过滤的新鲜空气，通过油气分离器底部的 PCV 阀通道补充进入气缸盖罩盖（如图 5 - 3 - 39 中箭头的流动方向）。PCV 阀的结构也使得它能够在曲轴箱中压力过高时打开，这种预防措施能避免因压力过高时损坏密封件。

图 5 - 3 - 38　PCV 阀安装位置

1—旋流式分离器；2—曲轴箱通风计量孔；3—PCV 阀；4—接活性炭罐；5—接进气歧管的窜气管；6—引入窜气

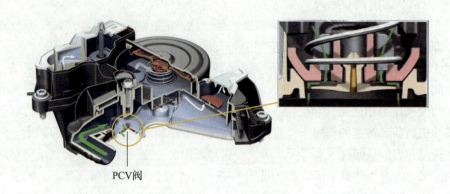

PCV阀

图 5 - 3 - 39　自然吸气模式下 PCV 阀打开通新鲜空气

任务 5.3.3　诊断机油消耗异常。

工作表 1　连接诊断仪，读取数据流

读取发动机控制单元故障信息和数据，完成表 5 - 3 - 9。

表 5 - 3 - 9　发动机控制单元故障信息和数据

故障码信息删除后是否再次出现（是　否）	故障码 P0300—发动机缺火故障；P0171—系统（空燃比）太稀（第 1 排）；P2279—进气系统少量气流 P0300、P0171、P2279 指示的故障部位		
数据组	当前值	标准值（注意条件）	是否正常

备注：请组织者规定每个环节或某些环节的工作时间，养成良好的时间观念。

工作表2 结合故障码、数据流以及故障现象、再次分析机油消耗异常、故障代码出现原因

根据图5-3-40所示发动机结构图，协助维修技师分析可能的故障原因。

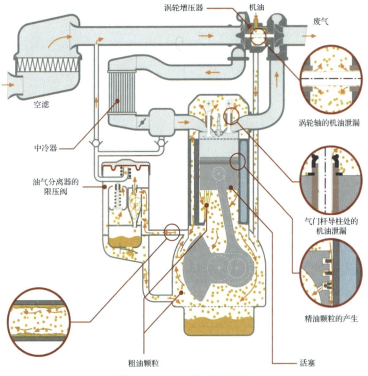

图5-3-40 发动机结构

与油气分离器有关的：

_____

_____

与发动机缸体、缸盖有关的：

_____

_____

_____

其他：

_____

_____

_____

_____

备注：请组织者规定每个环节或某些环节的工作时间，养成良好的时间观念。

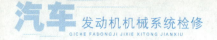

工作表 3　检测曲轴箱压力

1. 制订检测曲轴箱压力的工作计划，并填入表 5 – 3 – 10。

表 5 – 3 – 10　检测曲轴箱压力的工作计划

工作步骤	具体内容	注意事项

2. 实施曲轴箱压力测量工作。

（1）执行工作。

（2）测量数据结果分析，见表 5 – 3 – 11。

表 5 – 3 – 11　测量数据结果分析

测量值：_____		标准值范围：_____	
结果分析	曲轴箱负压高（也就是压力低）	原因：如调压阀膜片破裂、调压阀卡死在全开位置	
	曲轴箱负压低（也就是压力高）	原因：如油封或管路处与外部大气相通、排气系统堵塞、活塞环与缸壁间隙过大	

备注：请组织者规定每个环节或某些环节的工作时间，养成良好的时间观念。

参考信息

1. 曲轴箱压力测量

1）测量设备：如图 5 – 3 – 41 所示，准备量程适合的测量设备或专用工具（例：V. A. G 1397A/B），使用前注意校零。

测量曲轴箱压力

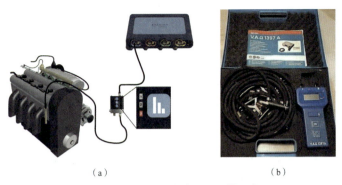

（a）　　　　　　　　　　　　　（b）

图 5 - 3 - 41　曲轴箱压力测量设备

（a）通用测量设备；（b）某品牌车辆专用工具

2）发动机状态：水温大于 85 ℃，关闭所有用电器，怠速 850 r/min 左右。

3）测量曲轴箱压力：

①拔出机油标尺。

②将压力传感器通过软管接入机油标尺孔。

③按下压力传感器的电源键，选择合适的量程挡位。

④起动车辆。

⑤读取测量值，并与标准数值范围进行对比。

任务 5.3.4　维修或更换故障部位。

工作表 4　更换油气分离器

1. 制订更换油气分离器的工作计划，见表 5 - 3 - 12。

表 5 - 3 - 12　更换油气分离器的工作计划

工作步骤	具体内容	注意事项
拆卸外围附件		
拆下油气分离器固定螺栓		
准备正确备件号的油气分离器	注意查看新的油气分离器的备件号是否与车辆匹配	
安装新的油气分离器		新密封件；新卡箍；油气分离器固定螺栓拧紧力矩 9 N·m

2. 实施更换油气分离器工作，并起动，检查维修结果，查看故障是否消失。

备注：请组织者规定每个环节或某些环节的工作时间，养成良好的时间观念。

参考信息

1. 更换油气分离器

(1) 拆卸油气分离器

1）拧下右侧 3 缸和 4 缸的两个螺母（箭头所指），取下接地线，如图 5 - 3 - 42 所示。

2）松开插头，将插头 3 和 4 同时从点火线圈上拔下，如图 5 - 3 - 43 所示，小心地将 3 和 4 缸点火线圈向上垂直拉出。

图 5 - 3 - 42　点火线圈接地线

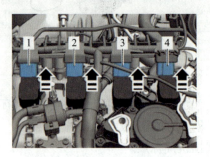

图 5 - 3 - 43　点火线圈线束插头
1，2，3，4—插头

3）脱开箭头处的固定卡，如图 5 - 3 - 44 所示。

4）松开软管夹 1，然后将软管从活性炭罐电磁阀 1 上分离，如图 5 - 3 - 45 所示。

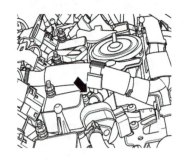

图 5 - 3 - 44　固定卡

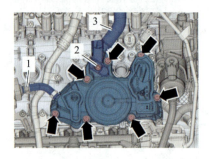

图 5 - 3 - 45　油气分离器周边连接情况及固定螺栓
1—软管夹；2—螺栓；3—通气口软管

5）拆下螺栓 2，然后将曲轴箱通气口软管 3 从油气分离器分离，如图 5 - 3 - 45 所示。

6）拆下螺栓（箭头所指），然后拆下油气分离器，如图 5 - 3 - 45 所示。

(2) 安装油气分离器

1）更换密封圈和密封垫，如图 5 - 3 - 46 所示。

2）用新的卡箍固定住所有的软管连接。

3）以 9 N·m 的力矩按 1 至 7 的顺序拧紧螺栓，如图 5 - 3 - 47 所示。

更换油气分离器

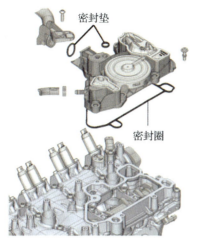

密封垫

密封圈

图 5-3-46　油气分离器的密封件

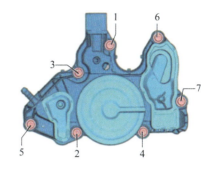

图 5-3-47　油气分离器螺栓拧紧顺序
1，2，3，4，5，6，7—螺栓

三、任务拓展

1. 机油消耗量测量

机油形成的油膜可以润滑气缸壁，并防止活塞环和气缸的过早磨损。在燃烧过程中油膜会消耗，并且消耗量可能随着车辆行驶里程的增加而增加。扫描二维码，通过称量测试前后机油的重量来精确评估机油消耗量，请注意执行机油消耗量测量的前提条件有：车辆公里数在 5 000 km 以上；保证测量发动机无机油泄漏且油气分离器工作正常。

机油消耗量测量

2. 曲轴箱通风系统诊断设计

为保证曲轴箱通风系统满足国六 OBD 诊断要求，根据法规条款，一般曲轴箱通风系统诊断设计方法有两种设计思路：一是为曲轴箱通风系统的断开故障增加实时在线检测装置，另一种是设计符合法规豁免条件的曲轴箱通风系统。相关部件的诊断方法可扫描二维码获取。

曲轴箱通风系统
诊断设计方法

四、参考书目

序列	书名，材料名称	说明
1	《轻型汽车污染物排放限值及测量方法（中国第五阶段）》（GB 18352.5—2013）	
2	《轻型汽车污染物排放限值及测量方法（中国第六阶段）》（GB 18352.6—2016）	
3	大众车辆自学手册、维修手册	